排水管道检测与评估

主　编　朱艳峰

副主编　朱　军　代　毅

参　编　宋有聚　刘会忠　曾令权　许　晋

　　　　黄洪喜　黄云龙　凌　敏

北京理工大学出版社

BEIJING INSTITUTE OF TECHNOLOGY PRESS

内容提要

本书是按照教育部关于高等院校人才培养目标与教材建设的总体要求及有关国家规范、行业标准，为适应国家《关于加强城市地下市政基础设施建设的指导意见》（2022）的政策和要求，满足排水管道检测与评估技术技能人才培养的需要而编写。全书共分为10个项目，包括排水系统概述，排水管道检测基础知识，传统检查方法，排水管道检测机器人检测，排水管道潜望镜检测，排水管道声呐检测，排水管道特殊场景检测与多数据融合检测技术，排水管道检测评估，检查井、雨水口和排水口检查，外来水调查和雨污混接调查与评估。

本书结构合理、知识全面，可作为高等院校市政管网智能检测与维护、市政工程技术、给水排水工程技术等专业的教材，也可作为应用型本科、中等职业院校相关专业师生及排水管道检测与评估从业人员的培训用书。

图书在版编目（CIP）数据

排水管道检测与评估 / 朱艳峰主编 . -- 北京：北京理工大学出版社，2024. 6.
ISBN 978-7-5763-4204-8

Ⅰ . TU992.4

中国国家版本馆 CIP 数据核字第 202470BB38 号

责任编辑：江　立　　**文案编辑**：江　立
责任校对：周瑞红　　**责任印制**：王美丽

出版发行 / 北京理工大学出版社有限责任公司
社　　址 / 北京市丰台区四合庄路 6 号
邮　　编 / 100070
电　　话 /（010）68914026（教材售后服务热线）
（010）68944437（课件资源服务热线）
网　　址 / http：//www.bitpress.com.cn

版 印 次 / 2024 年 6 月第 1 版第 1 次印刷
印　　刷 / 河北鑫彩博图印刷有限公司
开　　本 / 787 mm × 1092 mm　1/16
印　　张 / 15
字　　数 / 345 千字
定　　价 / 88.00 元

前言

党的二十大报告指出，坚持人民城市人民建、人民城市为人民，提高城市规划、建设、治理水平，加快转变超大特大城市发展方式，实施城市更新行动，加强城市基础设施建设，打造宜居、韧性、智慧城市。优化基础设施布局、结构、功能和系统集成，构建现代化基础设施体系。

排水管网承担着收集、输送和处理雨污水的重要任务，是城市基础设施的关键组成部分，已经成为城市经济发展的基础线、人民生活保障的安全线。排水管道检测评估对于确保管道正常运行、提高管道安全性、提高管道维护效率具有重要的意义。本书是在党的二十大政策方针指导下，按照教育部教材建设的总体要求及行业技术规程，充分考虑排水管道检测评估技术技能人员应具备的专业知识及实际工作需要，紧密结合职业院校学生的学习特点及本课程学习目标、以就业为导向、培养综合职业能力为本位、岗位需要为依据的思路编写。

本书由广州番禺职业技术学院朱艳峰担任主编，上海誉帆环境科技股份有限公司朱军、深圳市博铭维技术股份有限公司代毅担任副主编，深圳市施罗德工业集团有限公司宋有聚，中国测绘学会地下管线专业委员会刘会忠、许晋，广州番禺职业技术学院曾令权，山常环保有限公司黄洪喜、黄云龙，上海建设管理职业技术学院凌敏参与编写。

本书配套开发了教学课件、线上教学视频、课后习题参考答案、延伸阅读资料等相关教学资源，读者可通过访问链接或扫描二维码进行下载，期望能对读者更好地使用本书及理解和掌握相关知识有所帮助。

本书在编写过程中，深圳市施罗德工业集团有限公司、深圳市博铭维技术股份有限公司、上海誉帆环境科技股份有限公司为教材提供了二维码所需的动画、图片、案例。特别感谢为教材的完成提供大力支持的熊家利、何勇、熊丽、苏君贤、赵东阳、张杰。另外，

教材引用了相关技术规程及标准、仪器操作规程、书籍、文献，在此谨向有关作者和单位表示衷心感谢!

由于编者水平有限，书中难免存在疏漏之处，敬请广大读者批评指正，以便不断修订完善。

编　者

目录

项目1

排水系统概述

知识目标

1. 熟悉排水系统的组成。
2. 掌握排水系统体制的内容。
3. 熟悉市政排水工程管材与管道缺陷的关系。
4. 熟悉排水管渠运营与维护的内容。
5. 了解国内外排水管道检测技术发展。

技能目标

1. 具备辨识排水系统组成的能力。
2. 具备区分不同排水系统体制作用的能力。
3. 具有认识排水管渠常见附属构筑物的能力。

素质目标

1. 培养文化自信和民族自豪感。
2. 爱岗敬业，严谨务实，团结协作，具有良好的职业操守和社会责任意识。
3. 养成查阅资料、自主学习的习惯。
4. 养成关注行业技术发展、科技进步的习惯。

案例导入

北京属于温带季风气候，具有夏秋季节降雨集中的特点，2012年7月21日，北京发生大暴雨，造成160多万人受灾。但是人们惊奇地发现，故宫却无积水现象，其对于暴雨的承受力远远超过钢筋混凝土铸成的现代都市。

据史载，故宫地面硬化采用透水砖铺成，并且留有足够砖缝，可以保证雨水及时被地面吸收。同时，路面具有一定坡度，路面旁边有排水石槽、干沟、排水洞，通过这些措施，可以使多余的雨水流入护城河，保证路面的畅通。这样一套立体措施的确发挥了作用，历

史上未发现过故宫被淹的记载。

除其内部的干线、支线、明沟、暗沟、涵洞、流水沟眼等完善排水系统外，其自身的高选址，以及内城护城河、西苑太液池、后海、外金水河、筒子河等河渠的作用更不可小觑。

京城的地势北高南低，所以，在建造紫禁城时，整个走势依旧是北高南低，中间高两边低，地面具有一定坡度。紫禁城排水系统总体规划是东西方向的雨水汇入南北干沟，然后流入内金水河，各个宫殿院落均设置有干沟、支沟、明沟、暗沟、涵洞、流水沟眼等众多排水设施。

内金水河是紫禁城的内河，全长为 2 000 多米，河帮、河底通用白石铺砌。在流入紫禁城的入口处，内金水河设有控水闸，可以控制水位高低，遇汛则可以关闭。

城外三道防线与内金水河相通。一是明内城护城河及大明濠、太平湖；二是西苑太液池和后海；三是外金水河和紫禁城的筒子河（护城河）。不仅可以作为城内的用水来源，而且具有排水功能。

1.1 排水系统组成

排水系统是指排水的收集、输送、水质的处理和排放等设施以一定方式组合成的总体。通常由排水管道系统和污水处理系统组成。其作用是及时排除城市区域内产生的污水、废水和雨水，防止污染环境和危害人体健康。保障城市安全稳定运作。排水管道系统的作用是收集、输送污（废）水，由管渠、检查井、泵站等设施组成，如图 1-1 所示。

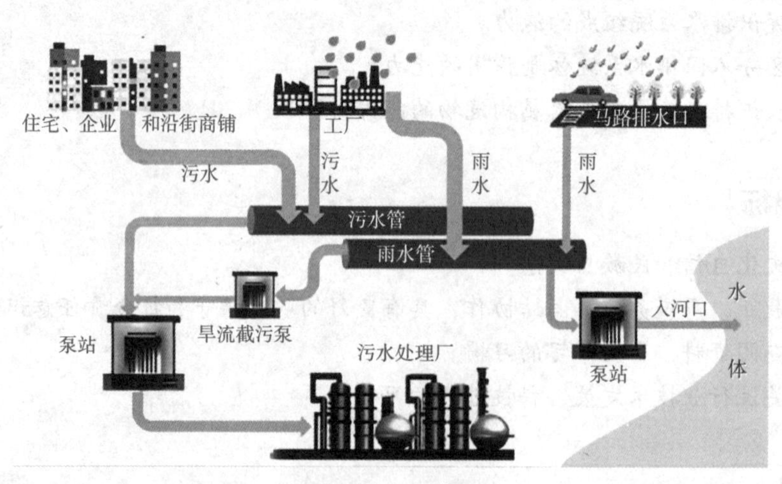

图 1-1　排水系统组成

城镇排水管道是城市的生命线，其肩负着雨水、污水的排放功能，是市政管道的重要组成部分。城市的污水、废水及雨水等通过城市排水管道输送到指定点进行处理，同时，也承担城市排涝、防洪的重要作用，与城市人们的生活环境水平高度相关，对城市的经济发展具有先导性的作用，是城市现代化程度的重要衡量标志。

公元前 6 世纪左右，欧洲的伊达拉里亚人使用岩石砌成渠道系统，废水通过它排入台伯河，其主干宽度超过 4.8 m，渠道系统中最大一条的截面尺寸为 3.3 m × 4 m，而后又被罗马人扩建，这就是世界上第一条下水道——马克西马排水沟（Cloaca Maxima）。早期建设的排水系统只是一些简单水沟（渠）构成的网络，将废水引入附近的水系。随着城市人口规模增大，这些水沟无法满足排水及环境要求，需要对原排水沟（渠）加盖或敷设人造管道。

法国巴黎的排水管渠均处在巴黎市地面以下 50 m，前后共花费了 126 年的时间修建。巴黎有 26 000 个检查井，其中 18 000 个可以进入，共有 1 300 名维护工为其服务，今天的巴黎排水管道总长超过 2 347 km（图 1-2）。

图 1-2　巴黎排水管渠

日本东京圈排水系统始建于 1992 年，2006 年竣工，是一个为了防止雨水集中而采用地下盾构方式建造的巨型隧道，被誉为地下神殿（图 1-3）。排水系统包括总长 6.3 km、内径 10 m 的地下管道，5 处直径 30 m、深 60 m 的储水立坑，以及一处人造地下水库，水库长 177 m、宽 77 m、高度约 20 m。从智能雨水收集到领先的排水管道设计，东京的排水系统使全球其他城市望尘莫及。智慧排水领域的超前设计令人瞩目，智能控制排水泵站和防洪设施使东京“地下神殿”能够在危急时刻快速做出反应，保障城市安全。

图 1-3　世界最大的排水系统（日本东京）

在我国，古人很早就知道排水对居住环境卫生、日常生活及人们生命安全的重要性。早在距今 6 000 ～ 7 000 年前，我国湖南省澧县石家河文化各城址（最著名的是城头山古城）就挖掘了护城河，设置了水门，建构起良好的城内排水系统，是全世界最早的城市排水系统。距今 5 000 年的河南登封王城岗古城、距今约 4 000 年的河南淮阳平粮台古城已使用陶制地下排水管道，是最早的城市地下排水设施。

汉长安城的城市排水系统由城壕和排水明渠、暗渠组成。明渠自西向东横贯全城，长达 9 km，城壕和明渠组成的排水干渠总长达 35 km。城内的排水主要依靠街道两侧的路沟，路沟和水渠在经过城墙时都构筑了涵道（图 1-4）。一般以砖石砌筑，宽可达 2 m，上部为拱形的券顶。城中宫殿、官署等建筑的排水设施主要有渗水井和排水管道。另外，在郊外还修建昆明池、镐池等，用来调洪蓄水。

故宫的排水系统主要由两部分组成：一部分是明清时期修建的排水明沟和暗沟；另一

部分是中华人民共和国成立后修建的污水管线。排水明沟和暗沟是故宫最原始和最重要的排水系统，它们遍布故宫内外，形成了一个复杂而精密的网状结构。故宫的地面顺应北京地区西北高、东南低的走势，整体走势呈北高南低、中间高两边低，而且略有坡度，使积水能缓慢排泄。故宫内的每一条路、每一座殿、每一座台基，都有自己独特的排水方式，如三大殿（太和殿、中和殿、保和殿）坐落在三层台基之上，在台基四周栏杆底部，设计者专门设计有排放雨水的孔洞，孔洞连接着雕琢精美的石龙头。每逢大到暴雨，雨水逐层下落，1 142 个龙头排水孔可以将台面上的雨水排尽，并形成“千龙吐水”的壮丽景观（图 1-5）。

图 1-4　汉长安发现的陶制排水管

图 1-5　明清故宫龙头排水口

1.1.1　城市污水排水系统的主要组成部分

城市污水排水系统用于排除污水管道中的生活污水和工业废水。其主要包括以下几个组成部分。

1. 室内污水管道系统

室内污水管道系统主要收集各种生活卫生设备产生的生活污水，并通过相关管网将其排至室外污水管道，一般在住户出户管与室外污水管道的连接点设置检查井，用于满足检查及清理需求，如图 1-6 所示。

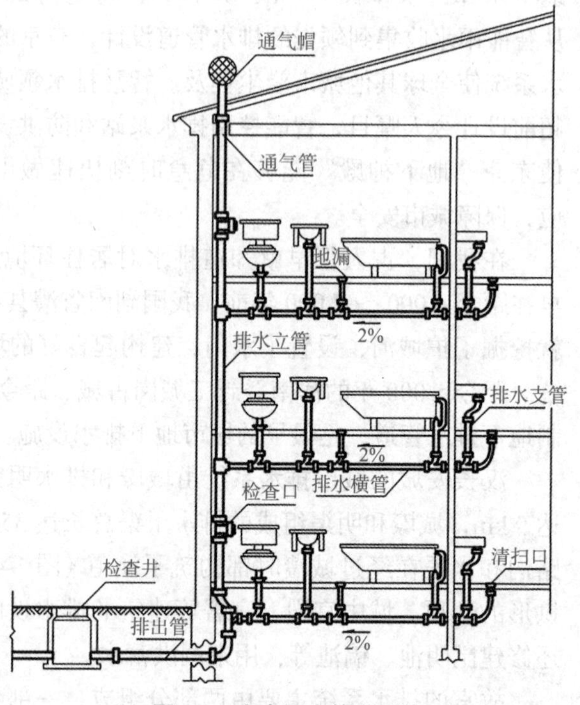

图 1-6　室内污水管道系统

2. 室外污水管道系统

室外污水管道系统主要是指分布在小区内及道路地面下的污水管网，用于接收小区等产生的污水，主要依靠重力作用，将污水收集并输送至污水处理厂进行处理，如图 1-7 所示。室外污水管道系统一般包括小区污水管道系统、街道污水管道

系统及相关的附属构筑物。

3. 污水泵站及压力管道

污水流输一般依靠重力作用，但受地形、地势影响的区域，需要污水泵站（图 1-8）将污水从低处输送至高处。而用于输送此部分污水的管道称为压力管道。

图 1-7　室外污水管道系统

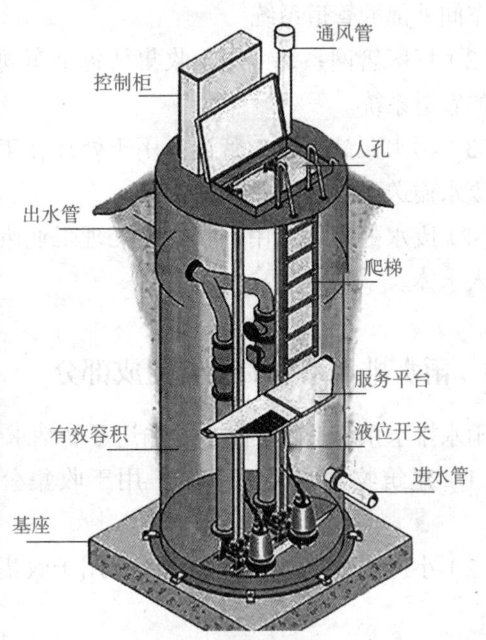

图 1-8　污水泵站

4. 污水处理厂

污水处理厂主要用于处理、利用污水及污泥的一系列构筑物及附属构筑物的综合体，一般设置在河流的中下游地段，同时与居民点或公共建筑物保持一定的卫生防护距离，如图 1-9 所示。

5. 出水口及事故排出口

出水口是指污水经处理后排入受纳水体的构筑物，如图 1-10 所示；事故排出口是指污水排入系统的中途用于处理突发事故状况下，紧急将污水排入水体的设备。

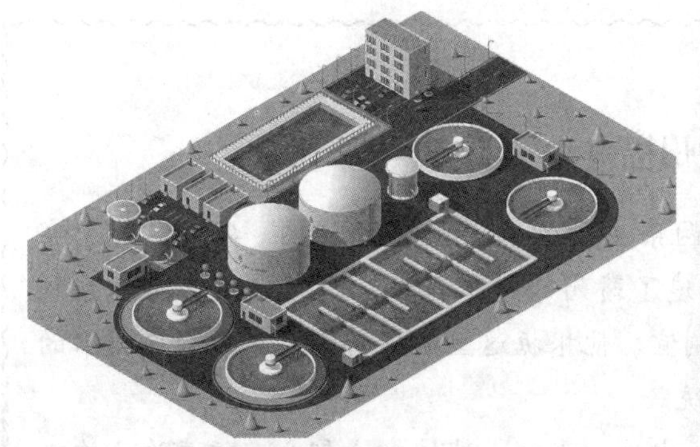

图 1-9　污水处理厂

图 1-10　出水口

1.1.2 工业废水排水系统的主要组成部分

工业废水排水系统是指应用于工业企业运营中，收集和输送工业生产活动产生的工业废水系统，一般由以下几个部分组成。

（1）车间内部管道系统和设备：主要用于收集车间生产活动产生的工业废水，将其输送至车间外部的管道系统。

（2）厂区管网系统：用于收集从各个车间输送的工业废水，可根据情况设置成若干个独立的管道系统。

（3）污水泵站和压力管道：用于处理在工厂中由于施工条件的影响，无法通过重力将工业废水输送至污水处理厂的设备。

（4）废水处理站：用于收集和处理工业废水的场所，将处理达标后的废水进行再利用或排入水体。

1.1.3 雨水排水系统的主要组成部分

雨水排水系统是收集降水并输送至受纳水体的管网系统。其一般包括以下几个部分：

（1）建筑物雨水管道系统：用于收集公共、工业等屋面雨水，并将其输送至雨水渠管。

（2）小区或工厂雨水管渠系统：用于收集建筑物输送的雨水，并将其输送至街道雨水管网。

（3）街道雨水管网系统：用于收集小区或工厂雨水管渠排入的雨水，并将其输送至排水口。

（4）排水口：用于将街道雨水管网收集的雨水排入受纳水体中的设备。

排水系统按类型可分为（　　）。

A. 城市污水排水系统　　B. 工业废水排水系统

C. 雨水排水系统　　D. 相关的重要附属构筑物

知识链接

江西赣州福寿沟

“福寿沟”是赣州的排水系统，因有两条主干沟像是篆体的“福”字和“寿”字而得名。北宋时期，水利专家刘彝主持修建了赣州的排水系统。与修建故宫排水系统一样，在修建福寿沟时，刘彝很注重因地制宜。他根据这里的地势落差采取分区排水的方式，建成了“福”“寿”两个排水干道系统。

赣州古城防洪排涝系统可分为福寿沟、水塘、水窗、城墙四个部分。福寿沟主沟支

渠遍布赣州古城，与地面的雨漏、明沟等相连，汇集全城的雨水和生活污水。水窗也就是把城内的下水排放到章江和贡江中的排水口。在江水淹没排水口时“拍门”自动闭合，防止江水倒灌入福寿沟，而在平时，水流可将其冲开正常排水。福寿沟连接着城内数百座水塘，这些水塘平时有福寿沟中的活水流过，既能沉淀沟中的淤泥，也有利于保持自身水体的活性。暴雨时江面上涨，水窗关闭，水塘起到储水，消除内涝的作用。待暴雨过后，江面下降，水塘的水再排入江中。城墙高大坚固，除青砖筑墙外，还用铁水浇筑砖缝，这道城墙在战时是整个城市的屏障和防御工事。

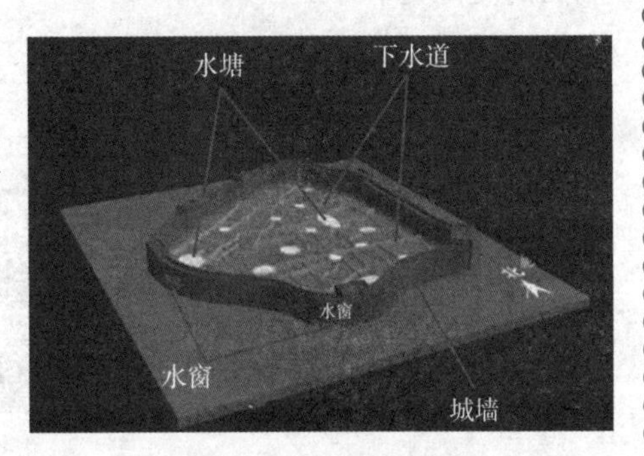

赣州古城防洪排涝系统

1.1.4 排水管渠常见附属构筑物

排水系统除雨污水管道外，还需要在管渠系统上设置相关附属构筑物，以保障系统的完整性。常见的附属构筑物有雨水口、检查井、连接暗井、跌水井、溢流井、水封井、倒虹管、冲洗井、防潮门、出水口等。本节主要介绍一些在排水管道检测时常涉及的附属构筑物。

1. 雨水口

雨水口是在雨水管渠或合流管渠上收集雨水的构筑物，肩负着雨天将路面上积水排放进入雨水管道内部的重要作用，对于消除雨天路面积水问题具有重要的作用。为了快速排除路面积水，雨水口一般设置在交叉路口、路侧边沟的一定距离处，以及设有道路边石的低洼地方，以防止雨水漫过道路或造成积水。道路上雨水口的间距一般为 25 ～ 50 m（视汇水面积大小而定）。

雨水口一般由进水箅、井身和连接管三部分组成。进水箅的材质一般有铸铁、混凝土、复合材料等（图 1-11）。

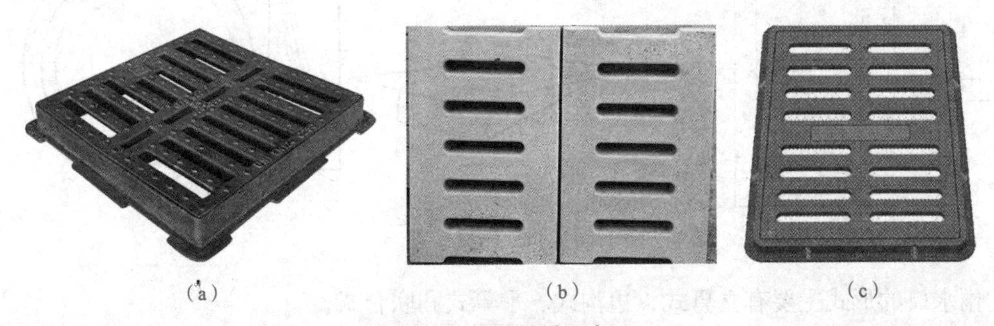

（a）　　（b）　　（c）

图 1-11　不同材质雨水口

（a）混凝土；（b）铸铁；（c）复合材料

街道雨水口的形式有边沟式雨水口、侧石式雨水口及两者相结合的联合式雨水口三种

（图 1-12）。边沟式雨水口的进水箅是水平的，与路面相平或略低于路面；侧石式雨水口的进水箅设置在道路侧石上，呈垂直状；联合式雨水口的进水箅呈折角式安放在边沟底和侧石侧面的交汇处。

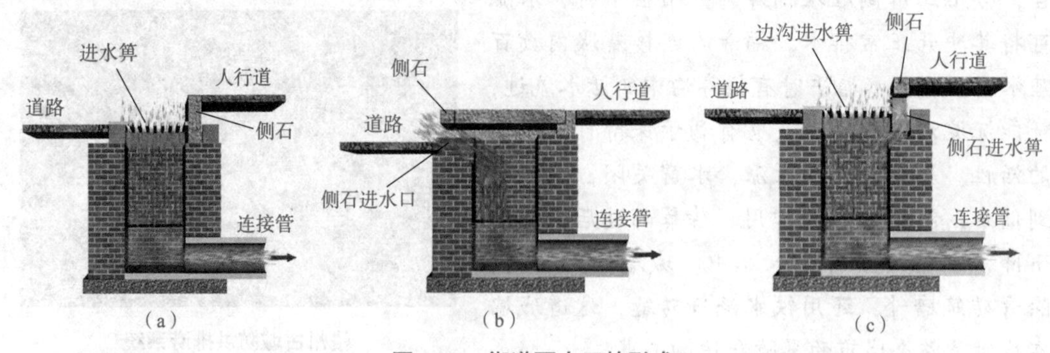

图 1-12　街道雨水口的形式

（a）边沟式；（b）侧石式；（c）联合式

新型的雨水口还增加了垃圾拦截（图 1-13）或防臭装置（图 1-14）。

图 1-13　雨水口网篮

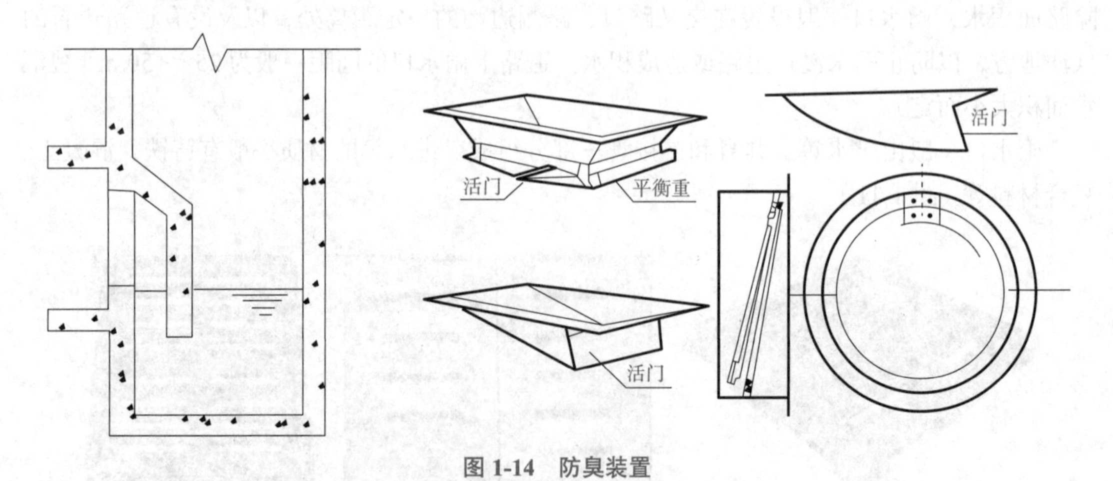

图 1-14　防臭装置

雨水口的形式主要有立箅式、边沟式、平箅式和联合式。

（1）立箅式雨水口：具有不易堵塞的优点，但有的区域由于维修道路等原因，路面加高，造成立箅断面减小，影响收水能力。图 1-15 所示为立箅式雨水口。

（2）边沟式雨水口：一般位于路缘石边，箅子有一侧面是紧靠侧石或立缘石用于收集雨水。其收水功能不如平箅式雨水口，施工也不如平箅式雨水口方便。图 1-16 所示为边沟式雨水口。

图 1-15　立箅式雨水口

图 1-16　边沟式雨水口

（3）平箅式雨水口：可以在马路中心或边，排水口比路面低一些，通过道路路面的坡度收集雨水。但在暴雨时容易被树枝、树叶等杂物堵塞，影响收水能力。图 1-17 所示为平箅式雨水口。

（4）联合式雨水口：同时依靠道路平面井和路缘石侧立面的井收集雨水。图 1-18 所示为联合式雨水口。

图 1-17　平箅式雨水口

图 1-18　联合式雨水口

2. 检查井

检查井又称窨井或人孔（Manhole），是排水管道系统中连接管道及供养护工人检查、清通和出入管道的附属设施的统称。检查井还具有管道系统的通风作用。

检查井通常设置在管渠交汇、转弯、管渠尺寸或坡度改变、跌水等处，以及相隔一定距离的直线管渠段上，见表 1-1。检查井结构示意如图 1-19 所示。

表 1-1　检查井的最大间距

管径或暗渠净高 /mm	最大间距 /m	
	污水管道	雨水（合流）管道
200 ～ 400	30	40
500 ～ 700	50	60
800 ～ 1 000	70	80

续表

管径或暗渠净高 /mm	最大间距 /m	
	污水管道	雨水（合流）管道
1 100 ～ 1 500	90	100
1 500 ～ 2 000	100	120
>2 000	可适当增大	

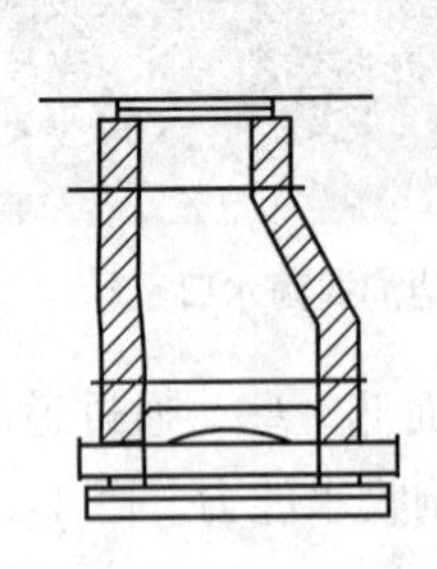
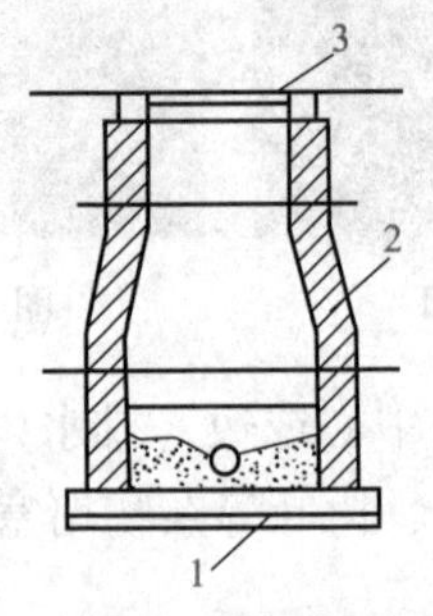

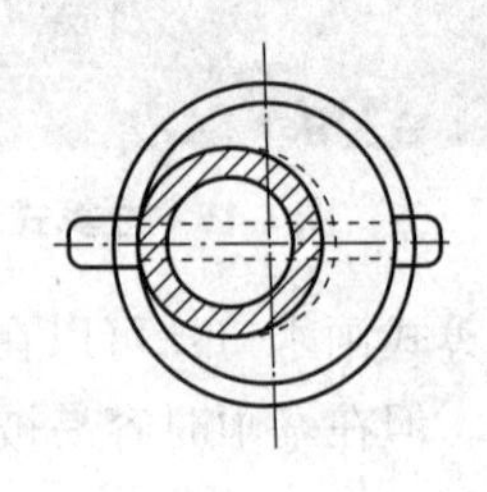

图 1-19　检查井结构示意

1—底板；2—井筒；3—井盖

（1）检查井种类。

1）按照形状可分为圆形检查井、方形检查井和扇形检查井；

2）按照材料可分为砖砌检查井、预制钢筋混凝土检查井、不锈钢检查井、玻璃钢夹砂管检查井和塑料（焊接缠绕塑料、滚塑成型、注塑成型）检查井；

3）按照功能可分为跌水井、水封井、冲洗井、截流井、闸门井、潮门井、流槽井、沉泥井、油污隔离检查井等；

4）按照连接管道数量可分为两通井、三通井、四通井和多通井。

除上述的分类外，我国业内人士常将具有特殊用途或结构的检查井分别称为接户井、纳管井、骑管井、监测井、冲洗井等，见表 1-2。

表 1-2　特殊检查井明细表

名称	解释	位置特征
接户井	排水户管道接入市政排水管网系统前的最后一个检查井，也称作出门井或出墙井	排水户的大门或围墙附近
纳管井	将小流量污水或初期雨水收纳至此井，再通过专用收纳管道输送至污水系统和处理设施	自然水体岸边或附近，井内通常有截流设施
骑管井	俗称骑马井，是带采用特殊方法在旧管道上加建的检查井，施工中不必拆除旧管道，也不需断水作业	任何位置，无井室
监测井	被管理部门定义为定期或不定期需检测水位、水质及泥浆等参数的井，检测方式采取人工赴实地开井检测并抽样鉴定，也可安装在线检测仪器予以实时监测	可能的排污重点户附近及城市按一定规律所分布的特点
冲洗井	在坡度平坦地区，为提高水流流速，发挥水力流通的优势，在该井内安装拦蓄式冲洗设施，它有自冲式和电控式之分	管道坡度非常小的管段

（2）检查井结构。检查井一般采用圆形，通常由井底（包括基础）、井身和井盖（包括盖座）三大部分构成，如图 1-20 所示。

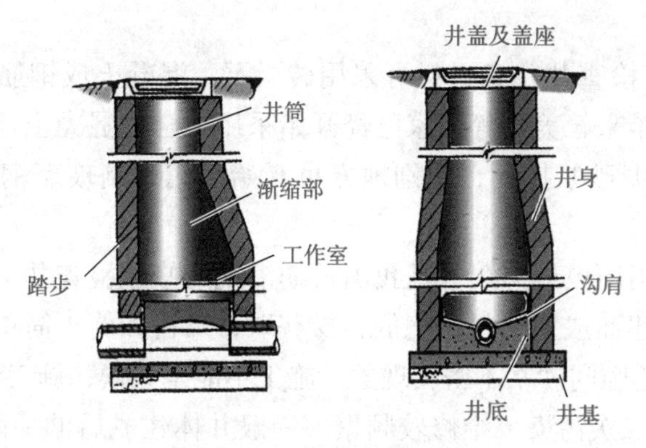

图 1-20　检查井结构示意

检查井的各部件名称及释义详见表 1-3。

表 1-3　检查井各部件名称及释义

部件名称		释义
井盖	井盖	检查井盖中可开启的部分，用于封闭检查井口
	井座	又称井圈，检查井盖中固定于检查井口的部分，用于安放井盖
防坠网		挂在井筒上，用于防止人员坠落的设施
井筒		供工作人员进出井室的竖向通道
井室	渐缩部	介于井筒和井室之间的锥台状结构段
	上井室	井室的上半部分，外形尺寸与下井室相同，井壁一般不开孔
	下井室	井室的下半部分，井壁带有与地下管道连接的开孔或管口
底板	底板	用于支撑和封闭下井室底部缝隙的底部平板
	沟肩	流槽两边呈 V 形的底板面，便于将井底水收纳进沟槽
井基		支撑整个检查井的基础
爬梯		又称踏步，用于作业人员上下井室通道，固定于井壁的踩踏部件
井身	井身	井体四周机构
	井壁	检查井内部侧向表层
流槽	为保持流态稳定，避免水流因断面变化产生涡流现象而在检查井底部设置的弧形水槽	

1）检查井井底：检查井井底材料一般采用低强度等级混凝土，基础采用碎石、卵石、碎砖夯实或低强度等级混凝土。为使水流流过检查井时阻力较小，井底宜设置半圆形或弧形流槽，流槽直壁向上升展。污水管道的检查井流槽顶与上、下游管道的管顶相平，或与 85% 的大管管径处相平，雨水管渠和合流管渠的检查井流槽顶可与 50% 的大管管径处相平。流槽两侧至检查井壁间的底板（称沟肩）应有一定宽度，一般应不小于 20 cm，以便养护人员下井时立足，并应有 0.02 ～ 0.05 的坡度坡向流槽，以防止检查井积水时淤泥沉积。在管渠转弯或几条管渠交汇处，为使水流通顺，流槽中心线的弯曲半径应按转角大

小和管径大小确定，但不得小于大管的管径。大量城市的管渠养护经验说明，每隔一定距离（200 m 左右），将检查井井底做成落底 0.5 ～ 1.0 m 的沉泥槽，对管渠的清淤是十分有利的。

2）检查井井身：检查井井身材料可采用砖、石、混凝土或钢筋混凝土。国外多采用钢筋混凝土预制。近年来，美国等国家已经开始采用聚合物混凝土预制检查井，我国目前则多采用砖砌，以水泥砂浆抹面，个别地方也开始采用预制玻璃钢夹砂检查井或塑料检查井。

①砖砌检查井应用历史最悠久，是我国长期沿用的修建检查井室方式之一。其优点是主要由红砖和水泥修建而成，材料价格低，易获取，结构和施工简单，维修方便，成本较低；缺点是容易出现缝隙间砂浆不密实现象，施工不能全天候，施工周期长，占地面积大，易渗漏造成地下水源二次污染，维修较频繁。一般井体建成后的一两年就容易出现沉降、塌陷，造成路面不平，加之维修作业面大，综合维护成本高等缺点，给车辆通行及市民出行带来很大不便，也给市政管理养护部门造成很多困难。对于污水井来说，由于“砖砌井”渗漏严重，会再次污染地下水资源。同时，普遍使用红砖会造成大量取用消耗耕地资源，浪费燃煤，不符合建设“节约型、环保型”社会的要求。世界各发达国家及我国主要大中城市纷纷出台措施，限制和禁止使用砖砌检查井。

②钢筋混凝土检查井是从我国北方发展起来的，用于取代砖砌检查井的检查井，主要有现浇式、预制装配式、模块式，如图 1-21 ～图 1-23 所示。其优点是节省土地资源、强度高、整体稳固性好、闭水性有所改善；缺点是笨重、施工难度大、施工条件要求高，且由于质量重，运输、安装较麻烦，维修也不易，特别是检查井接入的干管和支管的口径、数量、方向、标高的变化因素多，很难实现工厂规模化生产解决。同时，由于与埋地塑料管连接仍存在密封和不均匀沉降问题，渗漏和腐蚀等现象未得到根本解决。因此，在市政及建筑小区难以广泛应用，我国在许多城市推广应用上也经历多次反复，一直未能真正推广。

图 1-21　现浇式钢筋混凝土检查井

图 1-22　预制装配式钢筋混凝土检查井

图 1-23　模块式钢筋混凝土检查井

③塑料检查井是由高分子合成树脂材料制作而成的检查井，通常采用聚氯乙烯（PVC-U)、聚丙烯（PP）和高密度聚乙烯（HDPE）等通用塑料作为原料，通过缠绕、注塑或压制等方式成型部件，再将各部件组合成整体构件，如图 1-24 所示。塑料井主要由井

盖和盖座、承压圈、井体（井筒、井室、井座）及配件组合而成。井径为 1 000 mm 以下检查井为井筒、井座构成的直筒结构；井径为 1 000 mm 及 1000 mm 以上检查井为井筒、井室、井座构成的带收口锥体结构，收口处直径一般为 700 mm；井径为 700 mm 及 700 mm 以上的检查井井筒或井壁上一般设置踏步，供检查、维修人员上下。井座一般采用 HDPE 材质；井筒采用埋地排水管材，如平壁实壁管、双壁波纹管、平壁缠绕管等。其优点是安装简便、质量轻、便于运输安装；性能可靠、承载力强、抗冲击性好；耐腐蚀、耐老化；与塑料管道连接方便、密封性好；有效防止污水渗漏、安全环保，内壁光滑流畅，污物不易滞留，减少堵塞的可能，排放率大大增强。

图 1-24　塑料检查井

3）井盖：检查井的井盖按照制作材料可分为以下 4 类。

①金属井盖：铸铁（图 1-25）、球墨铸铁、青铜等材质。

②水泥混凝土井盖（图 1-26）：按承载能力为分为 A、B、C、D 四级。A 级钢纤维混凝土检查井井盖用于机场等特种道路和场地；B 级钢纤维混凝土检查井井盖用于机动车行驶、停放的城市道路、公路和停车场；C 级钢纤维混凝土检查井井盖用于慢车道、居民住宅小区内通道和人行道；D 级钢纤维混凝土检查井井盖用于绿化带及机动车辆不能行驶、停放的小巷和场地。

③再生树脂井盖（图 1-27）：再生树脂基复合材料。

④复合材料井盖（图 1-28）：聚合物基复合材料。复合材质的井盖可分为无机复合井盖和有机复合井盖两种。

图 1-25　铸铁井盖

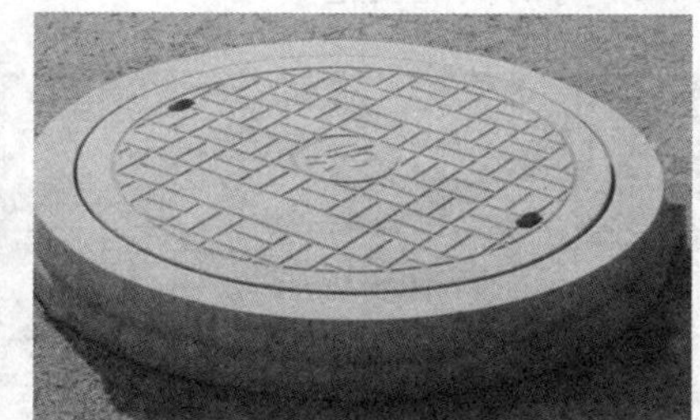

图 1-26　水泥混凝土井盖

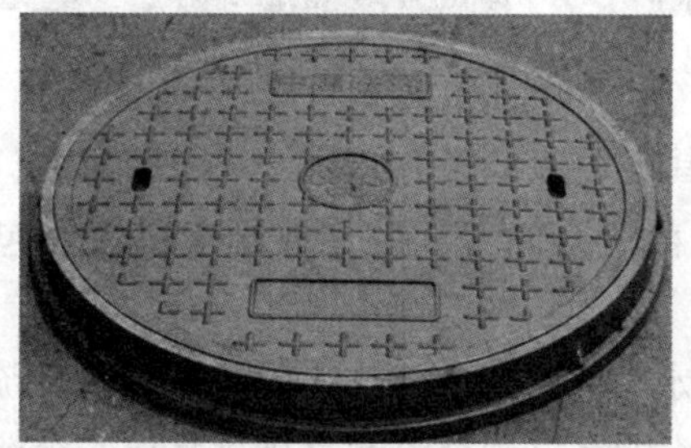

图 1-27　再生树脂井盖

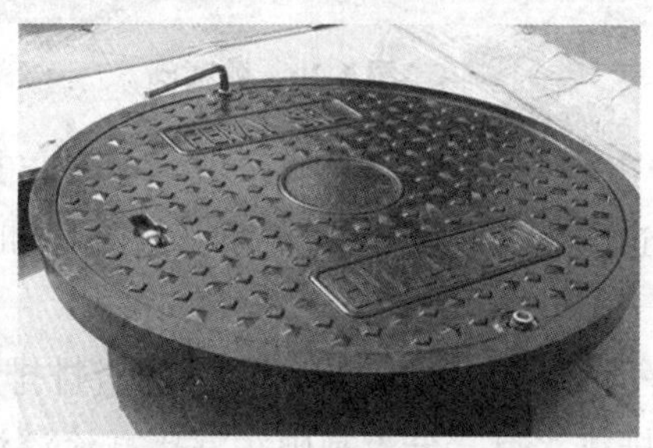

图 1-28　复合材料井盖

3. 倒虹吸管

倒虹吸管是指当排水管道需要穿过河流、洼地或建筑物时，不能按照常规的建设施工埋设管道，需要采用下凹折线的方式铺设管道，利用上下游的水位差进行管渠运输，如图 1-29 所示。倒虹吸管由进水井、下行管、平行管、上行管和出水井等组成。

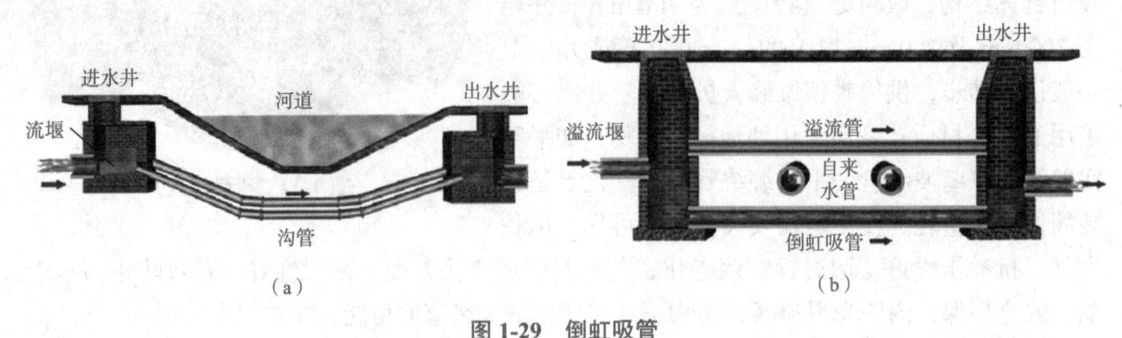

图 1-29　倒虹吸管

(a) 穿越河道的折管式倒虹吸管；(b) 避开地下管道的支管式倒虹吸管

倒虹吸管的清理比一般管道困难得多，因此，应定期对倒虹吸管进行检测，以防止管道内淤泥堆积过多。

4. 排水口

排水口又称出水口，是将管道或各类设施中的水直接排放进入自然水体中的设施。排水口一般设置在水系的岸边，它的位置和形式通常根据出水水质、水体的水位及变化幅度、水流方向、下游用水情况、边岸变迁情况和夏季主导风向等因素确定。

（1）狭义的排水口是指管渠接入自然水体的排放口，有开放式流口和封闭式流口之分，前者通常是与水系无隔离措施，而后者则安装鸭嘴阀（图 1-30）、拍门（图 1-31）及水力止回堰（图 1-32）等防倒灌设施。

图 1-30　鸭嘴阀

图 1-31　拍门

（2）广义的排水口是指排水口本身及与其相关联的设施总称，它包括排放口本体、连接排口管道、截流管道、截流堰、截流井和截流泵站等。广义的排水口主要包括以下两大类。

1）普通排水口：包括分流制污水直排排水口、分流制雨水直排排水口、分流制雨污混接雨水直排排水口、分流制雨污混接截流溢流排水口和合流制直排排水口、合流制截流溢流排水口。

2）特殊排水口：包括泵站排水口、沿河居民排水口和设施应急排水口。

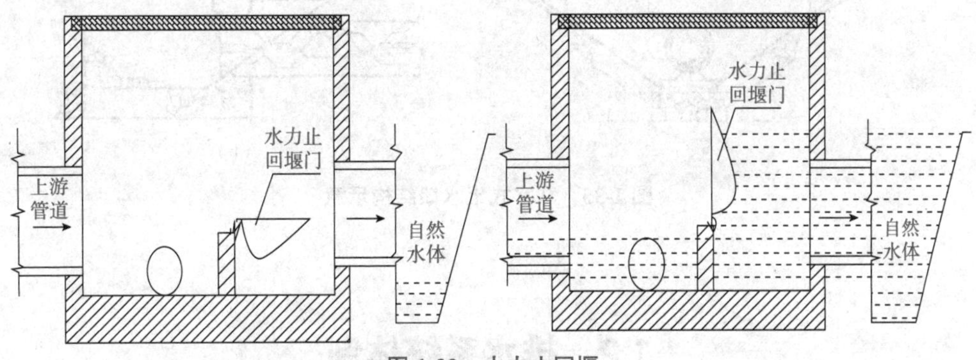

图 1-32　水力止回堰

（3）排水口根据其在水体中的位置可分为非淹没式排水口、半淹没式排水口和全淹没式排水口。对于水体水位较高的区域，为了防止水体水倒灌进入管道内部，通常会在排水口末端设置拍门、鸭嘴阀等防倒灌设施。

为使污水与受纳水体混合较好，污水管渠排水口一般采用淹没式。淹没式排水口可分为岸边式和河床分散式两种。河床分散式排水口是将污水管道顺河底用铸铁管或钢管引至河心，用分散放水口将污水泄入水体。图 1-33 所示为淹没式排水口结构示意。

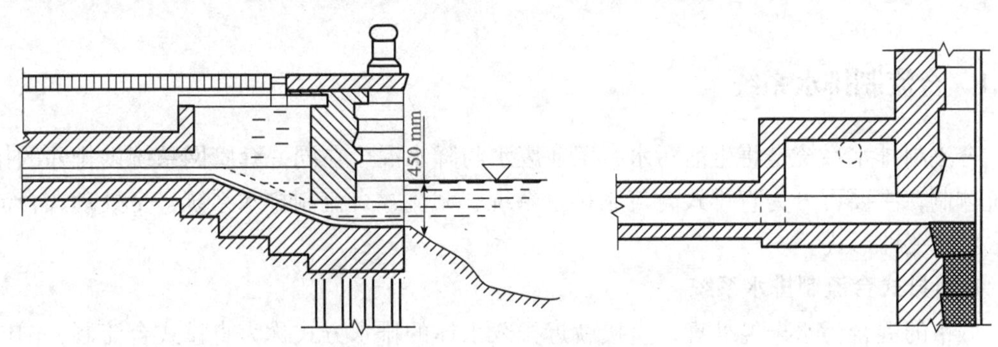

图 1-33　淹没式排水口结构示意

排水口也可以采用非淹没式，主要用于雨水出水口。其管底标高建议在水体最高水位以上，一般在常水位以上。非淹没式排水口主要分为一字式和八字式出水口。当出水口标高比水体水面高出太多时，应考虑设置单级或多级跌水。图 1-34 所示为一字式出水口结构示意，图 1-35 所示为八字式出水口结构示意。

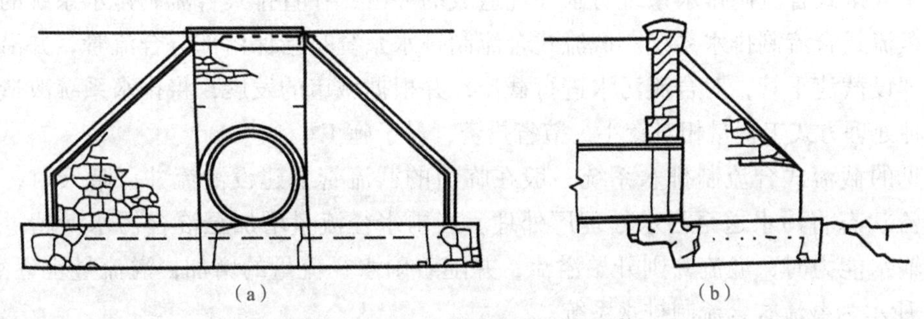

（a）　（b）

图 1-34　一字式出水口结构示意

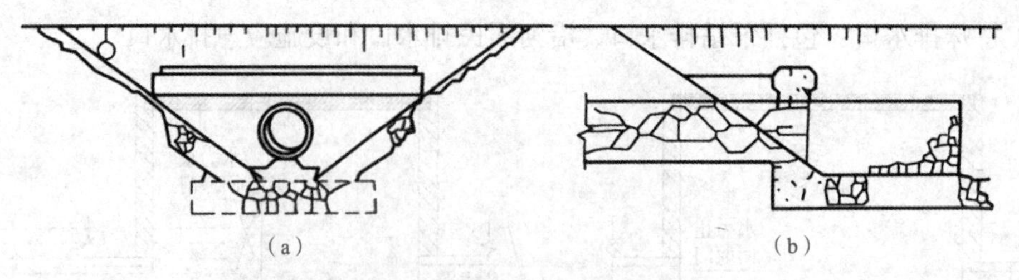

图 1-35　八字式出水口结构示意

1.2　排水系统体制

城市居民的生活污水、工业企业的工业废水和自然降水的收集与排除称为排水系统体制。排水系统体制的选择是城市排水系统规划设计的重要问题，不仅影响排水系统的设计、施工与维护管理，而且对城市规划和水环境具有重大的影响，同时，对排水系统的工程建设、运行与维护管理费用起到影响，在选择排水系统体制时应在满足环境保护要求的基础上，根据当地实际情况合理选择。目前，排水系统体制主要可分为合流制排水系统、分流制排水系统和混流制排水系统。

1.2.1　合流制排水系统

合流制排水系统是将生活污水、工业废水与降水混合在同一套管网系统内排除的排水系统体制，主要可分为直排式合流制排水系统、截流式合流制排水系统、全处理式合流制排水系统三种形式。

1. 直排式合流制排水系统

城市的混合污水未经处理，直接就近排入水体的排水方式称为直排式合流制，国内外老城区的合流制排水系统均属于此类。直排式合流制排水系统所转输的城镇雨污水及工业废水对环境造成的污染更加严重，是引发水体黑臭的重要原因。直排式合流制排水系统的排水口多且分散，是较难改造但又必须改造的旧合流制排水系统。在城区管网改造过程中多被改为截流式合流制排水系统或分流制排水系统。图 1-36 所示为直排式合流制排水系统。

2. 截流式合流制排水系统

由于直排式合流制排水系统对水环境造成的冲击，在直排式合流制排水系统的基础上形成了截流式合流制排水系统。截流式合流制排水系统是指保留部分合流管，并沿城区周围水体埋设截流干管，对合流污水进行截流，并根据城市的发展，将排水系统改造为分流制。这种处理方式工程量相对较小，节省投资，易于施工。

常见的截流式合流制排水系统一般在临河的截流管上建设溢流井。晴天时，截流管以非满流状态将污水送至污水处理厂处理。当雨水径流量增加至混合污水量超过截流管的设计输水能力时，溢流井则开始溢流，并随着雨水径流量的增加，溢流量也逐渐增大。图 1-37 所示为截流式合流制排水系统。

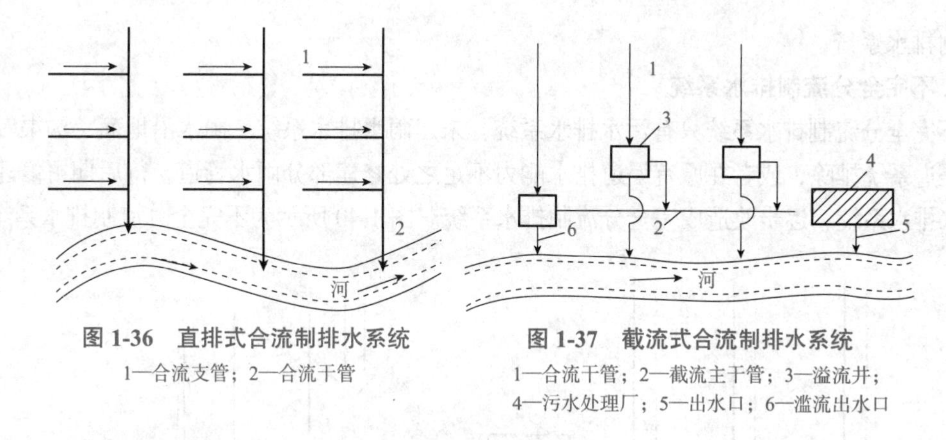

图 1-36　直排式合流制排水系统

1—合流支管；2—合流干管

图 1-37　截流式合流制排水系统

1—合流干管；2—截流主干管；3—溢流井；4—污水处理厂；5—出水口；6—滥流出水口

采用截流式合流制排水系统应注意处理好以下问题：

（1）截流量的设定问题。截流量的大小对污水处理厂的规模及污水处理工艺的选择具有重要的影响。在建设前期应综合考虑当地的实际情况，并考虑旱季、雨季的污水量、水体的承载能力，以及污水处理厂的处理规模，经详细论证后确定截流量的大小。

（2）雨水设施的防臭问题。截流式合流制排水系统由于污水和雨水共用同一个管道系统，在旱季时臭气通过雨水口散出，严重影响周围空气和环境质量，因此，在对合流制排水系统进行改造时，应该将雨水口同时进行改造，使雨水口具有防臭功能。

3. 全处理式合流制排水系统

在降水量很少的干旱地区，或对水体水质标准要求很高的地区，可以修建全处理式合流制排水系统将全部雨污水送至污水处理厂，在污水处理厂前设置一个大型调节池，或在地下修建大型调节水库，将全部污水经过处理后再排至水体。除调节池外，该类合流制排水系统的布置形式均与污水管网类似。该种方式对环境和水质的影响最小，但是对污水处理厂的功能设计要求较高，并且成本较大。图 1-38 所示为全处理式合流制排水系统。

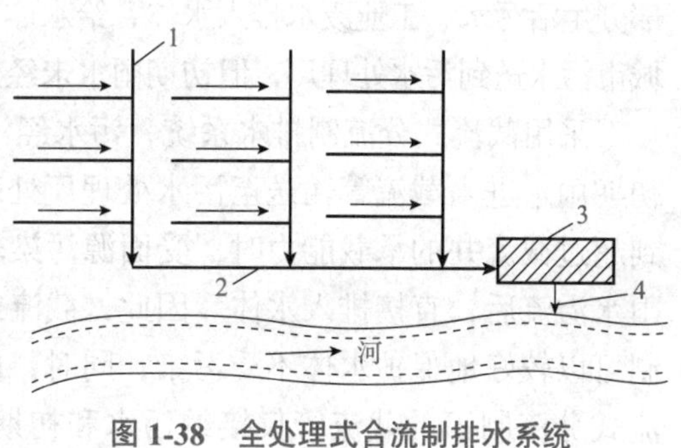

图 1-38　全处理式合流制排水系统

1—合流支管；2—合流干管；3—污水处理厂；4—出水口

1.2.2　分流制排水系统

案例：有时候，就要坚持合流制排水系统！

分流制排水系统是将生活污水、工业废水和降水通过两个或两个以上独立的管渠排除的系统。污水经过污水管网收集后进入污水处理厂，雨水径流经过雨水排放系统收集后就近排入受纳水体。分流制排水系统根据雨水排除方式的不同，可分为完全分流制、不完全分流制和截流式分流制。

1. 完全分流制排水系统

完全分流制排水系统具备完整的污水排水系统和雨水排水系统，环保效益较好。新建的城市及重要的工矿企业，一般采用完全分流制排水系统。工厂的排水系统一般采用完全分流制。性质特殊的生产废水还应在车间单独处理后再排入污水管道。图 1-39 所示为完全

分流制排水系统。

2. 不完全分流制排水系统

不完全分流制排水系统只有污水排水系统，未建雨水排水系统。雨水沿地面、沟渠等原有雨水渠道系统排除，或者在原有渠道排水能力不足之处修建部分雨水管道，待后期再修建完整的雨水排水系统，逐步改造成完全分流制排水系统。图 1-40 所示为不完全分流制排水系统。

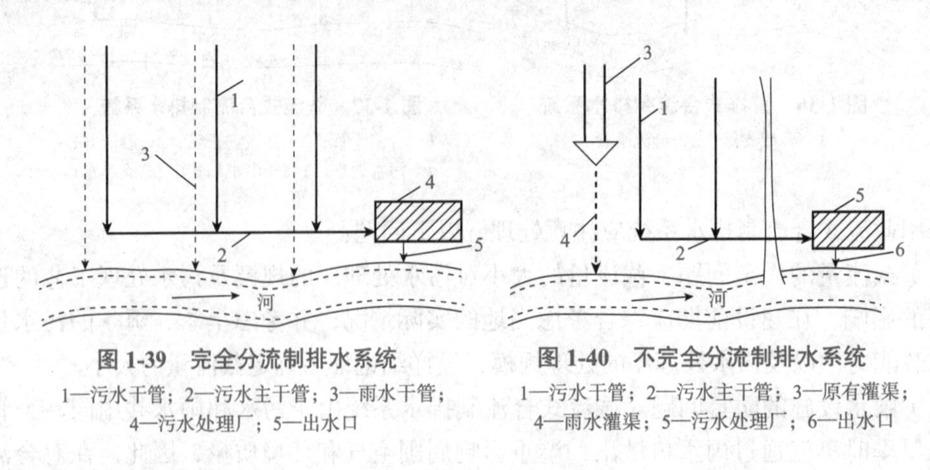

图 1-39　完全分流制排水系统

1—污水干管；2—污水主干管；3—雨水干管；4—污水处理厂；5—出水口

图 1-40　不完全分流制排水系统

1—污水干管；2—污水主干管；3—原有灌渠；4—雨水灌渠；5—污水处理厂；6—出水口

3. 截流式分流制排水系统

截流式合流制排水系统虽然减轻了初期雨水面源污染的程度，但在暴雨时会通过截流井将部分生活污水、工业废水排入水体，给水体带来一定程度的污染。而不完全分流制排水系统将城市污水送到污水处理厂，但初期雨水未经处理直接排入水体，对水环境保护也是不利的。

采用截流式分流制排水系统，污水经污水干管和截流管输送至污水处理厂处理后排放。初期雨水进入截流管输送至污水处理厂处理后排放，而降雨中期，当雨水径流量继续增加到超过截流井的承载能力时，受面源污染较小的雨水溢流后，直接排入水体。因此，截流式分流制可以较好地保护水体不受污染，同时，由于截流式分流制下的截流管仅接纳污水和初期雨水，其截流管的断面面积也小于截流式合流制，使进入截流管内的流量和水质相对稳定，从而减少了污水处理厂和污水泵站的管理费用，是一种经济效益和环保效能较高的新型排水体制。图 1-41 所示为截流式分流制排水系统。

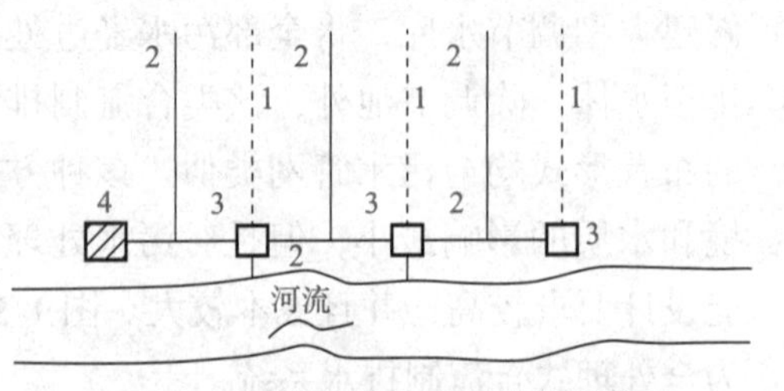

图 1-41　截流式分流制排水系统

1—雨水管；2—污水管；3—截流井；4—污水处理厂

1.2.3　混流制排水系统

分流制与合流制各有利弊，许多城市会因地制宜地在各区域采用不同的排水系统。既有分流制也有合流制的排水系统，称为混流制排水系统。

在老城区的分流制改造及新城区的建设过程中，由于存在管网数据不清楚、管道私接等问题，雨污管网混接现象严重，造成许多城市污水管网具有典型的混流制特性，存在污染物超标、多源入流入渗等问题，尤其在雨季时，污水管网和污水处理厂的运行要面对巨大的挑战。

【案例 1】珠海市主城区地势平坦，管道铺设坡度受限，区域常年降雨量少且集中，雨水输送非连续性和暴发性突出。

【案例 2】汶川县绵虒镇属于山地丘陵，地形坡度大，污水排入长江支流岷江，三峡工程实施对其上游排入水体的水质要求更加严格。

【案例 3】台山市老城区在排水系统改造时，在台城河道两侧修建截流干管，先将排入边沟、冲沟的雨污水接入道路下原有的排水管道中，然后接入截流干管，在适当位置设置了截流井，在溢流排水口设置了止回阀，以防止江水倒灌。

（1）案例 1、案例 2、案例 3 分别采用了哪种排水体制？

答：案例 1 采用了完全分流制与截流式分流制相结合的排水体制；案例 2 采用了完全分流制与截流式合流制相结合的排水体制；案例 3 采用了合流与截流相结合的排水体制，即截流式合流制排水体制。

（2）结合案例，分析选择具体排水体制的原因。

答：案例 1 地势平坦，常年降雨量少且集中，雨水输送非连续性和暴发性突出；案例 2 山地丘陵，地形坡度大，且位于三峡工程上游；案例 3 属于老城区，其建设规模已基本固定，街道狭小、建筑物密集、商业繁荣、交通拥挤是其特点。老城区由管渠、边沟、小溪和冲沟构成，有的管涵上部已修建房屋，因此在老城区，将原有合流式排水系统改造为截流式合流排水体制具有可操作性。

1.3 市政排水工程管材与管道缺陷关系

市政排水工程所采用的管材多种多样，随着技术的发展，管材已发展出多种类型。按照材质分，一般可分为混凝土管、高密度聚乙烯（HDPE）管、塑料排水管及金属管几种类型。其中，混凝土管包括钢筋混凝土管、预应力钢筒混凝土管、预应力混凝土管等；高密度聚乙烯（HDPE）管包括钢带增强聚乙烯（PE）螺旋波纹管、高密度聚乙烯（HDPE）管塑钢缠绕排水管、高密度聚乙烯（HDPE）中空壁缠绕管、内肋增强聚乙烯（PE）螺旋波纹管等；塑料排水管包括硬聚氯乙烯管和硬聚氯乙烯双壁波纹管等；金属管包括镀锌铁管、铸铁管、不锈钢钢管、球墨铸铁管等。每种管材可适应的建设场景不同，同时每种管材由于其自身的材料特性，所对应的常见问题也有所不同。

1.3.1 混凝土管

混凝土管是城市排水管道在建设过程中应用最早的一种管材，具有不受地底温度影响、刚度强、受荷载时变形量小的优点，因此，在排水管道工程中应用广泛。早期混凝土管管壁内部配置钢筋骨架，而钢筋混凝土管内配有单层或多层钢筋骨架。混凝土管管道按照连接方式的不同，可分为柔性接头管和刚性接头管，其中，柔性接头管按照接头形式又可为分承插口管、钢承口管、企口管；刚性接头管又可为分平口管、承插口管。其管径一般小于 450 mm，长度多为 1 m，适合用作管径较小的无压管，而在管道埋深较大或敷设在土质

条件不良地段，当管径大于 400 mm 时通常采用钢筋混凝土管（图 1-42）。

图 1-42　钢筋混凝土管

混凝土管抵抗酸、碱侵蚀及抗渗性能差，其连接方式易受外压荷载和地基不均匀沉陷等的影响，造成常见的管道缺陷包括破裂、腐蚀、结构、错口、脱节等。

1.3.2　高密度聚乙烯（HDPE）管

（1）高密度聚乙烯（HDPE）塑钢缠绕排水管。高密度聚乙烯（HDPE）塑钢缠绕排水管是由钢带与聚乙烯通过挤出方式成型的塑钢复合带材，经螺旋缠绕焊接（搭接面上挤出焊接）制成的塑钢缠绕管，如图 1-43 所示。高密度聚乙烯（HDPE）塑钢缠绕排水管具有环刚度等级较高、内壁光滑、摩擦系数小、耐腐蚀、使用寿命长、质量轻、接头少、安装方便等优点，适合用作管径为 200 ～ 3 000 mm 的市政排水管道，其标准长度为 6 m。常见的连接方式可分为卡箍式弹性连接方式和电热熔带连接方式。

图 1-43　聚乙烯（HDPE）塑钢缠绕排水管

（2）钢带增强聚乙烯（PE）螺旋波纹管。钢带增强聚乙烯（PE）螺旋波纹管是以高密度聚乙烯（HDPE）为基体，表面涂黏结树脂的钢带，制作成型为波形，作为主要支撑结构，并与内外层聚乙烯材料缠绕复合成整体的钢带增强螺旋波纹管，如图 1-44 所示。钢带增强聚乙烯（PE）螺旋波纹管具有环刚度等级较高、连接方式简单、抗腐蚀性能良好等优点，适合用作输送介质温度不大于 45 ℃，管径为 300 ～ 2 500 mm 的雨水、污水等埋地排水管道，其标准长度为 6 m、9 m、10 m。其连接方式包括热熔挤出焊接、电热熔带焊接、热收缩管（带）连接。

（3）高密度聚乙烯（HDPE）中空壁缠绕管。高密度聚乙烯（HDPE）中空壁缠绕管是以高密度聚乙烯（HDPE）为原料，采用特殊挤出工艺在热熔状态下缠绕焊接成管，内外壁之间由环行加强肋连接成型的结构壁排水管材，如图 1-45 所示。其具有耐腐蚀好、绝缘高、内壁光滑、流动阻力小，以及环行刚度等级高、强度与韧性好、质量轻、抗冲击性好等优点，适合用作管径为 200 ～ 3 000 mm 市政工程排水、排污管，其标准长度为 6 m、9 m。

管道连接方式包括不锈钢卡箍式连接、承插电热熔连接方式、电热熔带连接方式等。

图 1-44　钢带增强聚乙烯（PE）螺旋波纹管

图 1-45　高密度聚乙烯（HDPE）中空壁缠绕管

（4）内肋增强聚乙烯（PE）螺旋波纹管。耐腐蚀的内肋增强聚乙烯（PE）螺旋波纹管是目前市场上一种比较新的全塑内肋增强缠绕纹管，管材以高密度聚乙烯（HDPE）为原材料，用独特的成型工艺装置缠绕成型，内壁光滑，外壁为螺旋波浪状，如图 1-46 所示。内肋增强聚乙烯（PE）螺旋波纹管有利于扩大与土壤的接触面，以及填入管道波谷的回填土和管道本身共聚氯乙烯承受周边土壤的压力，形成管土共同作用。其具有耐压强度高、流量大、流速快、抗冲击性好等优点。其适合用作管径为 300 ～ 2 800 mm 市政工程排水、排污管，其标准长度为 6 m、9 m。其连接方式为承插式电热熔连接、承插式胶圈连接、不锈钢卡箍式连接、热收缩套连接。

图 1-46　内肋增强聚乙烯（PE）螺旋波纹管

以上几种常见的高密度聚乙烯（HDPE）管，由于其材料特性，管道荷载尤其是道路上方车辆动荷载的影响、管道周围土体松动、地下水水位过高造成管道应力变化，常见的管道缺陷包括变形、破裂、起伏等。

1.3.3　塑料排水管

（1）硬聚氯乙烯（PVC-U）管。硬聚氯乙烯（PVC-U）管以卫生级聚氯乙烯（PVC）树

脂为主要原料，加入适量的外加剂经塑料挤出机挤出成型和注塑机注塑成型，通过冷却、固化、定型、检验、包装等工序完成管材的生产，如图 1-47 所示。硬聚氯乙烯（PVC-U）管具有良好的耐老化性，能长期保持其理化性能、阻燃性好、耐腐蚀性强、使用寿命长的优点。其适用于排水管和雨水管，其标准长度为 4 m、6 m。其连接方式为胶黏剂连接型管材和弹性密封圈连接。

图 1-47　硬聚氯乙烯（PVC-U）管

（2）硬聚氯乙烯（PVC-U）双壁波纹管。硬聚氯乙烯（PVC-U）双壁波纹管以聚氯乙烯树脂为主要原料，经内、外分别挤出成型的双壁波纹管材，如图 1-48 所示。其具有抗磨损、抗冲抗压，抗震性能好；内表面光滑、摩阻低、密封性好；耐腐蚀，耐酸碱，化学性质稳定的优点。其适用于无压市政埋地排水、建筑物外排水、农田排水用管材，也可用于通信电缆穿线用套管，考虑到材料的耐化学性和耐温性后也可用于无压埋地工业排污管道。其长度一般为 6 m。其连接方式为电热熔连接、带密封圈的套管连接、内外挤出焊接等。

图 1-48　硬聚氯乙烯（PVC-U）双壁波纹管

以上几种常见的塑料排水管，由于耐热性能差、管道及配套的伸缩节承压能力低、接头连接方式的特点、受外压荷载的影响、地基的不均匀沉陷等，常见的管道缺陷包括变形、破裂、起伏。

1.3.4　金属管

市政重力流排水管道一般较少使用金属管，只有当排水管道承受高内压、高外压或对渗漏要求特别高的地方，采用铸铁管作为排水管道的管材。其中，球墨铸铁管具有抗腐蚀性、强度高、韧性好、整薄、质量轻、耐冲击、弯曲性能大、安装方便等优点，如图 1-49 所示。金属管已应用于排水管道建设，并在部分地区中统一推广应用，如常州市新建的排

水管渠中管径在 *DN*600 mm 以下的管道统一采用球墨铸铁管；福州五城区排水管渠中管径在 *DN*800 mm 以内的新建排水管渠需采用球墨铸铁管。管径规格为 80 ～ 2 600 mm，连接方式有承插式、法兰式、橡胶接口连接式、螺纹连接式及卡口连接式。

图 1-49　球墨铸铁管

钢管（图 1-50）具有耐高压、耐振动、单管的长度大和接口方便，但耐腐蚀性差的特点，采用钢管时必须涂刷耐腐蚀的涂料并注意绝缘，以防止锈蚀。其规格为 *DN*500 ～ 2 600 mm，适用于地形复杂地段或穿越障碍等情况，连接方式有焊接和法兰接口。

图 1-50　钢管

由于球墨铸铁管的连接方式受外压荷载的影响、地基的不均匀沉陷等，常见的管道缺陷包括渗漏、腐蚀等。

填空题

请在下图分别填上管材的类型。

____________　　____________　　____________

答：混凝土管、钢筋混凝土管、玻璃钢管、高密度聚乙烯双壁波纹管、球墨铸铁管。

1.4 排水管渠

1.4.1 排水管渠建设现状

中华人民共和国成立前，全国 103 个城市建有排水设施，管线总长为 6 034.8 km。全国只有上海、南京建有城市污水处理厂，日处理能力为 4 万立方米。中华人民共和国成立初期至改革开放以前，由于我国城市化进程一直比较缓慢，各城市的排水管道和处理设施建设也相应滞后。改革开放后，特别是进入 20 世纪 90 年代以来，我国的城市排水管道总里程发生了非常显著的变化。2007 年，我国城市排水管道的总长度为 29.2 万千米，2016 年年末为 57.7 万千米。根据《中国城乡建设统计年鉴》（2011—2020），截至 2020 年年底，我国城市排水管道长度达到 80.27 万千米，其中污水管道、雨水管道和雨污合流管道长度分别为 36.68 万千米、33.48 万千米、10.11 万千米，如图 1-51 所示；我国县城排水管道长度达到 22.39 万千米，其中污水管道、雨水管道和雨污合流管道长度分别为 10.4 万千米、7.73 万千米、4.26 万千米，如图 1-52 所示。

图 1-51　2011—2020 年我国城市污水管道、雨水管道和雨污合流管道长度变化情况

数据来源：《中国城乡建设统计年鉴》（2011—2020）

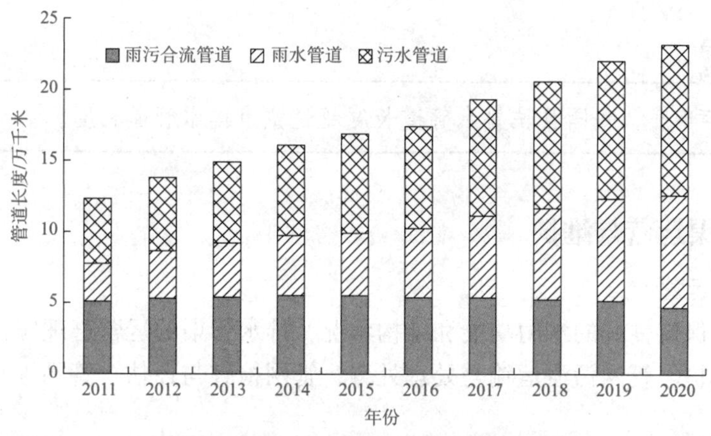

图 1-52　2011—2020 年我国县城污水管道、雨水管道和雨污合流管道长度变化情况

数据来源：《中国城乡建设统计年鉴》（2011—2020）

随着排水管渠建设长度的增长及城市人口的快速增长，我国污水处理厂建设数量也逐年递增。截至 2020 年年底，我国城市和县城污水年排放总量为 675.12 亿立方米，城市污水处理厂数量为 2 618 座，县城污水处理厂数量为 1 708 座。图 1-53、图 1-54 所示为 2001—2020 年我国城市和县城污水处理厂数量统计数据。

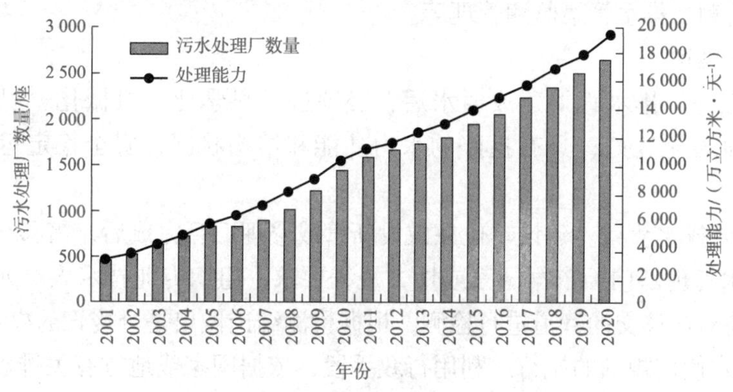

图 1-53　2001—2020 年我国城市污水处理厂数量

数据来源：《中国城乡建设统计年鉴》（2001—2020）

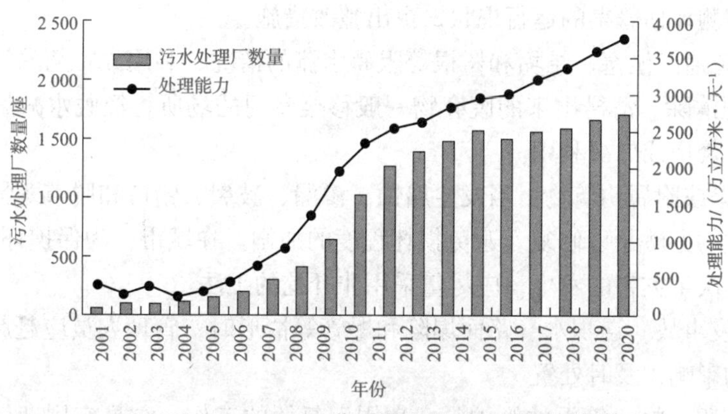

图 1-54　2001—2020 年我国县城污水处理厂数量

数据来源：《中国城乡建设统计年鉴》（2001—2020）

判断题

截至 2020 年年底，我国县城排水管道长度超过城市排水管道长度。 （　　）

1.4.2 排水管渠运营与维护

1. 排水管渠运营

排水管渠应保持良好的水力功能和结构状况，排水管渠的运营管理应包括的内容有管网巡视、管网养护、管网污泥运输与处理处置、管网检查与评估、管网维修、管网封堵与废除、纳管管理。

排水管渠巡视对象应包括管渠、检查井、雨水口、排水口。巡查周期建议管网外部设施每周至少一次，管网内部设施建议每年至少进行两次巡查。管网养护应包括的内容有管渠和倒虹吸管的清淤疏通、检查井和雨水口的清捞、井盖及雨水箅更换。管渠检查应结合管渠状况普查、移交接管检查、来自其他工程影响检查、应急事故检查和专项检查工作进行。排水管渠设施日常运营管理系统主要是对管网日常巡查养护等工作进行信息化管理，主要功能包括排水管渠档案信息收集、排水管渠档案电子化管理、排水管渠巡查养护管理、排水管渠检测管理、排水管渠监测管理等。

2. 排水管渠维护

（1）主要任务。排水管渠建成通水后，必须进行科学化、机械化、规范化和精细化的维护，以保证设施完好，具有良好的水力功能和结构状况，安全稳定运行。主要任务如下：

1）验收接管排水管渠。建设单位在敷设新管或修理旧管完成后，需移交城市排水设施管理部门。排水管理部门须依据国家或地方规程要求，组织专业技术人员或委托第三方使用专门仪器设备对被移交的管道进行检测，根据检测结论做出是否接管的决定。

2）监督排水使用规则的执行。利用行政手段，依据国家或地方有关排水管理方面的政策或规章，对管道的接入、排放、养护和修理等环节进行监督。

3）定期检查、检测和评估。按照行业或地方的排水管道检测方面的规程要求，定期利用视频等手段检测评估管渠的运行现状，提出整改措施。

4）冲洗或疏通。淤塞、结垢和树根等阻碍水流的情况，利用人工简易清捞工具或机械化设备予以疏通清除。清捞出来的废弃物一般移至专门的场所，经脱水减量后送至固体垃圾填埋场，也可焚烧或二次利用。

5）修理管渠或附属构筑物。当发生腐蚀、渗漏、破裂、错口和脱节等情况时，及时采取开挖或非开挖的办法予以修复，避免损坏程度的加剧。在城市，为保护环境，减少扰民，削减成本，防止次生灾害的发生，应尽量采用非开挖的工法。

6）处理突发事故。遇积水、路面塌陷和爆管等情形时，管理人员应赶赴现场，查清排水管渠对灾害的影响，及时处置。

（2）维护流程。排水管渠的维护是一项周而复始的工作，它具有周期性、重复性和应急性等特点，为避免突发事件的发生，排水管渠日常维护尤为重要。其流程如图 1-55 所

示。在排水管渠整个维护过程中，必须首先对管渠、检查井、雨水口和排水口等设施进行检测，然后根据检测结果制订相对应的整改计划并予以实施。

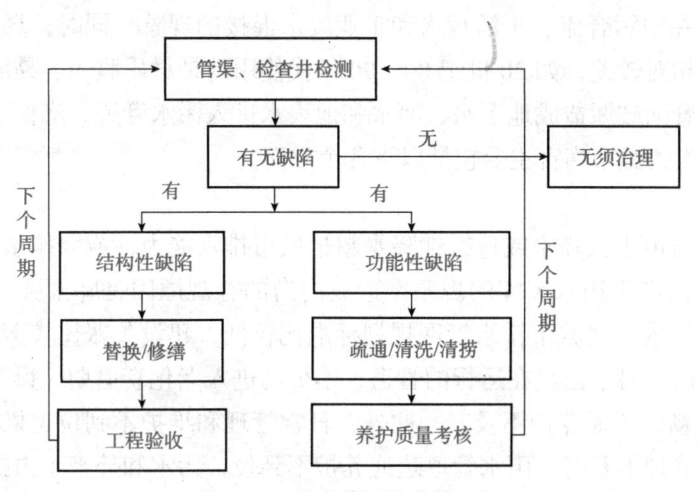

图 1-55　排水管渠的维护流程

（3）维护效果的评价。排水管渠维护效果主要看排水管渠的运行效率是否基本达到规划和设计的要求，其评价指标一般要从管网设施本身和管渠中流体两个方面综合评定。主要评定要素如下：

1）静态状况：管渠、检查井、雨水口和排水口空间位置和物理结构现状、管径大小、材质、粗糙度、井室形状等；

2）动态状况：淤积程度、充满度大小、流量、浓度（COD_{Cr}指标等）、水温、路面积水等；

3）混接状况：分流制地区市政雨污水管的混接、流入市政雨水管道污染源调查、排水口的污染源调查。

排水管渠的运行效率高低直接决定了现有排水设施是否得以充分利用，它关系到海绵城市（LID）建设、黑臭水体整治和消除城市内涝等工作的有效实施，保证其高效运行，也是开展这项工作的必要条件。排水管渠运行评价指标见表 1-4。

表 1-4　排水管渠运行评价指标

项目	结构	功能	错接	排放
管道检查井	管体、检查井及连接部位完好	过水断面直径不小于管径的 4/5	雨污水管道无直接连接	无污水管直排自然水体
水流	上下游水位和流量正常	达到设计流速，充满度至少达到 0.9	旱天雨水管无流水、污水管浓度正常	旱天雨水或合流排水口无流水

1.4.3　排水管渠问题引发的城市病害

随着城市规模的日益扩大，城市污水排放量大幅增加，排水管渠的负荷量日益增大，但我国许多城市在建设规划初期，由于未编制排水管渠专业规划、设计不合理及对城市发

展速度估计不足，导致排水管渠系统建设相对落后。特别是老城区现有排水管网建设年代早、标准低、质量差。目前，城市管渠跑、冒、滴、漏和负荷能力不足现象严重，许多城市排水管渠还存在雨污合流、生活污水和工业废水混接的现象。同时，局限于早期的产品技术，管材材质相对较差，如20世纪80、90年代使用的是材质脆弱、易断的灰口铸铁管，腐蚀老化严重，管网破漏造成地下水、河水和地表水进入污水管道，降低了污水处理效率。排水管渠问题引发的城市病害主要包括以下几个方面。

1. 城市内涝

城市内涝是指由于强降水或连续性降水超过城市排水能力，或因排水系统设施管理不完善，致使城市内产生积水灾害的现象。造成内涝的客观原因是降雨强度大，范围集中；主观原因主要是国内一些城市排水管网规划标准比较低，建设欠账比较多，排水设施不健全，建设质量不高，对于已经在运行的管道，不少已进入老化衰退期，得不到有效的修复，水流长期淤塞不畅，疏通养护不及时。此外，日常管理和维护不到位也极易造成内涝，主要包括雨水管道修理不及时，雨水管道疏通养护不到位，污水和外来水占据雨水系统空间，雨水收集口遮盖。

2. 路面塌陷

城市道路是城市重要的基础设施之一。近年来，城市路面塌陷吞噬行人或车辆的事件很多。导致路面塌陷的因素有很多，路基土体的流失往往是城市路面局部塌陷的主要原因。在土体的流失中，水是诱因，土才是主因，而路基是硬质的，水把路基底下冲空就会造成塌陷。与此同时，塌陷也会对排水管道周围的其他管线或构筑物造成破坏，上水管的破裂所形成的强水流会加快空洞形成的速度。

3. 水体黑臭

在我国不少城市，黑臭水体触目惊心。经过多年治理，截至2022年年底，全国地级及以上城市黑臭水体基本消除，县级城市黑臭水体消除比例达到40%。同时，一些地方黑臭水体治理还存在覆盖范围不全、措施不够精准有效、长效机制不完善等问题，影响整治成效。为推动地方深入开展黑臭水体整治，使治理成果更好地惠及城乡群众，2022年，住房和建设部、生态环境部分别牵头制定印发《深入打好城市黑臭水体治理攻坚战实施方案》《“十四五”城市黑臭水体整治环境保护行动方案》，明确提出到2025年，推动地级及以上城市建成区黑臭水体基本实现长治久清；县级城市建成区黑臭水体基本消除。2023年8月，生态环境部印发了《关于进一步做好黑臭水体整治环境保护工作的通知》。城市水体黑臭的根源在于城市建成区的水体污染物的排放量超过了水环境的容量。“黑臭在水里，根源在岸上，关在排口，核心在管网”。水污染物是通过沿水体的各类污水排水口、合流污水排水口和限水排水口异常排放和溢流导致的，城市黑臭水体整治工作的关键在于对各类排水口的治理，其核心在于城市有完善和健康的排水管网。

4. 污水浓度异常

我国多数城市居民小区污水化学需氧量（COD_{Cr}）浓度超过400 mg/L，可是很多污水处理厂进水COD_{Cr}浓度不足200 mg/L，有的甚至不足100 mg/L，外来水占了总处理水量的一半以上，稀释作用巨大。外来水包括通过排水管道及查井破损、脱节接口等结构性缺陷入渗排水系统的地下水、泉水、水体侧向给水、漏失的自来水等，通过排水口排水倒灌排水

管道的河（湖）水等，通过检查井隙流入排水管道的地面径流雨（雪）水等。CODcr 浓度过低直接导致污水处理技术的受限和处理量及成本的上升。地下水渗入、雨污混接和自然水体倒灌是降低 COD_{Cr} 浓度的三大主要原因。

排水管渠问题引发的城市病害有哪些?

1.4.4 排水管渠检测的必要性

排水管渠根据检测对象的新旧程度可分为新敷设管道，或修复后管道竣工质量检测以及对运行中管渠的周期性检测。

新管道竣工验收检测必须依据住房和城乡建设部颁发的《给水排水管道工程施工及验收规范》（GB 50268—2008）进行管道功能性试验，包括以水为介质对已敷设重力流管道所做的无压管道闭水试验和以气体为介质对已敷设管道所做的无压管道闭气试验。这两种严密性试验一般针对污水管道、雨污合流管道，以及湿陷土、膨胀土和流砂地区的雨水管道。近些年，由于雨污管道的错误连接，雨水管成了合流污水管道，为防止对土体和水体的污染，雨水管道无论管体周围是何种土质，均有必要在新建管道竣工验收时做严密性试验。

本书中检测的内容不针对新敷设管道竣工验收型检测，但所采用的技术方法可作为严密性试验的补充。如电视（CCTV）检测技术可以广泛用于新建排水管道竣工验收，是有力的辅助手段和保障。

广义的排水管渠检测包含排水管道缺陷检测、检查井缺陷检测、混接调查检测、地下水等外来水入渗调查和污水外渗调查等。

排水管渠检测的对象包括管道、渠道、检查井、雨水收集口、排水口和集水井等。

1. 制订养护计划的依据

排水管渠养护是一项日常性工作，俗话说“三分建设，七分养护”。按照住房和城乡建设部发布的《城镇排水管渠与泵站运行、维护及安全技术规程》（CJJ 68—2016）规定，管渠、检查井和雨水口应定频次进行清淤、疏通和清捞。养护的目的是保持管道的健康，防患于未然，减小或避免问题的发生，延长管道的使用寿命。检测是养护工作的重要内容，是管渠养护整个流程中的重要环节。在编制养护计划前，需采取实地巡查和检测相结合，获取管渠或检查井内积泥深度、流速和充满度及井盖及雨水箅完好度，掌握每段管渠的畅通程度和预期，更合理地制订养护计划，实现高效和节约。

2. 制订修复方案的依据

无论是开槽修复还是非开挖修复，其对策均来自检测的结果。对已经出现缺陷的管渠，依据住房和城乡建设部《城镇排水管道检测与评估技术规程》（CJJ 181—2012）中的有关条文进行评估，计算出修复的紧急程度，即修复指数（RI）。一般在修复指数大于 4 时，必须及时维修。

以修复为目的的结构性检测，在正式检测前，必须要采取各种疏通清洗措施，将被检

管道完全清晰地暴露出来，以便准确观测，获取视频影像等信息。获取这一信息的方法很多，如电视摄像（CCTV）、相机拍照、肉眼直接观测等一手资料均可作为修复计划制订的依据。在获取缺陷种类和等级的同时，还必须配套量测缺陷的位置和范围。

3. 雨污分流工程的需要

（1）确定雨水管和污水管的混接点。目前，没有城市完全实现了真正且彻底的雨污分流，但必须使用各种手段不断改善，使混流程度降至最低。消除雨污混流现象是一项长期的过程，通常按照下列原则实施：

1）按流域或收集服务区分片逐个整治，先易后难；

2）混入水量大的优先整治，分大小逐个消除；

3）污染程度高的优先，分轻重依次治理；

4）整治结束后动态管理跟上，防止“死灰复燃”，导致新的混接产生。

整治必须先有计划，而计划的起点往往从现有管网的雨污混接现状调查开始，只有掌握了现实状况，计划中的工程设计、改造方案、实施方法、工艺流程、费用预算及配套措施等内容才能有的放矢。

（2）查找雨水系统中的污染源。雨水系统除受到初期雨水及路面径流污染外，来自城市各个角落的污水直接或间接地流入市政雨水管渠，居民阳台加装烹调或卫生设施、路边餐饮店私自将排水管接入市政雨水口等都是直接的单个污染源，排水户（居民小区、工厂、学校、医院等）内部的混流在雨水出门井处输出污水或混合水又形成了间接的单元污染源。这些污染源大多数比较隐蔽，查找非常困难，需要专业人员借助专业仪器设备，采用不同的技术手段，才能查找出污染源的所在，为截污工作提供方向。

（3）截污纳管的依据。截污纳管是一项水污染处理和水体污染防治工程，就是通过建设和改造位于河道两侧污水产生单位（工厂、企事业单位、宾馆、餐饮、居住小区等）内部的污水管道（简称三级管网），将其就近接入敷设在城镇道路下的污水管道系统（简称二级管网），并转输至城镇污水处理厂进行集中处理。截污纳管工程设计之前，先期对所有将被纳入的污水管道进行调查和检测，调查长度不少于距离现有污水排水口第一个检查井，其内容有空间位置、管径、材质、管龄、物理结构状况、污水水质和水量。设计人员只有得到了这些数据或信息后，才能设计出合理的收纳管的管位、管径和坡度等要素。

（4）摸排倒灌点。受潮水或持续强降雨等因素影响，水位上升，河水或海水通过半淹没或全淹没的排水口向排水管道或检查井里倒灌，形成管道里滞水、壅水和回水，其主要危害就是导致城市排水系统紊乱，排水能力下降，内涝加重加快，污水处理厂超量溢流等。为防止倒灌，排水口一般都要设置止回装置，止回装置在关键时候是否发挥作用，关键是检测和养护是否到位。不少装置长期在水位线以下，受河水浸泡或海水侵蚀，易腐蚀老化和锈蚀。城市排水中的垃圾等粗颗粒物也容易使这些装置关闭不严。为了防止止回装置失灵，需要对其进行定期检测，特别在汛期加大检测频次显得非常重要。

雨水管道无论管体周围是何种土质，需在新建管道竣工验收时做严密性试验。（　　）

1.5 排水管渠检测技术发展

最早的排水管道只是为了防涝，管道的功能只是将大部分雨水排入就近的水体。随着城市的发展、人口数量不断膨胀和现代化水平不断提高，污水要收集起来集中处理，地上地下建（构）筑物密度增大，排水管道的重要性越来越显现。它除要保证不间断运行外，还要保证在运行过程中对城市其他公共设施不构成破坏及对人民生命财产不构成威胁，这就为新建管道或使用中的管道提出了检测的要求，特别是污水管道作为生活和工业废水收集处理的重要组成部分，其结构的严密性至关重要。

1.5.1 国外检测技术

发达国家早期的检测主要以人工检测为主。20 世纪 50 年代的欧洲，伴随着电子技术的兴起，电视开始走向人们的生活，电子工程师和排水界合作研究用视频获取管道内壁影像。这项技术的早期形态为水下电视摄像技术，德国在 1955 年开始进行研究。1957 年德国基尔市的 IBAK Helmut Hunger GmbH Co.（KG）公司生产出第一台地下排水管道摄像系统。该系统经水务和航海部门授权在德国西部城市杜伊斯堡和瑞典使用。该系统采用三个摄像镜头，安装于浮筒装置上，通过拖拉的方式进行操作。该设备体积大，在操作之前，需要移开保护玻璃，且拖拉距离按照水域的平均宽度设计仅为 10 m。美国 CUES 公司于 1963 年设计生产出了该国第一台摄像检查系统。1964 年 12 月 18 日，英国的托基时报首次报道在城市下水道中使用闭路电视检测设备（CCTV）检测下水道的结构性和功能性缺陷。早期的设备体积较大，镜头易碎并且显得笨重，有些镜头的尺寸为 680 ～ 760 mm，直径为 150 mm，很难进入直径小于 600 mm 的管道，使用距离一次仅为 50 m，并且当时 CCTV 获得的图像并不完美，但相较传统检测技术已经进步了很多。1970 年，英国给水排水运作体系重组后，针对全英国的给水排水资源的状况开展了一系列的调查工作。英国水研究中心（简称 WRC）为此于 1980 年初出版了《排水管道修复手册》（SRM）第一版，发行了世界上第一部专业的排水管道 CCTV 检测评估专用的编码手册。欧洲标准委员会（CEN）在 2001 年也出版发行了市政排水管网内窥检测专用的视频检查编码系统。日本于 2003 年 12 月颁布了《下水道电视摄像调查规范（方案）》。

1.5.2 国内检测技术

我国早期的管道检测手段简单落后，主要以人员巡查、开井检查和进入管道内检查为主要手段，辅以竹片、通沟牛、反光镜等简单工具。对于管径小于 800 mm、人员无法进入的管道基本不检查，大口径管道也只是发生重大险情时才派人员深入管道内检查，常常因管道内的有毒有害气体造成人员伤亡事故。在技术标准制定方面，排水管道检测自改革开放以来，长期处于空缺，对运行中排水管道只在“通”和“不通”，“坏”和“不坏”，“塌”和“没塌”中做简单评价。小病不治，大病难医，粗放式的管理必然导致事故发生。

我国香港特别行政区早在 20 世纪 80 年代就开始对排水管道使用电视手段进行检测，2009 年发布了《管道状况评价（电视检测与评估）技术规程》第 4 版，基本参照英国模式。中国台北市也于 20 世纪 90 年代中期利用 CCTV 对排水管道进行检测。

2003 年年初，英国的电视和声呐检测设备被引进中国上海，上海市长宁区率先开始用

CCTV 对排水管道进行检测，2004 年上海市排水管理处着手制定上海市排水管道电视和声呐检测技术规程，于 2005 年由上海市水务局发布试行，经过 3 年多的试行，在 2009 年，再组织专家修订，由上海市质量技术监督局将此标准升格成为上海市地方标准——《排水管道电视和声纳检测评估技术规程》(DB31/T 444—2009)，规程中对管道视频检测出现的各种图片进行了分类和定级，首次确立了评估方法和体系（后来已被全国采用）。这是国内首部排水管道内窥检测评估技术规程。这部地方标准的出台为我国城镇排水管道检测技术的发展和应用做出了不可磨灭的贡献。2022 年，上海又推出《排水管道电视和声纳检测评估技术规程》（DB31/T 444—2022），后来广州、东莞等城市都相继发布了地方规程。2012 年 12 月 1 日，住房和城乡建设部发布了《城镇排水管道检测与评估技术规程》（CJJ 181—2012），为各地开展城镇排水管道检测提供了技术依据。

排水管道发生事故的可能性随着运行时间的增长而增加，我国很多管道已使用了几十年，到了事故高发期，必须尽快采取有效措施，以最大限度地减少事故的发生。自 2003 年开始，我国已有很多城市利用 CCTV 等先进设备对排水管道进行检查，不但查出了非常多的结构性“病害”，也查出了城市排水养护运营单位诸多养护不到位的问题。实践证明，运用先进技术开展管道状况调查，准确掌握管道现状并应根据一定的优选原则对存在严重缺陷的管道进行维修和改善就可以避免事故的发生，同时，也能大大延长管道的寿命。

有了先进的检测技术，还须有政府相配套的政策，如检测对象、检测计划、市场管理、人员培训教育、收费定额等，只有这样才能将这种利国利民的事业落实到位。检测实施主体资格的认定，目前在我国还没有统一的规定，有的城市要求取得中国计量认证（China Metrology Accreditation，CMA），有的城市要求检测承担企业需在本地排水管理部门备案，如上海市排水管理处于 2007 年 1 月 8 日就下发了《关于本市排水管道电视和声呐检测作业企业登记管理的通知》，截至 2017 年 1 月 11 日，上海市已登记的企业达到 95 家。

1.5.3 排水管渠智能检测技术未来展望

1. 测绘检测一体式潜望镜检测技术

多功能无线高清潜望镜结合高精度定位技术、视频检测技术于一体，实现了管道测绘与检测于一体，该设备能够在检测管道内部情况的同时，准确定位管道的相关地理位置信息。该定位模块可以满足不同区域、不同环境、不同天气条件下对于精准定位的需求，并通过无线通信网络将定位数据及视频检测数据实时上传至远端管网云平台，从而能够在进行管道高清视频检测的同时，准确定位测绘出管道地理位置信息，将测绘与检测有机结合，满足高效率检测、测绘的需求。

2. 多功能管道机器人技术

多功能管道机器人结合现有的管道爬行机器人的功能、惯性导航测绘技术，实现地下管网检测、测绘的目标。多功能管道机器人由惯性测绘模块及管道机器人车体两部分组成。其中，惯性测绘模块内置高精度惯性测量单元（IMU）及数据采集系统，同时，车体配备里程轮数据采集装置，将里程轮模块采集的数据与惯性测量单元采集的管线数据进行数据融合。通过惯性导航解算法，解算出设备行走路线的准确位置，从而实现对管道三维走向的

精准定位。惯性导航模块在管道内可以不依赖GPS等定位信号，通过设备自身独立的惯性测量单元实现对地下管网的精准三维坐标解算。

3. 仿生机器人管网检测技术

随着机器人技术，尤其是仿生机器人技术的快速发展，四足机器人、双足人形机器人及双轮搬运机器人（图1-56）等都取得了重要进展，相关机器人已经开始应用于部分场景。未来在管网检测领域中，可以将仿生机器人应用于排水管渠检测，以解决部分场景下普通机器人无法有效检测的问题。

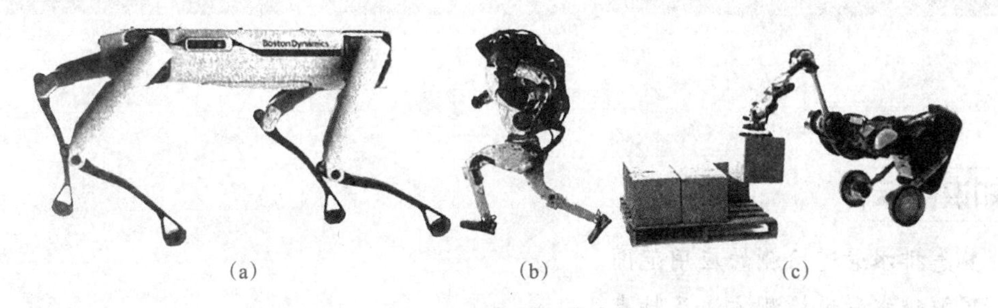

图1-56 各种机器人

(a) 四足机器人；(b) 双足机器人；(c) 双轮搬运机器人

课后习题

一、填空题

1. 合流制排水系统主要可分为________、________、________三种形式。

2. 雨水口的形式主要有________、________、________和________四种形式。

3. 以功能状况为主要目的，普查周期宜____一次。

4. 排水管渠检测的对象包括__________、__________、__________、管道、检查井和集水井等。

二、判断题

1. 雨水箅更换后的过水断面不得大于原设计标准。（　）

2. 在车辆经过时，井盖不应出现跳动和声响。（　）

3. 以结构状况为主要目的，普查周期宜5～12年一次。（　）

4. 对人员进入管内检查的管道，其直径不得小于1 000 mm，流速不得大于0.5 m/s，水深不得大于0.5 m。（　）

5. 采用声呐检查时，管内水深不宜小于300 mm。采用潜水检查的管道，其管径不得小于1 200 mm，流速不得大于0.5 m/s。（　）

三、简答题

1. 压力管养护方法有哪些要求？

2. 确定雨水和污水管的混接点有哪些要注意的原则？

3. 简述市政排水工程管材与管道缺陷的关系。

项目 2 排水管道检测基础知识

知识目标

1. 熟悉排水管道检测的应用范围。
2. 了解排水管道检测方法及特点。
3. 掌握排水管道缺陷类型及形成原因。
4. 熟悉排水管道缺陷形成的过程。

技能目标

1. 具备选择排水管道检测方法的能力。
2. 具备判识排水管道缺陷类型的能力。
3. 具备分析排水管道缺陷形成原因的能力。

素质目标

1. 养成学习积累的习惯，培养严谨求实的工作态度。
2. 培养学生的工程质量意识。
3. 遵守相关法律法规、标准和管理规定。

案例导入

云南省楚雄彝族自治州永仁县地处云南省北部，与四川省攀枝花市山水相连，为滇川要塞，自古为“滇蜀往来之大道”，108 国道、成昆铁路贯穿两地，是川滇经济发展云南的北大门。永仁县的总面积为 2 150 km^2，辖 4 乡 3 镇。

2022 年，永仁县启动城市排水管网普查与检测，欲通过对管网普查，查清永仁县内排水管网数据，摸清建成区排水管网“家底”；通过对管网的检测，排查管道的结构及功能性缺陷，包括但不限于渗漏、坍塌、堵塞、破裂、树根、错口、变形等缺陷，为管网的改造、修复、清淤提供基础资料。

2022 年 10 月 8 日至 11 月 25 日，首先采用人工开井盖并结合 L 形杆等摸查工具，对永仁县城区 4.2 km^2 共计 92.61 km 排水管网进行了普查，如图 2-1 所示。除（环城西路、板

桥路）现场施工外，共计排查 2 718 座污水检查井、2 675 座雨水检查井、260 座雨污合流检查井。在普查结果的基础上，对重点区域进行排水管道缺陷检测。通过运用 CCTV 管道检测机器人、QV 管道潜望镜对 92.61 km 排水管网进行了管道内部检测，共检测出结构性缺陷 1 739 处、功能性缺陷 2 256 处。部分典型缺陷如图 2-2 ～图 2-7 所示。其中，严重缺陷（3 级）469 处，重大缺陷（4 级）565 处，见表 2-1（部分）。

永仁县将针对摸查和检测结果，进一步对部分排水管道进行修复和养护，以保证城市排水管网的安全运行。

图 2-1　摸查现场

图 2-2　变形 4 级

图 2-3　破裂 4 级

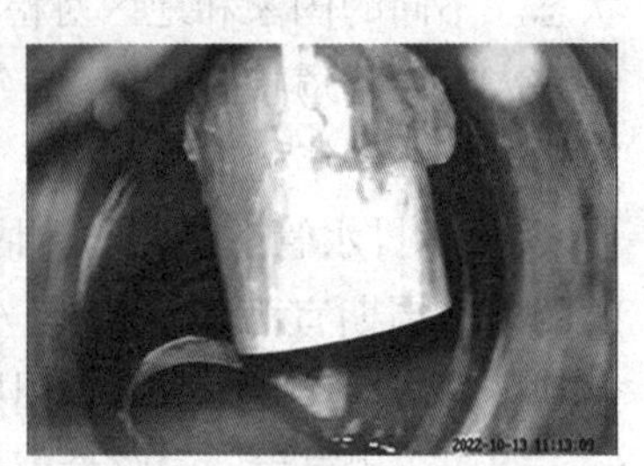

图 2-4　支管暗接 3 级

图 2-5　沉积 4 级

图 2-6　树根 4 级

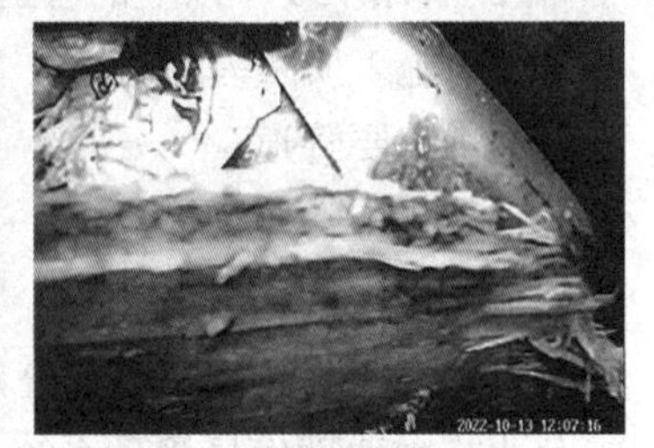

图 2-7　障碍物 4 级

表 2-1　永仁县城市排水管网检测严重缺陷（3 级）与重大缺陷（4 级）

序号	位置	编号	管道类型	缺陷类型	缺陷等级
1	文庙街（清华街与文庙街交界处凉粉店门口）	HS4072-HS4070	雨污合流管	变形	4 级
2	仁民路（交通运政管理所门口下 30 m 处）	WS1642-WS1643	污水管	破裂	4 级
3	永定河东路（晟渝酒店上去 80 m 处）	WS2008-WS2011	污水管	支管暗接	3 级
4	人武路（人民武装部门口）	YS1605-YS1604	雨水管	沉积	4 级
5	仁民路（华丽商务酒店门前）	WS1686～WS1684	污水管	树根	4 级
6	南金路（污水厂后面污水管）	WS457 ～ WS456	污水管	障碍物	4 级

2.1 排水管道检测的应用范围

排水管道在施工和运营过程中，管道破坏和变形的情况时有发生。不均匀沉降和环境因素引起的管道结构性缺陷和功能性缺陷，致使排水管道不能发挥应有的作用，污水的跑、冒、漏，阻断交通，给城市建设和人民生活带来不便。为了能够最大限度地发挥现有管道的排水能力，延长管道的使用寿命，需要对现有的排水管道进行定期和专门的检测。

排水管道检测方法多种多样，每种检查方法具有一定的应用范围。按照排水管道检测的方式方法可分为人工观测法、简易器具法、仪器测定法、实验验证法等；按照排水管道工程项目需求可分为周期性普查、竣工验收和交接检查、其他工程影响检查、专业调查等。本节内容将从工程项目需求类型方面来阐述排水管道检测的应用范围。

2.1.1 周期性普查

排水管道周期性普查是排水管渠在维护过程中基础性的工作，通过管道的周期性普查可以时刻掌握城市管网的运行情况与损耗情况，及时发现排水管道存在的问题，为制订排水管道养护、修理计划和修理方案提供技术依据，保证城市管道能够始终保持正常的工作状态。不同的国家和地区对检测周期和频次都有详细的规定，如英国，无论管径大小，不允许人进入管道检查，1 ～ 5 年检查一次；日本原则上是 10 年检查一次；中国香港对滑坡区管道要求 5 年检查一次。

《城镇排水管道检测与评估技术规程》（CJJ 181—2012）明确规定，以结构性状况为目的的普查周期宜为 5 ～ 10 年 / 次，以功能性状况为目的的普查周期宜为 1 ～ 2 年 / 次。当遇到下列情况之一时，普查周期可相应缩短。

（1）流砂易发、湿陷性土等特殊地区的管道；

（2）管龄 30 年以上的管道；

（3）施工质量差的管道；

（4）重要管道；

（5）有特殊要求管道。

开展排水管道普查工作，首要任务是查清楚所有排水管道的空间位置及相关属性，与城市地理信息系统（GIS）叠加，形成专业排水地理信息管理系统，实现计算机管理下的有关地理和排水管网分布数据进行采集、储存、管理、运算、分析、显示和描述的技术系统。在此基础上，规划普查范围和普查时间段。对于未曾普查过的管道，在经历首次检查后，一般都能判断其生命周期和预估出未来需要检查的时间。普查是一项循环往复的工作，实施线路如图 2-8 所示。

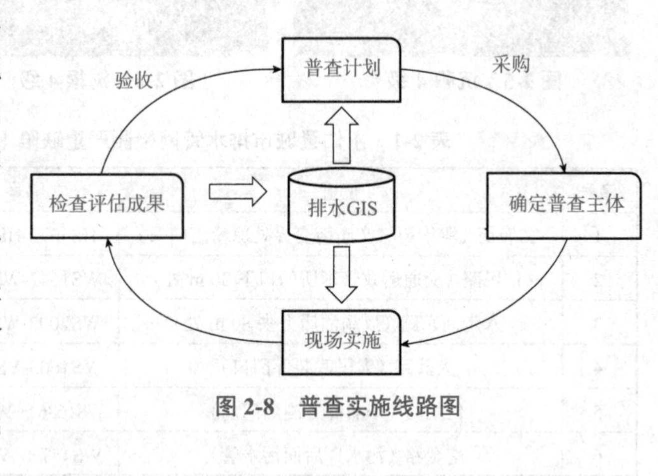

图 2-8 普查实施线路图

2.1.2 竣工验收和交接检查

排水管道竣工验收是建筑工程中非常重要的一项工作，是敷设排水管渠和修理排水管渠工程后必备的环节，是建设单位（委托方）依据验收结论做出是否接受的判断。《给水排水管道工程施工及验收规范》（GB 50268—2008）明确指出，给水排水管道竣工验收是施工单位与监理机构及验收机构之间协调沟通，确定最终排水工程符合规范、环境要求、安全使用条件的程序。在《城镇排水管渠与泵站运行、维护及安全技术规程》（CJJ 68—2016）中，也首次将排水管道检测列入推荐性验收标准，成为与闭水试验互补的国家规范，并明确规定了检测设备、环境条件等。

1. 敷设新管验收

为及时发现新敷设管道中存在的缺陷并及时提供缺陷处理依据，杜绝新管安装不严密造成渗漏而使管道病害扩大化，最终导致管道下沉塌陷等问题，有利于判断管道整体的施工质量。在管道竣工验收前，需要对所有新建管道进行 CCTV 检测（视频检测），并作为竣工验收资料的一部分。目前，CCTV 检测的技术要求、评估方法等主要按照《城镇排水管道检测与评估技术规程》（CJJ 181—2012）及一些地方标准执行，这些标准主要是针对既有城镇排水管道进行检测评估，为管道的修复和养护提供依据。在新管验收时，检测发现的缺陷描述、缺陷等级分类及结构性状况、功能性状况评估等与《给水排水管道工程施工及验收规范》（GB 50268—2008）存在着差异，CCTV 检测结果可以作为该规范的补充，并应用于施工质量验收中。

对于开槽方式埋设的新管，在覆土前，用闭水试验就可检测出渗漏位置及渗漏程度。对于不开槽施工且地下水水位高于管道时，只能通过滴漏、线漏、涌漏等可见表象来确定渗漏的位置及大小，一般不做量化的评价。

2. 交接检查

在我国电视和声呐检测技术未被用于排水管道检测之前，排水管道在建设完成后，特别是在通水运行一段时间后，建设单位移交给接管单位的环节多数未进行有效细致的检测，检测人员只对可进入的管道进行下井简单巡视，而对不能进入的管道，只能开井简单查看。往往在接管后，当发生事故时，分不清是施工质量问题还是养护管理问题。2003年以后，随着电视和声呐检测技术的引入，这种状况得到级大改善。上海市在 2006 年发文规定，建设单位完成新建、改建工程、维修或新管道接入等工程措施的排水管道，在向排水管道管理单位移交投入使用之前，管径在 1 000 mm（含）以下的，应进行管道电视和声呐检测，结构完好、管道畅通的，接管单位可接管并正式投入使用；管径在 1 000 mm 以上的，应采用电视和声呐或潜水员进入管道检测的方式，检测管道的畅通情况，管道畅通的，接管单位可接管并正式投入使用。2005 年 12 月 31 日以前竣工的管道工程，在向排水管道管理单位移交前，应对移交总长度 60% 的排水管道进行管道电视和声呐检测；2006 年 1 月 1 日以后竣工的管道工程满 2 年以上未接管的管道，应进行电视检测。结构完好、管道畅通的排水管道，接管单位可接管并正式投入使用。排水管道撤除封堵后，应当进行管道电视和声呐检测或潜水员下井检查。管道封堵已拆除、建筑垃圾已清理干净的，可接管并投入使用。深圳市规定，市政排水设施验收移交程序分两部分，主要验收形式是排水主管部门与运营单位一起对完成闭水试验等工作的市政排水管道进行检查，必要时用仪器做内窥检查，提交管渠内部全程 CCTV 或 QV 录像，填写验收意见表。

2.1.3 其他工程影响检查

在城市建设的过程中，各类工程施工都会影响地下已有的管线或者设施，排水管道也不例外。由于原有的地下空间资料不全，加之施工单位缺乏有力的措施保护已有管线等设施，其他工程损坏既有管道的事件时有发生。常见的破坏情况包括：

（1）打桩、压桩、顶管等工程施工对周围土体产生挤压导致的管道破坏；

（2）基坑开挖、边坑失稳或流砂现象等引起的土体变形量超过管道或接口变形允许值导致的管道破坏；

（3）顶管、盾构、井点降水和沉井下沉等工程施工引起的土体不均匀沉降或盾构施工引起地面隆起值较大时导致的管道断裂或接头错位；

（4）大型施工机械、车辆、材料、土堆等荷载可能导致的下部管道损坏；

（5）施工振动、冲击荷载导致的管道受损等。

因此，除先期对既有管道及设施移位或采取措施保护外，在整个工程施工期间对管道影响的检测必不可少。其主要内容包括：

（1）厘清基础资料，将涉及施工区域的排水管道分为高危、危险、低危三个等级进行必要检测；

（2）在可能产生影响的管段设置沉降观测点，进行沉降观测；

（3）全过程不定期 CCTV、QV 检测等。另需加强信息沟通，确保排水管道在施工期间的畅通和结构完好。

2.1.4 专业调查

排水系统在运行的过程中易产生许多问题，如城市内涝产生、河道黑臭及污水浓度异常等，基本消除这些问题的首要工作就是利用一切检测手段进行专业调查，主要有以下调查：

（1）雨污混接调查：主要针对分流制地区的雨水系统，找出污水接入的位置。

（2）外来水调查：针对合流制管网或分流制污水系统，找出地下水渗入、雨水和自然水体入流等所处的位置及水量。

（3）排水口调查：检查接入江、河、湖、海等自然水体排水口实际水流状况，排查出异常情况，为陆地排水管道检测提供指引。它是调查工作的开始，也是考评整治效果必不可少的手段。

（4）污染源调查：当污水处理厂（再生水厂）进水或辖区断面水质出现异常变化时，应对上游排水户进行超标排放溯源检查，查找雨水系统中的污染源或混接源，并进行定位。它往往是雨污混接调查工作中的一部分。

2.2 检测方法分类和选择

2.2.1 检测方法分类

检测方法多种多样，根据检测方式可分为以下四大类：

（1）人工观测法：专业技术人员通过肉眼直接观察，下井专业人员通过四肢触摸，辅以必要的量测，获取排水管道、检查井内部及地面上的状况和相应数据。具体方法有地面巡视、开井调查、人员进入管道检查、下井或进入管道检查。

（2）简易器具法：利用简单工具来协助专业技术人员查看或检查排水管道。具体借助的工具有反光镜、通沟牛、量泥斗、激光笔等。

（3）检测仪器测定法：利用管道检测仪检测排水管道。仪器包括 CCTV（闭路电视）管道检测机器人、管道潜望镜检测（QV）、声呐检测机器人等。这些设备是目前较为常用的检测设备。

（4）试验验证法：采取物理或化学的方法进行试验，而获得某种特定需求的验证。其主要有闭水试验、闭气试验、烟雾试验、染色试验、坡降试验、COD 测定等。

排水管道检测方法在实际工程项目应用中综合使用，互为补充。当一种检测方法不能全面反映管道状况时可采用多种方法联合检测，以确保能够解决管道问题。

2.2.2 检测方法的适应性

传统检测、仪器检测、实验验证等各类检测技术在排水管道调查、建设、养护、维修等各方面发挥不同的作用，需要根据需求判断及选用。一般来说，传统检测中的直接目测、反光镜检测适用于管道日常养护、管道维修的初期调查、管道断水后人员进入管道的质量检查。人工目测虽然偏主观且需要一定经验，但对一些严重的、特殊的管道损坏情况的掌握往往能抓住重点，是不可替代的检测方法。量泥杆检测、量泥斗检测、声呐检测是养护作业中判断检查井、管道积泥的手段。量泥杆检测、量泥斗检测不可以连续检测，只能在检查井取样；声呐检测可以在管道内连续检测数据较为精确。声呐检测技术除测量积泥深度外，还可以测量水面以下构筑物、管道的结构外形、连通情况。通沟牛检测原多用于管道养护，现较多用于管道最大内径的判断。CCTV（闭路电视）检测技术广泛用于日常养护、管道功能性结构性检测、管道质量检测，检测方面较为全面，可发现大多数管道的功能性、结构性问题，但受限于光学设备条件，测量精度有限。在初步发现问题的基础上辅以其他检测措施可进一步对管道问题做深入检测。闭气试验技术现用于新建管道的渗漏定量检测，使用效果良好。

检测方法对于管径也具有适应性选择。由于中、小型管渠的管径小于 800 mm，人员是不能进入的，这种规格的管道检测均要使用仪器或简单工具；对于人员能进入的管道，也要尽量避免人员下井进入管道，根据管道所具备条件选用仪器检测。

检测方法的合理选择具体可如图 2-9 所示。与各种管径及附属物的对应关系见表 2-2。

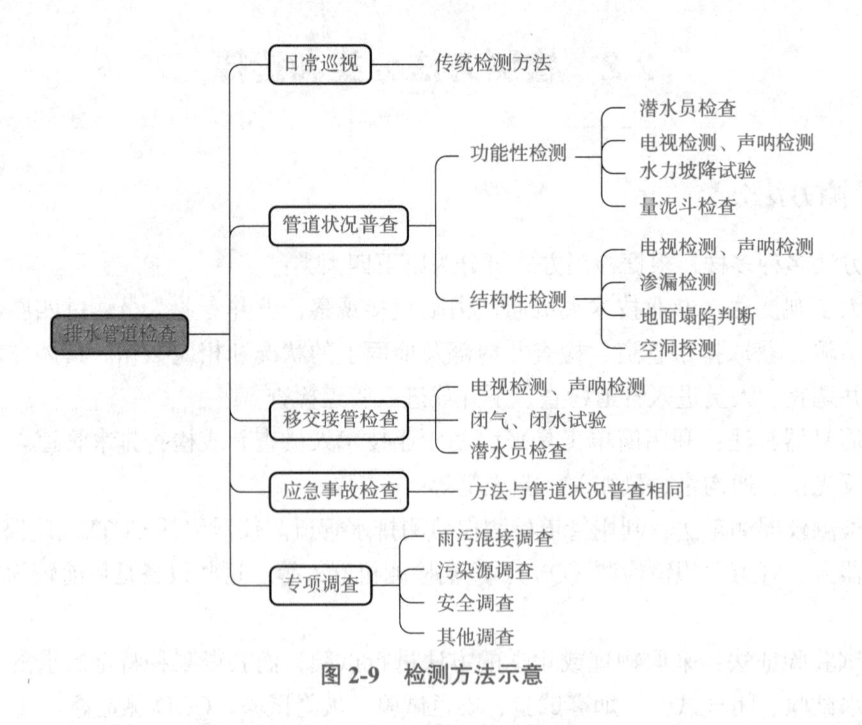

图 2-9　检测方法示意

表 2-2　检测方法与管径对照表

检测方法	小型管道	中型管道	大型及大型以上管道	倒虹管	检查井	功能状况	结构状况
QV 检测	√	√	√	—	√	√	√
CCTV 检测	√	√	√	√	—	√	√
声呐检测	√	√	√	√	—	√	√
量泥斗检测	—	—	—	—	√	√	—
潜水检查	—	—	√	—	√	√	√
反水镜检查	√	√	√	—	√	√	√
人工检查	—	—	√	—	√	√	√
注：管道口径划分按照《城镇排水管渠与泵站运行、维护及安全技术规程》(CJJ 68—2016）的相关规定							

2.2.3　排水管道检测技术流程

排水管网健康状况检测主要采用CCTV、QV及人工现场巡查的方法完成。此外，根据管道的实际情况和需要，还可以采用声呐、管道内窥镜检测，具体可根据管道的实际情况选择不同的方法完成。排水管道检测作业流程主要反映项目实施过程的全貌和各工序、工种之间的先后顺序、相互关系及其接口的循环过程，是项目管理人员进行资源调整和确定控制重点的重要依据之一。管道检测的基本程序包括接受委托、收集资料、现场踏勘、指定检测方案、检测前的准备、现场检测、内业资料整理、缺陷判读、管道评估、编写检测报告等。

在检测开始之前，为确保检测过程的顺利和安全，应准备详尽的检测计划、稳定的检测设备和专业的检测人员。检测人员需制订应急预案，以备出现意外情况时能够及时有效解决，保证检测进度。制订检测计划前需要完成资料收集、现场踏勘、检测方案制订。

1. 资料收集

资料收集内容包括检测范围内的排水管道分布图（1∶500 和 1∶1 000 大比例尺）排水

管线图等技术资料、管道检测的历史资料、待检测管道区域内相关的管线资料、待检测管道区域内的工程地质、水文地质资料、评估所需的其他相关资料等，这些图有时与实地不符，在下一步的现场踏勘中必须予以修正。管道以往的检测资料对正要进行的检测也具有参考价值，应该予以收集。

2. 现场踏勘

现场踏勘包括对照排水管线图，核对检查井位置、管道埋深、管径、管材、连接关系等检测基本信息，检查管道口的水位、淤积和检查井内构造等情况，查看待检测管道区域内的地物、地貌、交通状况等周边环境，以评估检测工作开展可能会出现的不利因素，确定施工的次序。

3. 检测方案

检测方案应包括检测的任务、目的、范围和工期；待检测管道的概况（包括现场交通条件及对历史资料的分析）；检测方法的选择及实施过程的控制；作业质量、健康、安全、交通组织、环保等保证体系与具体措施；可能存在的问题和对策；工作量估算及工作进度计划；人员组织、设备、材料计划；拟提交的成果资料。

排水管道检测作业流程如图 2-10 所示。不同的检测方法在检测过程中会有所差异。CCTV、QV、声呐的具体检测技术流程将分别在项目 4、项目 5 及项目 6 进行详细阐述。

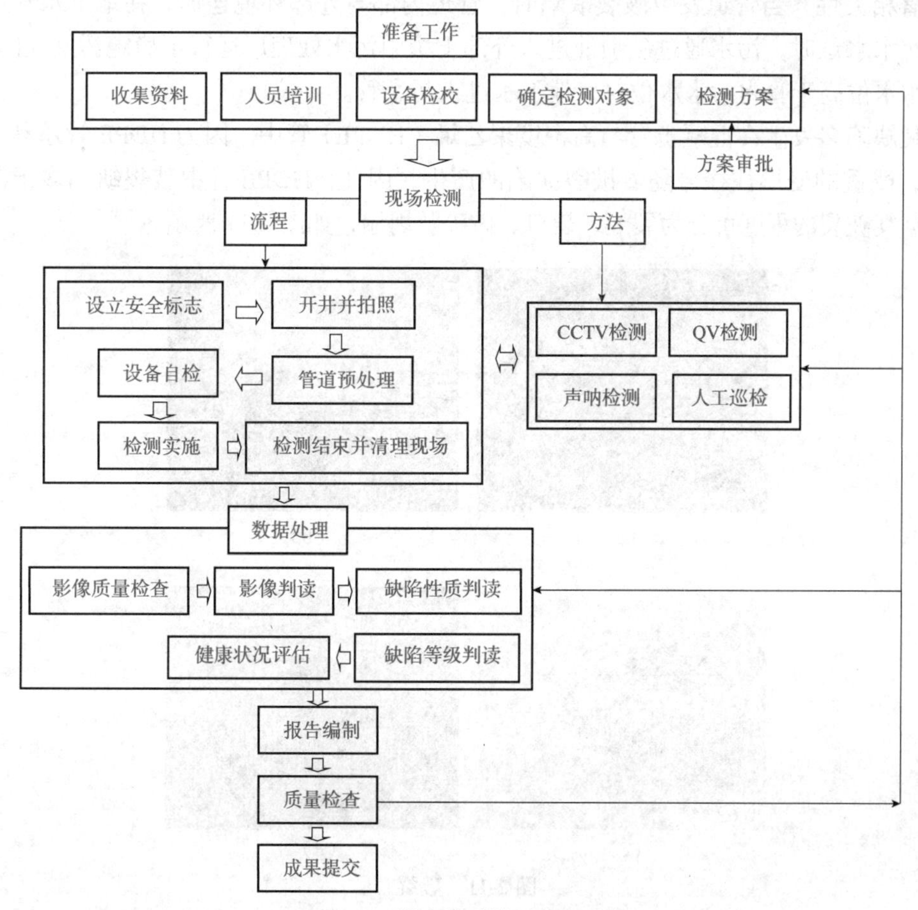

图 2-10　排水管道检测作业流程

2.3 排水管道缺陷与形成原因

排水管道的建设或使用过程中，由于进入或残留在管道内的杂物及水中泥沙沉淀、油脂附着等，使管道过水断面减小，影响其正常排水能力。排水管道缺陷包括积泥、洼水、结垢、树根、杂物、封堵等。同时，还可能由于外部扰动、地面沉降或水中有害物质的作用，管道的结构外形或结构强度发生变化，影响其正常使用寿命，包括腐蚀、破裂、变形、错口、脱节、渗漏、侵入等。总之，所有由于设计、施工、管体寿命、管材质量及运行维护不当或不到位等人为或自然因素所引发的影响管道（渠）正常运行的不符合国家或地方相关标准欠缺之处，统称为排水管道（渠）缺陷。排水管道缺陷一般可分为结构性缺陷、功能性缺陷和其他缺陷三类。

2.3.1 结构性缺陷

结构性缺陷（Structural Defect）是指管道结构本体遭受损伤，影响强度、刚度和使用寿命的缺陷，一般有下列 10 种。结构性缺陷一般只有通过替换新管或修理旧管等工程措施予以消除。

1. 破裂

破裂是指管道的外部压力超过自身的承受力导致管道发生破裂。其形式有纵向、环向和复合三种。管道破裂缺陷影响因素较多，管龄、管径、埋深、土壤及接口密封性等因素具有显著相关性，当管道发生破裂缺陷时，管道内部与外部环境连通，在地下水水位低于管道内污水水位时，污水通过破损处进入外部土壤中污水处理厂运行不稳定污染周围环境，在地下水水位高于管内污水水位时，地下水进入污水管。

破裂缺陷多发生在混凝土管与高密度聚乙烯（HDPE）管中。因为 HDPE 管还易发生变形缺陷，严重的变形往往伴随着破裂缺陷的产生，因此，HDPE 管中破裂缺陷多于混凝土管。根据其破裂的程度可分为裂痕、裂口、破碎及坍塌，如图 2-11 所示。

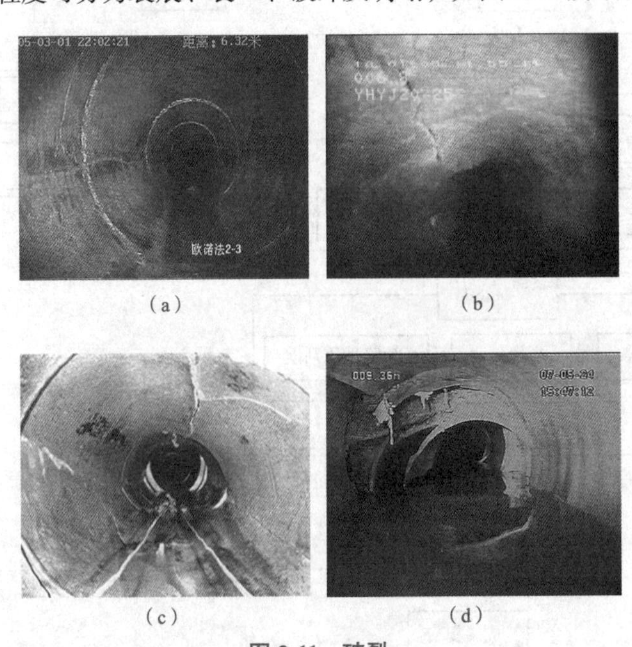

（a）（b）（c）（d）

图 2-11 破裂

（a）裂痕；（b）裂口；（c）破碎；（d）坍塌

下图是________缺陷。

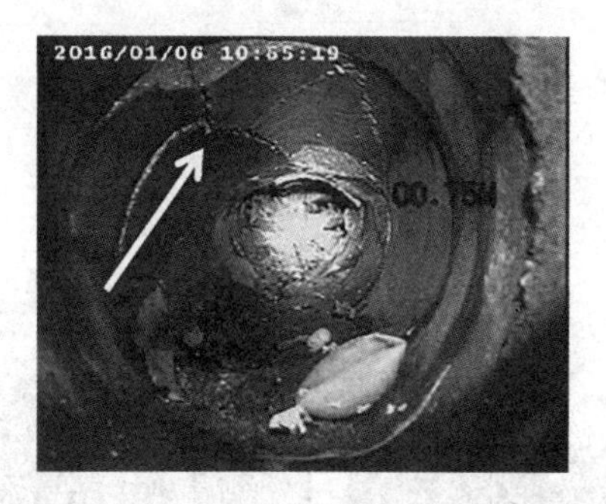

答案：管道坍塌

2. 变形

变形是指管道受外力挤压造成形状变异，如图 2-12 所示。变形的原因是柔性管道在外部压力的作用下，致使管道失去原有的形状并达到或超过相关规范规定的变形允许值。变形到一定程度就会产生管道破裂和路面塌陷。对于新建管道的变形控制，《给水排水管道工程施工及验收规范》(GB 50268—2008）规定：“钢管或球墨铸铁管的变形率超过 3% 时，化学建材管道的变形率超过 5% 时，应挖出管道，并会同设计单位研究处理。”对于运行管道，检测评估中的变形率在工程上采用《城镇排水管道检测与评估技术规程》(CJJ 181—2012）。

视频：变形

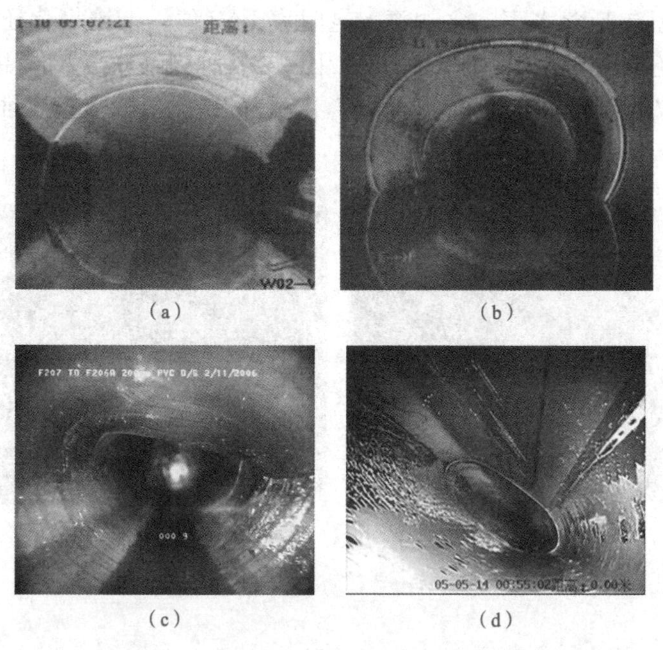

（a）（b）（c）（d）

图 2-12　变形

(a) 变形小于管道直径的 5%；(b) 变形为管道直径的 5% ～ 15%；(c) 变形为管道直径的 15% ～ 25%；(d) 变形大于管道直径的 25%

变形率 =（管内径 – 变形后最小内径）÷ 管内径 ×100%

下图是________缺陷。

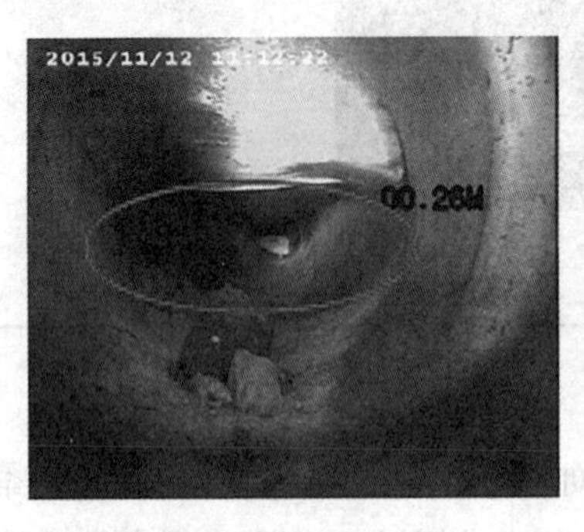

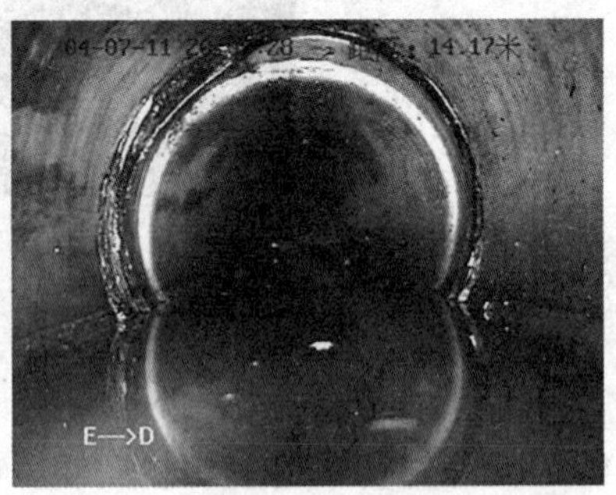

答案：管道变形、管道胶节

3. 腐蚀

腐蚀是指管道内壁受侵蚀而流失或剥落，出现麻面或露出钢筋，表现为腐烂、消失、侵蚀，如图 2-13 所示。埋地管道在土壤中的腐蚀受众多因素的影响，主要有材料不相容造成的腐蚀、含水泥的材料制成管道的外部腐蚀及含水泥的材料制成管道的内部腐蚀。这些影响因素包括含水率、含盐率、电阻率、pH 值、土壤氧化还原电位、金属腐蚀电位、硫酸盐还原菌等，它们或单独起作用，或几种因素联合起作用。排水管道及附属设施内壁同时又受到污水腐蚀和磨损，来自污泥的硫化氢气体也腐蚀水面以上的管壁部分。

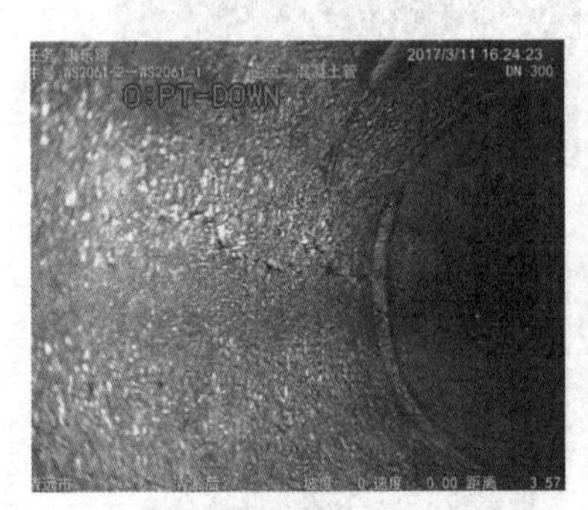

图 2-13　腐蚀

管道腐蚀的缺陷等级数量定为 4 级。（　　）

4. 错口

错口是指同一接口的两个管口产生横向偏差，未处于管道的正确位置。两根管道的套口接头偏离，邻近的管道看似“半月形”，如图 2-14 所示。由于管道周围土体的流失、管道内外应力的变化，造成管体的不均匀沉降，两段管道接口处往往是抗剪力薄弱点，发生错口在所难免。错口均发生在接口处，多数都沿着垂直方向错开，尤其在平接形式的接口处最容易发生这种病害。管道接口处一旦错开，就会减小过水断面的面积，错开距离越大，过水能力就越小。错口是非常严重的病害，处理起来难度较大。管道错口、脱节缺陷在混凝土管中较常见。

视频：错口

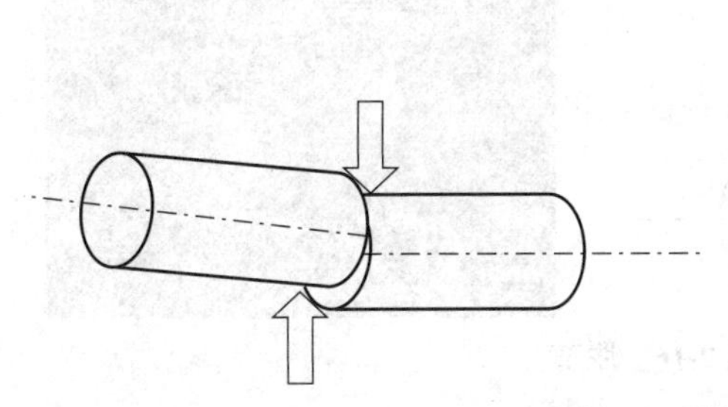

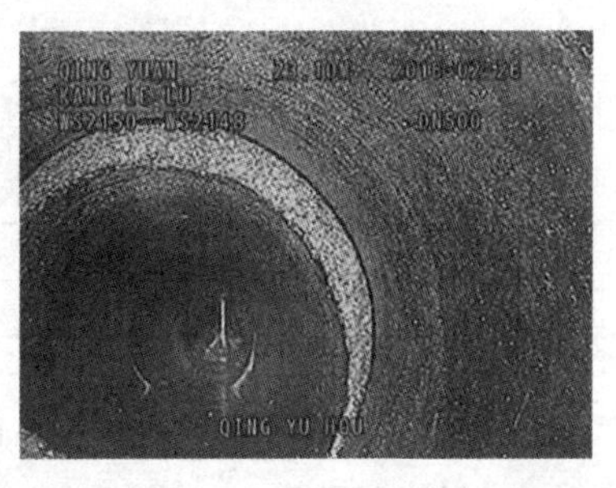

图 2-14　错口

判断题

两根管道的套口接头偏离，邻近的管道看似“全月形”。（　　）

5. 起伏

起伏是指接口位置偏移，管道竖向位置发生变化，在低处形成洼水。造成弯曲起伏的原因既包括管道不均匀沉降，也包括施工不当，如图 2-15 所示。

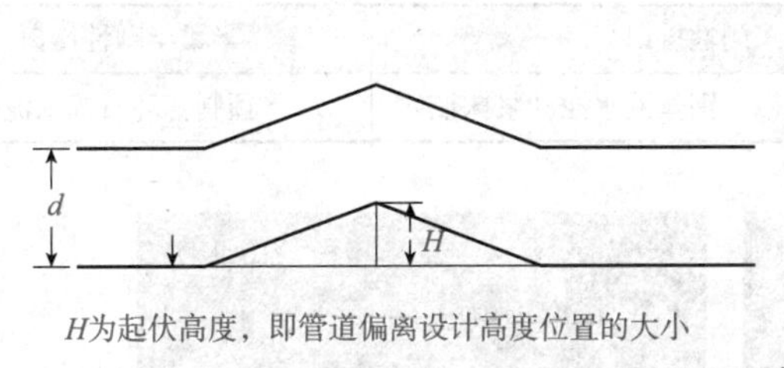

图 2-15　起伏

知识拓展

缺陷等级	缺陷描述	分值
1	起伏高 / 管径≤ 20%	0.5
2	20%< 起伏高 / 管径≤ 35%	2
3	35%< 起伏高 / 管径≤ 50%	5
4	起伏高 / 管径 >50%	10

6. 脱节

脱节是指两根管道的端部未充分接合或接口脱离。由于沉降，两根管道的套口接头未充分推进或接口脱离，邻近的管道看似“全月形”。城市地下复杂地质条件、流塑状淤泥地质、非开挖顶管顶进施工时标高控制不力、管道周围土体扰动是造成管道脱节的主要原因。脱节均发生在接口处，如图 2-16 所示。脱节不同于错位，管道的中轴线没有发生偏移，不影响过水断面，如果在接口处没有沙土的侵入，也不减小过水能力。脱节处若没发生漏水现象，问题较小。若有漏水现象，则问题较大，必须立即止漏。

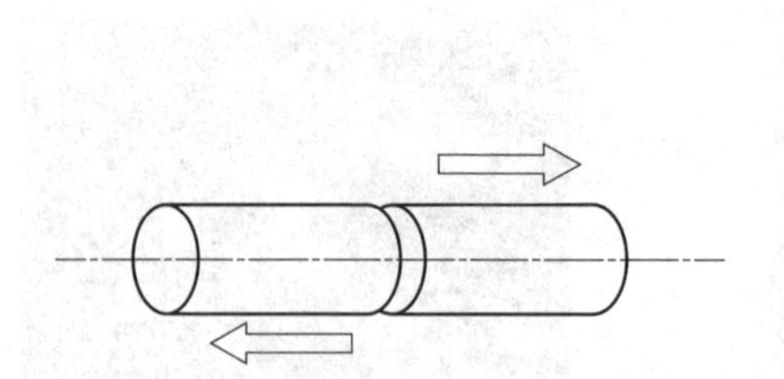

图 2-16 脱节

7. 接口密封材料脱落

接口密封材料脱落是指橡胶圈、沥青、水泥等类似的接口材料进入管道。进入管道底部的橡胶圈会影响管道的过流能力。排水管道接口有承插式、企口式和平口式等。为保证管道的严密，管段之间的接口缝隙处必须充填密封材料，见表 2-3。密封材料的脱落（图 2-17）主要由密封材料老化和管体扰动两个方面因素引起的，它的生成会导致渗漏、错口和脱节等病害，有时这些病害会互为作用。在所有密封材料中，柔性材料具有非常大的优势，它具有不易脱落及管体不易破裂的特点。

视频：接口密封材料脱落

表 2-3 各种接口密封材料

柔性接口	刚性接口	半柔半刚性接口
石棉沥青卷材接口、橡胶圈	水泥砂浆抹带、钢丝网水泥砂浆抹带	预制套环石棉水泥

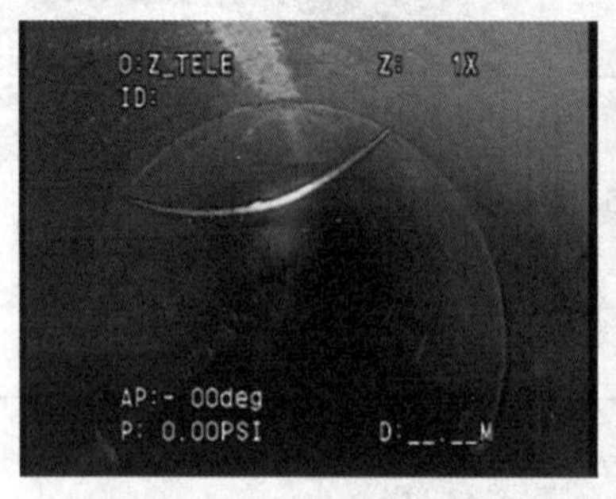

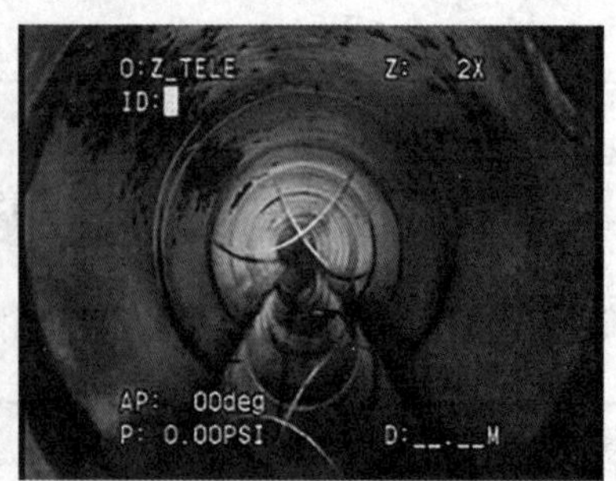

图 2-17 橡胶圈脱落

在柔性材料中，以橡胶圈作为密封材料是当今主流。管道的设计使用寿命一般在 50 年以上，管材及接口密封胶圈是构成管道的主要材料，管材的使用寿命普遍受到关注。但接口密封材料胶圈使用寿命常被疏忽，且是造成管线漏水的主要因素。橡胶圈的使用寿命主

要取决于它的抗老化性能，普通橡胶圈会因水力推力或地基不良引起接口脱离。

8. 支管暗接

支管暗接是指支管未通过检查井而直接侧向接入主管。我国排水管道检查井的设置根据不同管径有最大间距的限制，三通处或多通处需要设置检查井，意味着任何管段之间的连接需要在检查井处，如果没有通过检查井而直接相连（俗称暗接）是不允许的。这种情形多数是未经城市排水管理部门审批而私自接入，具有很高的隐蔽性。在主管上开洞，对管体造成了破坏，若处理不当就会引发主管结构性破坏。支管未完全接入主管（图 2-18），接口处周边沙土就要流失。接入深入主管内过多（图 2-19、图 2-20），则会影响水流，容易形成淤积点，妨碍养护作业。

视频：支管暗接

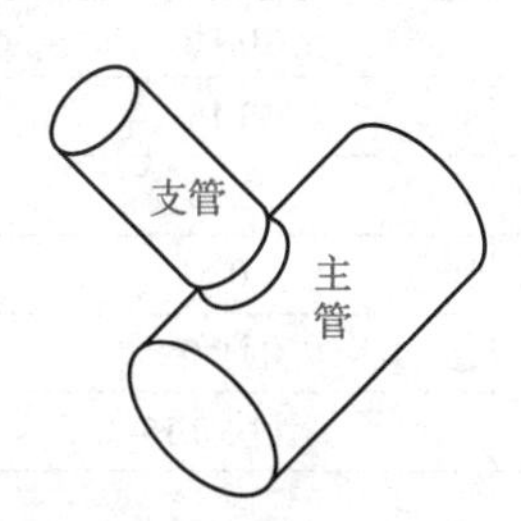

图 2-18　支管未完全接入

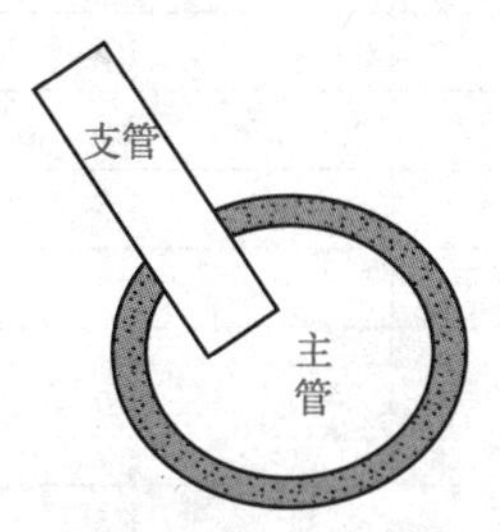

图 2-19　支管接入过多（一）

图 2-20　支管接入过多（二）

填空题

下图是________缺陷。

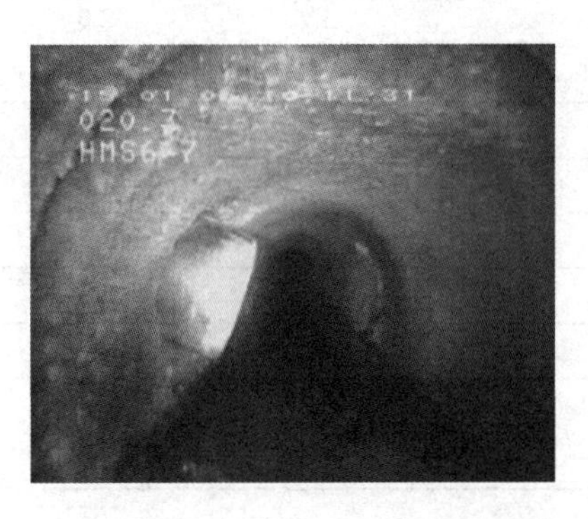

答案：支管暗接

9. 异物穿入

异物穿入是指非管道系统附属设施的物体穿透管壁进入管内。异物穿入包括回填土中的块石等压破管道、其他结构物穿过管道、其他管线穿越管道等现象。

在城市所有埋地管线中，由于排水管线绝大多数是靠水的重力自流排出（俗称重力流），需要一定的坡度，所以，排水管道一般优先规划，其他的管线（如供水、燃气、通信、电力等）要为其让位，并且保持一定距离，见表 2-4。现实中有很多因管线或设施不采取避让或跨越等措施，穿凿排水管道，造成管体破损的情况发生，如图 2-21 所示。开槽埋管回填

时，坚硬建筑废料压穿管壁进入管道。桩基施工时，水泥桩穿越管道而立。这些不仅破坏了排水管道的物理结构，同时影响排水功能，中断了排水。

表 2-4　排水管道和其他地下管线（构筑物）的最小净距

<table>
<tr><th colspan="3">名称</th><th>水平净距 /m</th><th>垂直净距 /m</th></tr>
<tr><td colspan="3">建筑物</td><td></td><td></td></tr>
<tr><td colspan="2" rowspan="2">给水管</td><td>$d \leqslant 200$ mm</td><td>1.0</td><td rowspan="2">0.4</td></tr>
<tr><td>$d > 200$ mm</td><td>1.5</td></tr>
<tr><td colspan="3">排水管</td><td></td><td>0.15</td></tr>
<tr><td colspan="3">再生水管</td><td>0.5</td><td>0.4</td></tr>
<tr><td rowspan="4">燃气管</td><td>低压</td><td>$P \leqslant 0.05$ MPa</td><td>1.0</td><td>0.15</td></tr>
<tr><td>中压</td><td>0.05 MPa $< P \leqslant$ 0.4 MPa</td><td>1.2</td><td>0.15</td></tr>
<tr><td rowspan="2">高压</td><td>0.4 MPa $< P \leqslant$ 0.8 MPa</td><td>1.5</td><td>0.15</td></tr>
<tr><td>0.8 MPa $< P \leqslant$ 1.6 MPa</td><td>2.0</td><td>0.15</td></tr>
<tr><td colspan="3">热力管道</td><td>1.5</td><td>0.15</td></tr>
<tr><td colspan="3">电力管道</td><td>0.5</td><td>0.5</td></tr>
<tr><td colspan="3" rowspan="2">电信管道</td><td rowspan="2">1.0</td><td>直埋 0.5</td></tr>
<tr><td>管块 0.15</td></tr>
<tr><td colspan="3">乔木</td><td>1.5</td><td></td></tr>
<tr><td colspan="2" rowspan="2">地上柱杆</td><td>通信照明及 <10 kV</td><td>0.5</td><td></td></tr>
<tr><td>高压铁塔基础边</td><td>1.5</td><td></td></tr>
<tr><td colspan="3">道路侧石边缘</td><td>1.5</td><td></td></tr>
<tr><td colspan="3">铁路钢轨（或坡脚）</td><td>5.0</td><td>轨底 1.2</td></tr>
<tr><td colspan="3">电车（轨底）</td><td>2.0</td><td>1.0</td></tr>
<tr><td colspan="3">架空管架基础</td><td>2.0</td><td></td></tr>
<tr><td colspan="3">油管</td><td>1.5</td><td>0.25</td></tr>
<tr><td colspan="3">压缩空气管</td><td>1.5</td><td>0.15</td></tr>
<tr><td colspan="3">氧气管</td><td>1.5</td><td>0.25</td></tr>
<tr><td colspan="3">乙炔管</td><td>1.5</td><td>0.25</td></tr>
<tr><td colspan="3">电车电缆</td><td></td><td>0.5</td></tr>
<tr><td colspan="3">明渠管底</td><td></td><td>0.5</td></tr>
<tr><td colspan="3">涵洞基础底</td><td></td><td>0.15</td></tr>
</table>

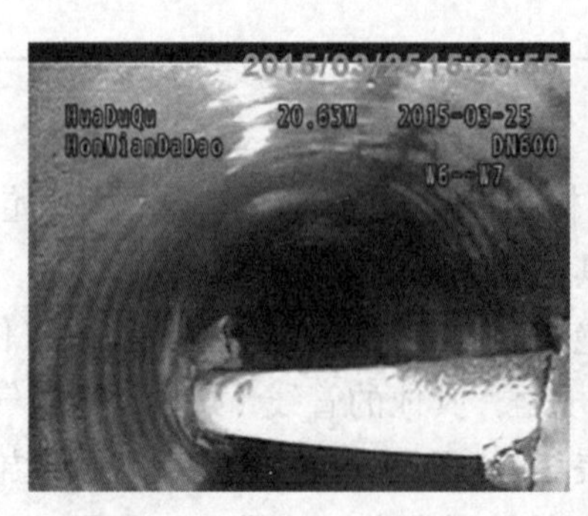

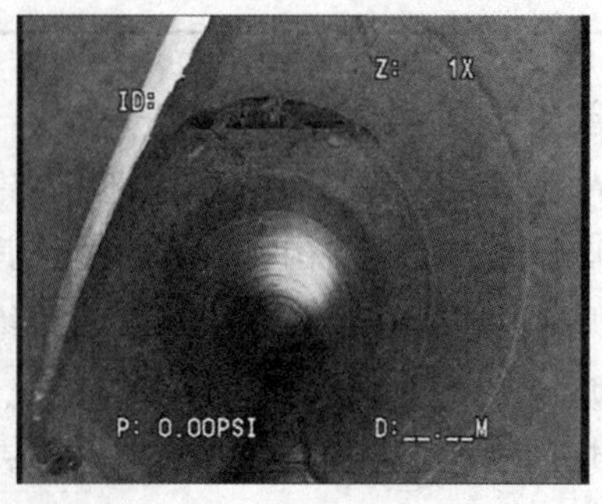

图 2-21　异物穿入

10. 渗漏

渗漏是指管道外的水流入管道或管道内的水漏出管道。由于管道内水漏出管道的现象在管道内窥检测中不易发现，故渗漏主要是指源于地下的（按照不同的季节）或来自邻近漏水管的水从管壁、接口及检查井壁流入。排水管道发生渗漏的原因多种多样，可分为内因与外因两类。内因主要是管道材料及其附属设备的质量；外因又可分为人为因素与环境因素。其中，人为因素包括施工作业质量、维护管理模式等；环境因素包括地质、地形、降雨、环境温差等。一般渗漏会发生在管道接口、检查井、管道与检查井壁连接处、管道破损处等位置，如图 2-22 所示，通常伴随有破裂、错口、脱节和密封胶圈脱落等问题缺陷。在我国南方地区，检查井及井壁与管道接口渗漏问题尤为突出。

视频：渗漏

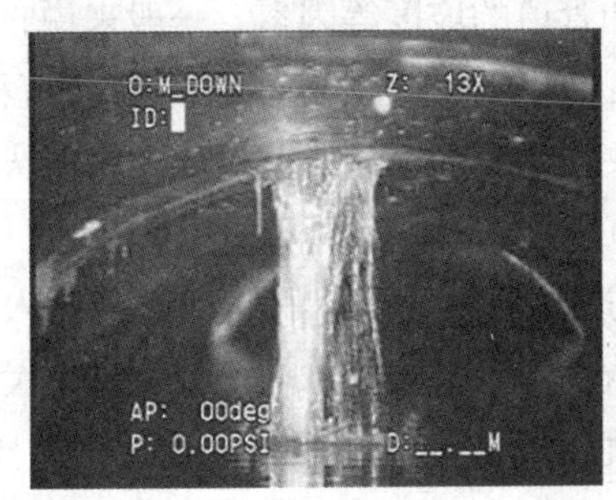

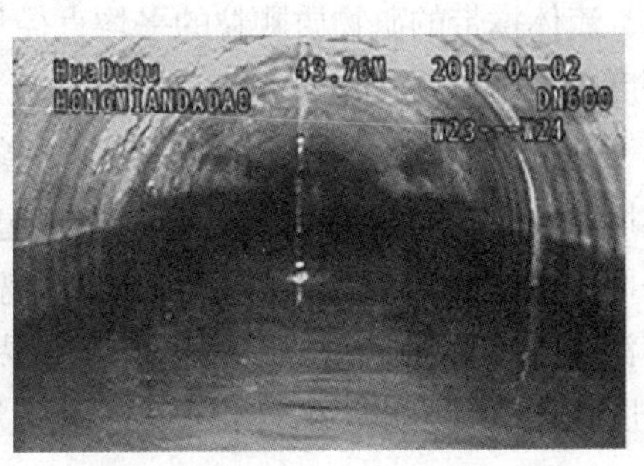

图 2-22　渗漏

下图是________缺陷。

答案：支管管壁破裂、喷漏

2.3.2　功能性缺陷

功能性缺陷（Functional Defect）是指导致管道过水断面发生变化，影响畅通性能的缺陷。通水后的管道在运行一段时间后，会出现一定的沉积和结垢等现象，特别是污水或合流管道，这是被允许的，不可称为存在缺陷。只有当过水能力减少量超过一定限度时，才能确定为存在缺陷。功能性缺陷主要有下列 6 种。这些缺陷一般通过疏通、清洗、养护的办法予以解决。

1. 沉积

沉积是指杂质在管道底部的沉淀和淤积。水中的有机物或无机物在管道底部沉积，形成了坚实管道横截面面积的沉积物，如图 2-23 所示。沉积物包括泥沙、碎砖石、固结的水泥砂浆等。如果沉淀物不定期清理，则随着时间的增长及自身的特殊结构，沉淀物会或多或少地在某处固定、结块。在排水管道中，以下几种流体可能产生沉积物：

（1）生活污水和工业废水；

（2）表层水；

（3）渗入管道内的地下水。

以上流体中都含有截然不同的可以导致沉积产生的物质。只有当管道内流体的流速低于特定速度时，固体颗粒才会发生沉积。其中，还取决于管道直径、管道充满程度、管道运行环境的恶劣程度、流体携带的矿物质颗粒的平均直径和管道的坡度等因素。一般来说，排水管道坡度与沉积深度成反比，坡度越大沉积会越少；反之越大。地势平坦的城市容易沉积，如上海、武汉、成都等城市。地形比高较大的城市沉积现象相对较少，最典型的如山城重庆市。

除自然因素外，人为造成沉积是我国最普遍的现象。城市生活的固体垃圾，如餐饮的残羹剩菜、路面降尘、洗车店的泥沙等，未经隔离过滤，通过不同的路径直接排入。建筑施工工地伴随有混凝土的泥浆大量排入管道也会容易在管底结块硬化，但这一现象大都发生在局部。沉积深度在同一管段里一般变化不大，软性泥沙型沉淀易处理，硬性板结垢比较难处理。

图 2-23　沉积

填空题

下图是________缺陷。

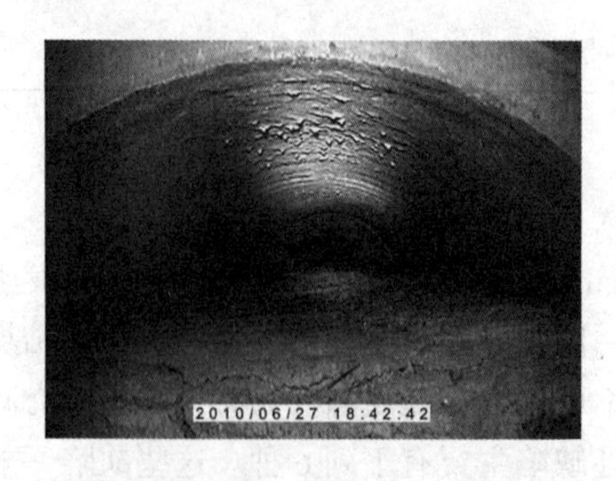

答案：管道沉积

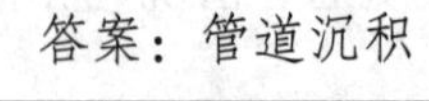

2. 结垢

视频：结垢

结垢是指管道内壁上的附着物，如图 2-24 所示。水中的污物附着在管道内壁上，形成了减少管道横截面面积的附着堆积物。结垢不同于沉积，成片的无机物或有机物黏附在管壁四周，造成管道口径的减小。铸铁、混凝土和钢筋混凝土等表面粗糙度高的管道容易结垢，结垢主要发生在管道内水位线以上。结垢形成的原因是植物油脂、动物油脂、粪便等黏稠物流进管道，黏在管道内壁上，形成软质性的垢体；头发丝、破布条、装修残渣、铁细菌、微生物繁殖等共同作用在管道内壁上生成较硬的垢体。随着垢体的不断增厚，致使流通不畅或堵塞加重，从而加重结垢。清通手段落后也是结垢的重要原因之一，传统解决堵塞问题的方法是竹片（钢片）和疏通机疏通，管壁得不到清洗，只能解决污水“流通”，未能从根本上解决污水“流畅”，即没有完全恢复原有管道的口径，使其达到最大过水能力。

图 2-24 结垢

下图是________缺陷。

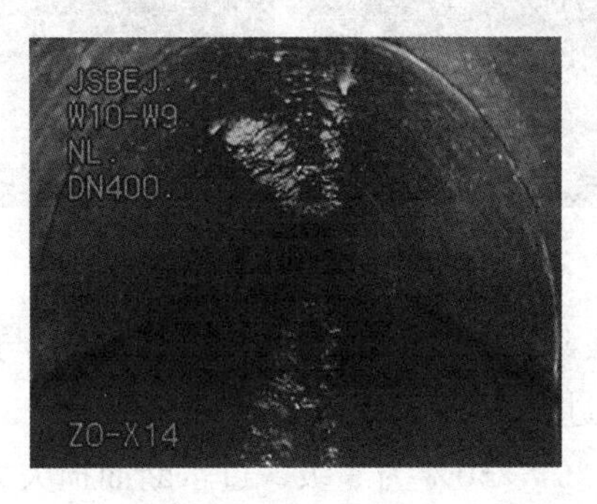

答案：管道顶部结垢

3. 障碍物

视频：障碍物

障碍物是指管道内影响过流的阻挡物，如图 2-25 所示。其包括管道内坚硬的杂物，如石头、柴板、树枝、遗弃的工具、破损管道的碎片等。障碍物形成的原因是排水管道在新建或运行过程中，人为遗留或丢弃的固体物体，如散落的砖头、施工工具、较大型生活物品等，它一般不随水流移动或移动

缓慢，对排水有阻滞作用。障碍物和异物穿入或支管暗接有本质区别。前者未破坏管体结构通过清捞很容易解决；后者必须要采取工程措施。障碍物和漂浮在水面上的固体垃圾（俗称浮渣）也是有区别的。浮渣具有流动性，它一般不影响水流；而障碍物则不然。浮渣一般不被认为是缺陷。

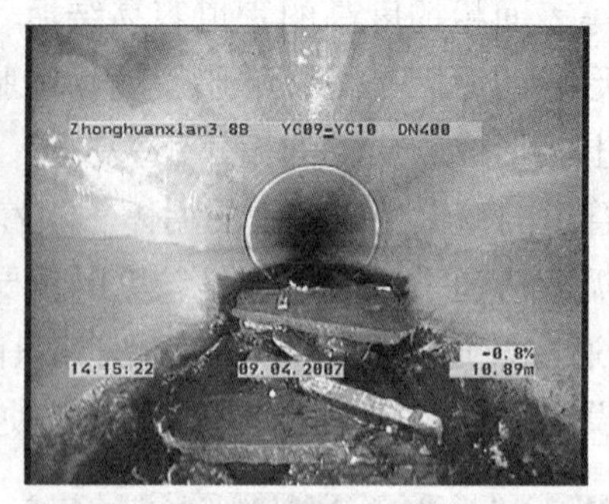

图 2-25 障碍物

4. 残墙、坝根

残墙、坝根是指管道闭水试验时砌筑的临时砖墙封堵，试验后未拆除或拆除不彻底的遗留物，如图 2-26 所示。拆除干净与否，直接影响管道的过水能力。这种缺陷的存在往往表现在上下游水位的异常，流速也明显有减缓。当这些残墙、坝根被淹没在水位线以下时，使用视频检测的方式难以发现，需要采取其他手段。用一般疏通、养护办法难以做到拆除，通常需要人员穿戴特殊装备进入检查井或管道内实施。

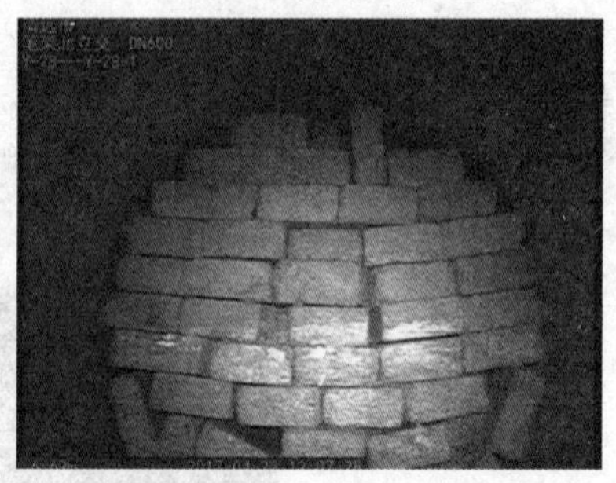

图 2-26 残墙坝头

残墙、坝根的缺陷等级划分根据《城镇排水管道检测与评估技术规程》（CJJ 181—2012）可划分为四个等级，过水断面损失不大于 15% 为 1 级，过水断面损失为 15% ～ 25% 为 2 级，过水断面损失为 25% ～ 50% 为 3 级，过水断面损失大于 50% 为 4 级。

5. 树根

树根是指单数根或是树根群自然生长进入管道，如图 2-27 所示。树根进入管道必然伴随着管道结构的破坏，进入管道后又影响管道的过流能力。对过流能力的影响按照功能性缺陷，对管道结构的破坏按照结构性缺陷计算。树根形成的原因是城市道路两侧的行道树或排水管道周边的树，尤其是榕树、梧桐等树种，主干特别粗壮，根系比较发达，根系在地下扩展迅猛，遇到排水管道破裂、密封胶圈脱落等病害时，就会从缝隙处直接渗透进排水管道，排水管道里的污水又为树根提供了丰富的营养，使其长势更加迅猛。树根的不断生长除阻碍水流外，还会使管道接口密封的破坏性加大，再加上长有树根的地方一般伴有渗漏，最终造成管道更大的结构性伤害。为避免树根的入侵，首先利用“通沟牛”或切根器除掉管道内现有的全部树根，然后实施原位固化内衬修复，修复后形成完全密封体，从而消除树根侵入。

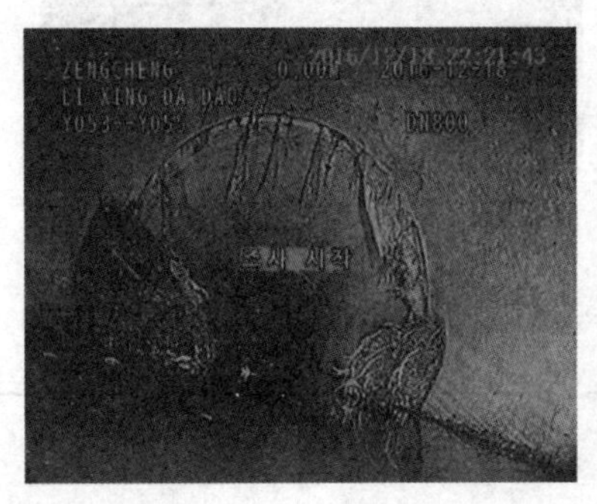

图 2-27　树根侵入

选择题

根据《城镇排水管道检测与评估技术规程》(CJJ 181—2012) 缺陷等级划分，下图可判为（　　）级。

A. 1　　　　B. 2　　　　B. 3　　　　D. 4

6. 浮渣

浮渣是指管道内水面上的漂浮物，如图 2-28 所示。浮渣形成的原因如下：

视频：浮渣

（1）水源质量不佳导致浮渣多泡沫。水源污染、污水回归、工业排放等问题导致饮用水水源的污染，水中含有大量的悬浮颗粒物和有机物，往往会导致水的浑浊、色泽不佳，甚至会出现大量的泡沫和浮渣。

（2）管道老化导致浮渣多泡沫。管道逐渐老化，其内壁会不断脱落，产生大量的颗粒物质。这些颗粒物质会被输送到水中，形成浮渣和泡沫。此外，管道的腐蚀和漏损也可能导致水中的杂质和氧气进入其中，形成大量的气泡。

（3）水处理工艺不足。在处理水的过程中，若处理工艺不足，容易造成水中出现浮渣和泡沫，特别是在澄清、过滤、消毒等过程中。比如在水澄清过程中，当对水中絮凝物除去不足时，会在后续操作中形成大量的浮渣和泡沫。该缺陷需记入检测记录表，不参与计算。

图 2-28　浮渣

填空题

下图是________缺陷。

答案：管道浮渣

2.3.3　其他缺陷

排水管道中除上述常见的缺陷种类外，还存在一些未列入国家标准的其他缺陷，主要有以下几种。

1. 管道中心线不直

相邻两检查井之间的管道中心线应为直线，如遇到河道、铁路、各种地下设施等障碍物，可采取下凹的曲线方式从障碍物下通过（俗称倒虹吸管）。排水管道在施工安装阶段或在运行过程中都有可能产生两检查井之间的管道中心线偏离两井之间的中轴线，形成曲线，通常称为“蛇”形。根据偏离中轴线方向的不同，管道中心线存在水平、垂直、混合三种形式。其中，垂直和混合形式出现频率较高，对水流影响较大，垂直和混合形式的“蛇”形有时在视频检测中表现出来的是洼水现象。“蛇”形通常发生在柔性管材，且具有局部的特点。

2. 位置变径不恰当

相邻两检查井之间不同口径的管道直接相连接（图 2-29）处称为变径点。按照《室外排水设计标准》

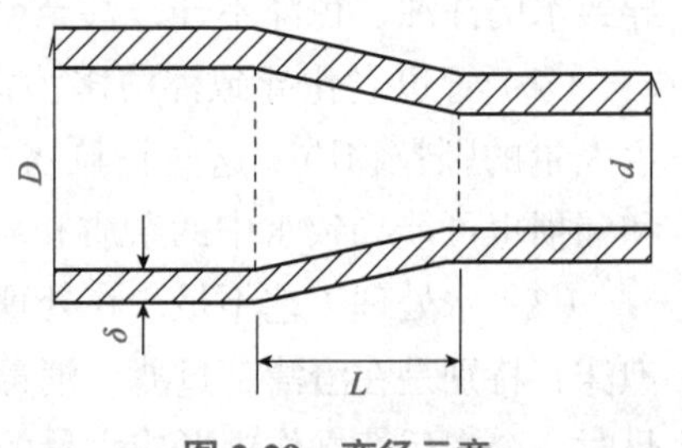

图 2-29　变径示意

（GB 50014—2011）的规定，变径处应设置检查井，即在检查井处，接入管径的差别属正常现象。

3. 倒坡

对于重力流管道而言，下游管道一定要低于上游，才能形成自流，这就是常说的顺坡。上游管底高程低于或等于下游管底高程称为倒坡，倒坡会引起水流不按照设计方向流动，形成静止或倒流。在施工阶段，测量质量控制不严，水准测量出现错误和误差，支撑管体的土体不均匀沉降，这些都是形成倒坡的原因。解决倒坡的问题往往都要采取开槽，改变埋深来解决。

4. 鸭嘴阀或拍门关闭不严

鸭嘴阀又称止回阀，可以防止洪水及污水倒灌流入排水管道或地下构筑物；防止水位上升时，洪水倒灌流入污水处理厂、排涝泵站；阻止污水或有异味流体的气味扩散，并可以随时排水；在多雨季节或涨潮时，能阻止城市内河等受纳水体的水从排水管道灌到街道。鸭嘴阀由弹性氯丁橡胶加人造纤维经特殊加工而成，形状类似鸭嘴，故称鸭嘴阀。在内部无压力情况下，鸭嘴出口在本身弹性作用下合拢；随着内部压力逐渐增加，鸭嘴出口逐渐增大，保持液体能在高流速下排出。鸭嘴阀按照安装方式可分为套接式、镶嵌式、内置式、法兰式、安装板式、灰浆或水泥管道式。

拍门主要安装在排水管道的尾端，它就是安置在江河边排水口的一种单向阀。当江河潮位高于出水管口，且压力大于管内压力时，拍门面板自动关闭，以防止江河潮水倒灌进排水管道内。拍门的材质可分为不锈钢、铸铁、型钢、复合材料等。按构造不同，拍门可分为浮箱式、平板式、套筒式等。

城市中形形色色的垃圾卡在排口、鸭嘴阀橡胶的老化、拍门的锈蚀失灵等都是造成鸭嘴阀或拍门关闭不严的缘由。对这些设施的定期检查，特别在汛期到来之前逐一检查，及时养护修理，是非常必要的。

5. 溢流截流设施失效

设置有截流设施的溢流排水口，由于截流设施参数的不合理，或截流设施的不正常工作，都会形成不正常的溢流，如旱天常态化滥流，稍有小雨也溢流，频次过多。

2.4 排水管道缺陷形成

2.4.1 排水管道检测及数据管理存在的问题

目前，管道在运行过程中存在诸多问题，如管道破损等原因造成的地面塌陷，工业、商业等活动产生的污水偷排到管道，雨污混接造成的进厂水浓度过低，南方存在树根穿入管道造成管道破损及管道堵塞的问题。针对以上问题，各地区采用了多种方法进行处理，但是当前管道检测及数据管理依然存在以下问题。

1. 检测覆盖率较低

虽然我国很多区域已经开展排水管道检查工作，但是受经济发展等因素的制约，管道

检测的覆盖率依然远低于国外发达国家水平。同时，在已开展管道检测的城市，由于技术手段受限等原因，很多管道依然无法进行有效检测。

2. 检测手段落后

由于我国开展管道检测时间较晚，很多区域对于管道检测依然以人工入管检测为主，检测效率低，安全隐患大。

3. 数据管理方式落后

目前对于管道数据管理，很多区域还未建立系统化管理平台，部分城市依然采用纸质文件进行管道的数据管理，系统化、信息化、智慧化的管理模式尚未形成。

2.4.2 排水管道缺陷形成原因

排水管道发生缺陷主要的外界因素包括埋深、土壤性质、埋土状况、地面交通状况、植被状况等。研究表明，埋深与植被状况是影响管道堵塞的主要因素；管道周围土壤性质、埋土状况、地面交通状况影响排水管道的结构稳定性；管道周围土体松动、地下水水位过高造成管道应力变化，进而造成了塑料管的变形和塌陷。地下排水管道所承受的压力主要为管道自重、上部环境压力、管道内部水压及变形荷载等。除外界因素外，管道的材质、年龄、长度、直径等内因也会影响排水管道的健康状况。随着管道运行年限的增长，塑料管会逐渐老化，金属管会受到内外部环境因素的影响而发生腐蚀，这些都会导致管道的结构稳定性逐渐降低。通过分析管道的缺陷成因，可以看出排水管道缺陷的成因十分复杂，管道缺陷之间也会互相影响导致排水状况不断恶化。

具体而言，管道变形是由于管道受外力挤压造成管道形状变异，管道变形的原因可能是施工操作不规范，周围土壤状态改变，地基沉降，管道上方荷载尤其是道路上方车辆的动、负荷影响等。管道变形缺陷在塑料管中最为常见。管道破裂缺陷影响因素较多，管龄、管径、埋深、土壤及接口密封性等因素具有显著相关性。破裂缺陷多发生在混凝土管与高密度聚乙烯（HDPE）管中，且 HDPE 管中破裂缺陷多于混凝土管。这是因为 HDPE 管还易发生变形缺陷，严重的变形往往伴随着破裂缺陷的产生。管道腐蚀的主要因素为污水水质、管内流速、温度、管龄等。管道腐蚀缺陷在混凝土管和钢筋混凝土管中最为常见。由于混凝土管和钢筋混凝土管的耐酸碱腐蚀及抗渗性较差，在污水管道中由于管道所承载污水中腐蚀性较强，易发生腐蚀类型缺陷。在严重的情况下，管道混凝土部分会被全部腐蚀。由于管道接口十分脆弱，施工、管理不当或地基变化均可导致接口错位、脱节、接口损坏等问题，在后期维护中也难以修复，造成缺陷积累，容易引发其他类型的管道缺陷。管道错口、脱节缺陷在混凝土管中较为常见，这是因为混凝土管和钢筋混凝土管管节短、接头多、施工较为复杂。排水管道发生渗漏的原因多种多样，可分为内因与外因两类。内因主要是管道材料及其附属设备的质量。如排水管道的管材出现裂缝、壁厚达不到设计要求等。配套的附属设备变形老化、使用的管材不符合实际要求、管件与管道连接不紧密等许多质量、规格与性能的问题也会造成排水管道在施工及使用过程中的渗漏。在材料及设备的质量得到充分保证时，不注重施工技术的积累和运用，也会导致施工质量不合格，管道防渗能力差。外因又可分为人为因素与环境因素。其中，人为因素包括施工作业质量、维护管理模式等；环境因素包括地质、地形、降雨、环境温差等。环境因素主要是地基与基础、管渠回填土等外界综合因素。如地基承载力不足使管道下陷，导致管节脱落而漏水；当外界温差很大时，对温度敏感的塑料排水管容易受损而导致渗漏；酸、碱土壤也会腐蚀管道，导致管道破损渗漏。污水管道中障碍物与沉积缺陷多存在于缺乏日常维护管理的城市管道，在管道较长、管径较小、水力坡度较小等条件下会增加管道堵塞率，并且埋深与植被状况是与管道堵塞相关的因素。

管道缺陷往往是多种原因共同作用的结果，有时一种缺陷会引发另外一种，然后又互为作用，如图 2-30 所示。

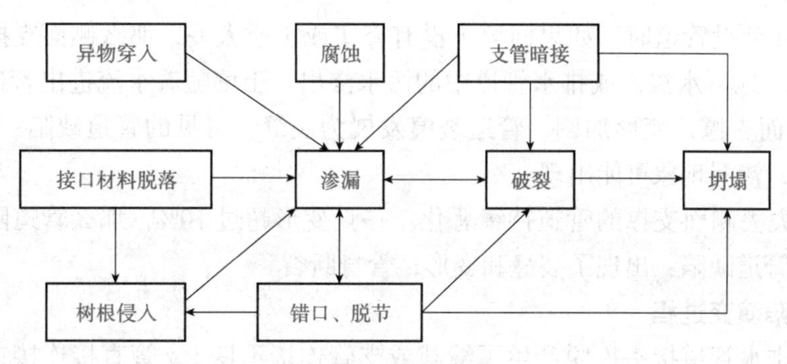

图 2-30 缺陷关联关系

总之，在不同管道材质中，钢筋混凝土管易发生腐蚀、错口与脱节等缺陷，塑料管变形与破裂缺陷最为显著。在设计、施工时应充分考虑管材特点，对于钢筋混凝土管应严格把控管道接口施工质量，避免管道使用期间因施工不当造成接口脱落；对于塑料管在设计时应充分考虑塑料管上方负载，避免因管道上方负载过大造成管道变形。管道较长，管径较小，水力坡度较小会加大管道沉积与障碍物缺陷问题的风险，在管道设计、施工时，应严格安装设计规范进行管道设计与铺设，避免因为管道坡度较少造成管道堵塞。随管龄增长，管道的综合状况会逐渐变差，钢筋混凝土管的状况最差，其次为 PVC 管与 HDPE 管，金属管状况最好。

2.4.3 排水管道结构性缺陷发展过程

多数管道结构性损坏是从“小毛病”发展成“大病害”的，从小裂缝到最后坍塌，是逐渐发展演化的过程，一般会经历三个阶段。管道破裂和塌陷是最为常见的两种重大缺陷，分析其演变过程，对于预防灾害的发生有重要的意义。

1. 管道破裂演变过程（图 2-31）

阶段 1：管道产生裂痕时，在周围土壤的支撑下，管道仍留在原位。可见的管道缺陷：出现了裂痕，渗漏现象也可能出现。

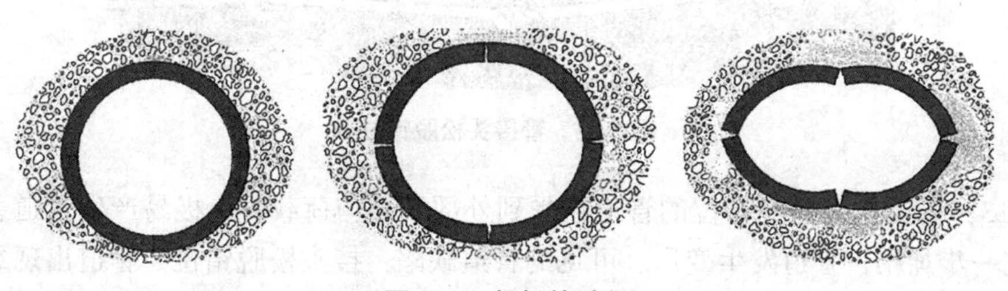

图 2-31 损坏的过程

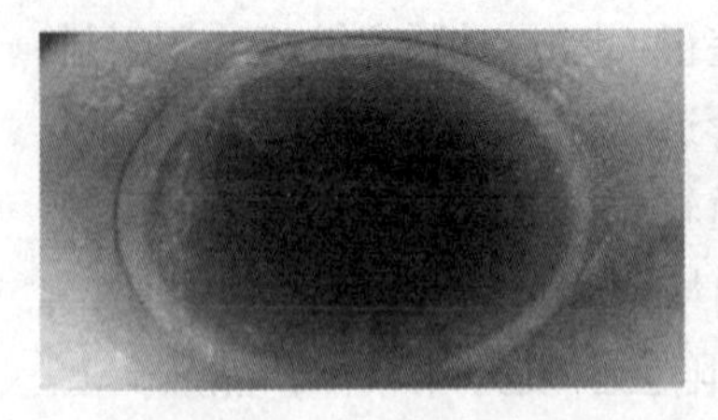
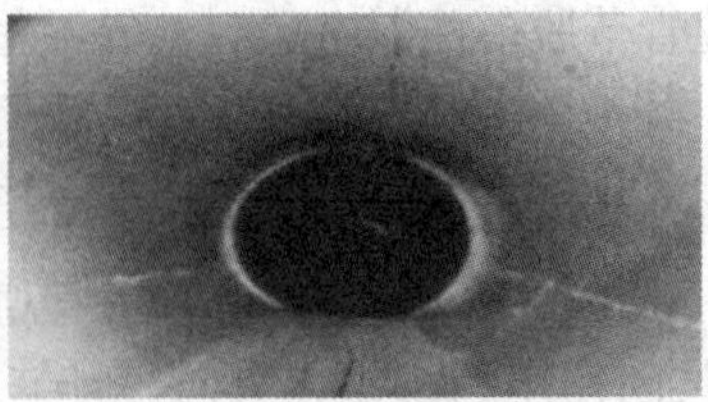
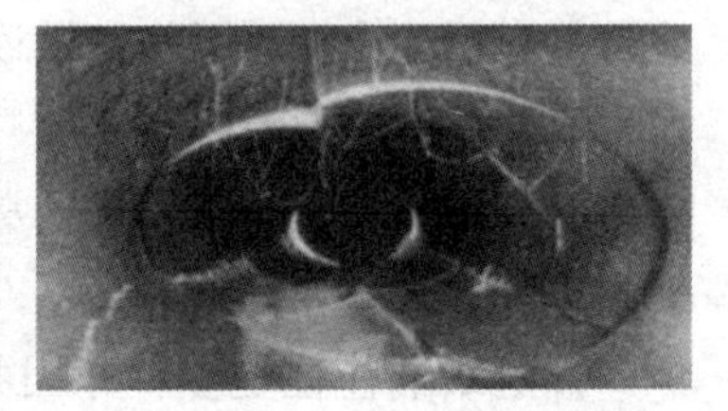

图 2-31　损坏的过程（续）

阶段 2：在铺设管道时，如果回填土没有夯实或土质太差，那么侧面支撑不足以防止管道持续变形。地下水渗入或排水管道中的污水渗出，土壤随着水流进出管道。管道周围由于失去了侧面支撑，变形加剧，管道裂痕发展为裂缝。可见的管道缺陷：出现了裂缝，有轻微的变形，渗漏现象可能出现。

阶段 3：失去侧面支撑的管道持续恶化。一旦变形超过 10%，那么管道随时有坍塌的风险。可见的管道缺陷：出现了裂缝和变形；管身断裂。

2. 管道塌陷演变过程

阶段 1：排水管道接头松脱产生了缝隙或支管连接不良（支管直接连接在国内比较少见），如图 2-32 所示。可见的管道缺陷：接头松脱，连接不良，渗漏。

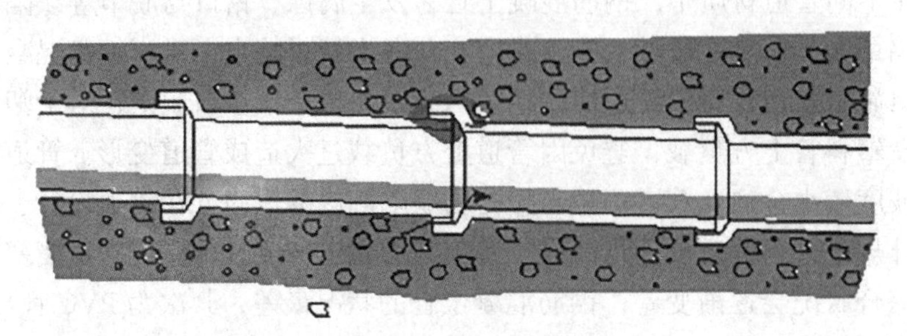

图 2-32　排水管道接头松脱

阶段 2：地下水渗入，导致管道周围的土壤流入管道。缺少土壤支撑的管道将下陷、接头松脱，水土流失进一步恶化，如图 2-33 所示。可见的管道缺陷：管接头松脱错位，管线呈“蛇”形，渗漏。

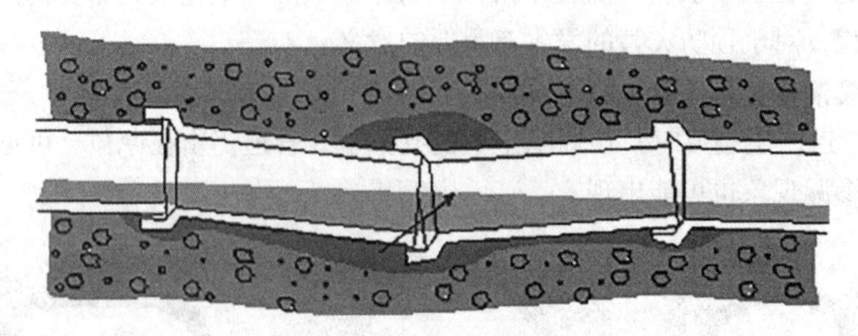

图 2-33　管接头松脱错位

阶段 3：管道接头已经错位的管道在受到外部不均匀荷载时，极易产生管道裂缝。然后裂缝进一步加剧，管道发生变形。可见的管道缺陷：接头松脱错位，管道出现裂痕裂缝（图 2-34），管道呈“蛇”形。

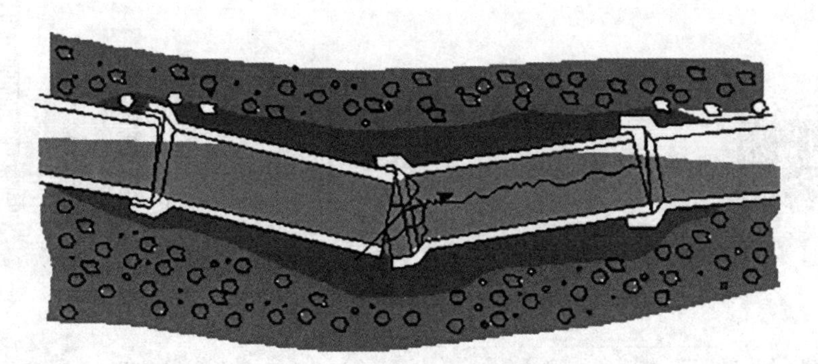

图 2-34　管道出现裂痕裂缝

课后习题

一、填空题

1. 以结构性状况为目的的普查周期宜为____次 / 年，以功能性状况为目的的普查周期宜为____次 / 年。

2. 检测方法多种多样，根据检测的方式方法，可分为________、________、________、________。

3. 管径大于________，人员才可进入管道内进行作业。

二、判断题

1. 异物穿入属于功能性缺陷。（　　）

2. 缺陷等级划分包含四种类型的缺陷是渗漏。（　　）

3. 发生在管道接口处的缺陷包括脱节、错口、支管暗接。（　　）

4. 渗漏包括内渗漏和外渗漏，均可以检测出来。（　　）

5. 排水管道的缺陷之间存在相互影响。（　　）

三、简答题

1. 什么是结构性缺陷？其通常包括哪几种？

2. 什么是功能性缺陷？其通常包括哪几种？

项目 3 传统检查方法

知识目标

1. 了解入管检查的作业流程，熟悉地面巡视的内容。
2. 熟悉简易工具检查的适用范围及方法。
3. 掌握潜水检查作业的具体内容。

技能目标

1. 具备地面巡视和入管检查的能力。
2. 具备选择合适的简易工具进行管道检查的能力。
3. 具备熟悉潜水检查作业工作环境的能力。

素质目标

1. 遵守相关法律法规、标准和管理规定。
2. 培养严谨的工作作风、较强的责任心和吃苦耐劳的品质。
3. 爱岗敬业，严谨务实，具有良好的职业操守和组织协调能力。

案例导入

在成都市这座新一线城市的中心城区，纵横交错着 7 600 余千米排水管网和 120 余座下穿隧道，它们组成了庞大的循环系统，时刻守护着城市的安全稳定。

成都环境集团兴蓉市政公司将排水管网划为若干网格，每个网格员负责 1 个网格。针对原有管网错混接、淤塞、塌陷、错位、外水渗入、阳台雨污水混接等各类问题，污水冒溢等情况时有发生，排水管网网格员一天巡视巡查多达 40 处点位，主要负责踏勘下河口及易涝点位情况，精准开展污水溯源、雨水口现状及清淘复查信息收集等工作。他们用脚步丈量土地，用表格记录问题、整理相关信息台账，用专业精神解决排口“身边事”，为管网精细化管理奠定扎实基础，为后期溯源治理工作打牢根基。

截至 2021 年 12 月底，网格员及时发现并处置污水下河、污水冒溢、排水不畅等排水

管网突发事件达 1 458 件，日常维护排水设施问题 2.7 万余处。同时，积极排查管护范围内涝风险点位，对 62 处风险点位采取管道疏浚、修复垮塌管段、清除管道障碍物等工程治理措施，配合绕城内病害治理工作，切实推进积水点位整治工作，防止或减少汛期出现积水、内涝等情况。

（案例来源：成都环境集团）

在早期没有专业的排水管道检测设备用于排水管道检测之前，对排水管道的检测主要采用目视检查、简易工具检查、潜水检查等传统检查方法。传统方法虽然存在安全、粗糙、不准确及对检测人员职业素质要求高等问题，但它具有经济、快捷、方便等特点，至今仍被排水行业应用，常用于管道养护时的日常性检查。

3.1 目视检查

目视检查是指人们通过人眼观察的方法来查看排水管道外部与内部的状况。该类方法由于受检查人员自身职业技术素质的制约，检查结果往往带有一定的主观判断性，目视人员必须具备必要的管道检查判读知识和经验，熟练掌握各种病害的表象。对病害的描述做到既要定性，又要定量，并且在检查现场应做好记录。同时，由于检测人员进入管道具有一定的危险性，因此检查人员除需要具备专业的特种作业操作证外，还需要熟悉规范的作业流程。

3.1.1 地面巡视

地面巡视是在地面上对管道相关的管渠、检查井、井盖、雨水箅和雨水口进行观测，判断设施的完好程度及水流畅通情况。巡视主要内容如下：

（1）管道上方路面沉降、裂缝和积水情况；

（2）检查井冒溢和雨水口积水情况；

（3）井盖、盖框、雨水箅子、单向阀等完好程度；

（4）检查井和雨水口周围的异味；

（5）其他异常情况。

知识拓展

地面巡视可以观察沿线路面是否有凹陷或裂缝及检查井地面以上的外观情况。“检查井和雨水口周围的异味”是指是否存在有毒和可燃性气体。

巡视人员一般采取步行或骑自行车等慢行形式沿管线逐个查看检查井，夜间巡查可乘车进行。在正式实地巡视前，做好巡视计划，其内容包括位置、时间、路线等，准备好要巡视区域的排水管线图。在巡视的过程中，根据要求填写排水管道检测现场记录表（表 3-1）、检查井检查记录表（表 3-2）及雨水口检查记录表（表 3-3），清楚记录在巡视过程中发现的各种问题。

表 3-1　排水管道检测现场记录表

任务名称：　　　　　　　　　　　　　　　　　　　　　　　　　　　　第　页共　页

录像文件		管段编号	→	检测方法	
敷设年代		起点埋深		终点埋深	
管段类型		管段材质		管段直径	
检测方向		管段长度		检测长度	
检测地点				检测日期	
距离 /m	缺陷名称或代码	等级	位置	照片序号	备注
其他					

检测员：　　　　　　　　监督人员：　　　　　　　　校核员：　　　　年　月　日

表 3-2　检查井检查记录表

任务名称：　　　　　　　　　　　　　　　　　　　　　　　　　　　　第　页共　页

检测单位名称：								检查井编号	
埋设年代		性质		井材质		井盖形状		井盖材质	

检查内容				
序号	外部检查		内部检查	
1	井盖埋没		链条或锁具	
2	井盖丢失		爬梯松动、锈蚀或缺损	
3	井盖破损		井壁泥垢	
4	井框破损		井壁裂缝	
5	盖框间隙		井壁渗漏	
6	盖框高差		抹面脱落	
7	盖框凸出或凹陷		管口孔洞	
8	跳动和声响		流槽破损	
9	周边路面破损、沉降		井底积泥、杂物	
10	井盖标示错误		水流不畅	
11	是否为重型井盖（道路上）		浮渣	
12	其他		其他	
备注				

检测员：　　　　　　　　记录员：　　　　　　　　校核员：　　　　检查日期：　年　月　日

表 3-3　雨水口检查记录表

任务名称：　　　　　　　　　　　　　　　　　　　　　　　　　　　　　　　　　第　页共　页

<table>
<tr><td colspan="2">检测单位名称</td><td colspan="6"></td><td>雨水口编号</td><td></td></tr>
<tr><td>埋设年代</td><td></td><td>材质</td><td></td><td>雨水箅形式</td><td></td><td>雨水箅材质</td><td></td><td>下游井编号</td><td></td></tr>
<tr><td colspan="10">检查内容</td></tr>
<tr><td>序号</td><td colspan="4">外部检查</td><td colspan="5">内部检查</td></tr>
<tr><td>1</td><td colspan="2">雨水箅丢失</td><td colspan="2"></td><td colspan="3">铰或链条损坏</td><td colspan="2"></td></tr>
<tr><td>2</td><td colspan="2">雨水箅破损</td><td colspan="2"></td><td colspan="3">裂缝或渗漏</td><td colspan="2"></td></tr>
<tr><td>3</td><td colspan="2">雨水口框破损</td><td colspan="2"></td><td colspan="3">抹面剥落</td><td colspan="2"></td></tr>
<tr><td>4</td><td colspan="2">盖框间隙</td><td colspan="2"></td><td colspan="3">积泥或杂物</td><td colspan="2"></td></tr>
<tr><td>5</td><td colspan="2">盖框高差</td><td colspan="2"></td><td colspan="3">水流受阻</td><td colspan="2"></td></tr>
<tr><td>6</td><td colspan="2">孔眼堵塞</td><td colspan="2"></td><td colspan="3">私接连管</td><td colspan="2"></td></tr>
<tr><td>7</td><td colspan="2">雨水口框凸出</td><td colspan="2"></td><td colspan="3">井体倾斜</td><td colspan="2"></td></tr>
<tr><td>8</td><td colspan="2">异臭</td><td colspan="2"></td><td colspan="3">连管异常</td><td colspan="2"></td></tr>
<tr><td>9</td><td colspan="2">路面沉降或积水</td><td colspan="2"></td><td colspan="3">防坠网</td><td colspan="2"></td></tr>
<tr><td>10</td><td colspan="2">其他</td><td colspan="2"></td><td colspan="3">其他</td><td colspan="2"></td></tr>
<tr><td></td><td colspan="9"></td></tr>
</table>

检测员：　　　　　　　　　　记录员：　　　　　　　　　　校核员：　　　　　　检查日期：　　年　月　日

地面巡视工作常分为以下三类：

（1）日常巡查：正常运行时，排水管道及其附属设施的正常巡查。由养护单位指定相关专业人员进行巡查，每周不少于一次，必要时养护单位可组织技术人员进行比较全面的检查。

（2）年度巡查：每年对管道、检查井、污水处理等各种设施进行一次全面的、详细的专项检查。

（3）特别巡查：当排水管道遇到严重影响安全运行的情况（如发生大暴雨、大洪水、强热带风暴、有感地震、水位突变等）、发生较严重的破坏现象或出现其他危险迹象时的巡查。特别巡查由养护单位组织技术人员共同进行检查，必要时组织有关专家进行检查。

地面巡视是日常性工作，每天都得进行。一般实行分片分级管理体制，即责任分片、路段分级、设定巡查路线、确定巡查人员。路面巡查人员负责对辖区内排水管道及附属设施进行巡查，及时发现并报告有影响排水设施正常运行的行为和现象，并处理有关投诉。

3.1.2　入管检查

入管检查是检测人员通过直接进入管道内进行查看的方式对管道进行检查，检查管道是否存在淤堵、破裂、错接、偷排等问题。

由于管道中可能存在有毒有害气体，当需要进入检查井或管道中进行检测时，检测人员需要获得相关的作业证书，如图 3-1 所示，同时具备专业的管道环境内作业技能。

知识拓展

根据《城镇排水管道检测与评估技术规程》（CJJ 181—2012）的规定，对人员进入管道内检查的管道，管径不得小于 0.8 m，管道内流速不得大于 0.5 m/s，水深不得大于 0.5 m，充满度不得大于 50%，其中只要有一个条件不具备，检查人员都不能进入管道。

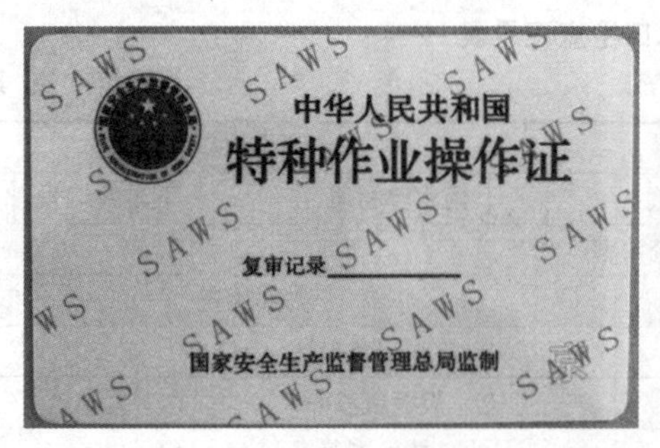

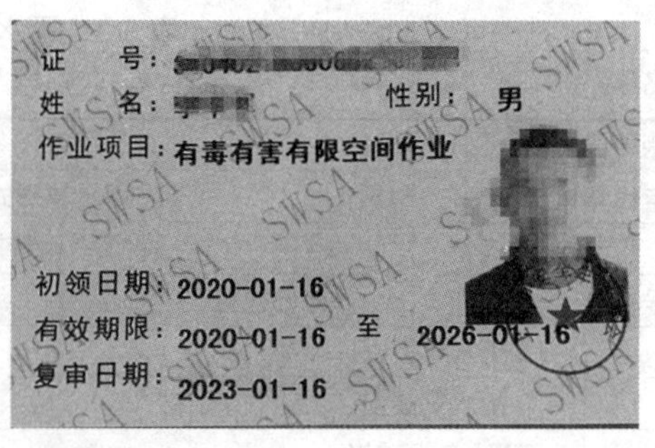

图 3-1　特种作业操作证样式

下井前，按步骤进行有毒有害气体检测和防毒面具安全检查，填写下井作业票。检测中，检测人员需要佩戴安全绳，起着与地面人员保持连接且互动信号联系的作用。此外，安全绳还起着测量距离作用并能对缺陷等状况实施有效的定位。

下井作业工作环境恶劣，工作面狭窄，通气性差，作业难度大，工作时间长，危险性高，有的存有一定浓度的有毒、有害气体，作业稍有不慎或疏忽大意，极易造成操作人员中毒死亡的事故。因此，井下作业如需时间较长，应轮流下井，如井下作业人员有头晕、腿软、憋气、恶心等不适感，必须立即上井休息。检测人员从进入检查井起，连续工作时间不能超过 1 h，既是保障检查人员身心健康和安全的需要，也是保障检测工作质量的需要。

管道内检查要求两人一组同时进行，主要是控制灯光、测量距离、画标示线、举标示牌和拍照需要互相配合，另外，对于不安全因素能够及时发现，互相提醒；地面配备的人员应由联系观察人员、记录人员和安全监护人员组成。

知识拓展

隔离式防毒面具是一种使人体呼吸器官可以完全与外界空气隔绝，面具内的储氧瓶或产氧装置产生的氧气供人呼吸的个人防护器材。这种供氧面具可以提供充足的氧气，通过面罩保持了人体呼吸器官及眼面部与环境危险空气之间较好的隔绝效果，具备较高的防护系数，多用于环境空气中污染物毒性强、浓度高、性质不明或氧气含量不足等高危险性场所和受作业环境限制而不易达到充分通风换气的场所，以及特殊危险场所作业或救援作业。当使用供压缩空气的隔离式防护装具时，应由专人负责检查压力表，并做好记录。

氧气呼吸器也称贮氧式防毒面具，以压缩气体钢瓶为气源，钢瓶中盛装压缩氧气。根据呼出气体是否排放到外界，可分为开路式氧气呼吸器和闭路式氧气呼吸器两大类。前者呼出气体直接经呼气活门排放到外界，由于使用氧气呼吸装具时呼出的气体中氧气含量较高，造成排水管道内的氧气含量增加，当管道内存在易燃易爆气体时，氧气含量的增加导致发生燃烧和爆炸的可能性加大。基于以上因素，《城镇排水管道维护安全技术规程》（CJJ 6—2009）规定，“井下作业时应使用隔离式防护面具，不应使用过滤式防毒面具和半隔离式防护面具及氧气呼吸设备”。

1. 入管作业检测流程

管道和检查井里面的空气和水环境是作业人员能否进行管道内检测的两个前提条件，所以，在作业人员进入管道前，正确判断管道内情况尤其重要。如何能断水或降低水位，达到人员能进入管道的必要条件，是必须解决的问题。选择低水位或降低水位的方法如下：

（1）选择低水位时间：如居民用水最少时间段、连续旱天、无潮水时等；

（2）泵站配合：上游泵站全部停止或部分台组停止运行，下游泵站“开足马力”抽吸；

（3）封堵抽空：先将上下游用橡胶气囊封堵，后抽空管内的水。

运行中的管道难免淤积，若不影响检查人员在管道中行走，可不进行清淤作业。若淤积较多可能致使检查人员行走困难，则必须采取通沟牛牵拉或高压水冲洗等方法除掉淤泥，达到人员“走得过、走得通、走得顺”。在确保安全的情况下，为减少体力消耗，检查人员进入大型管道宜从上游往下游走，行走速度不宜过快。目视的同时，可用四肢触碰管体，进一步掌握缺陷的深度和广度。入管作业检测流程如图 3-2 所示。

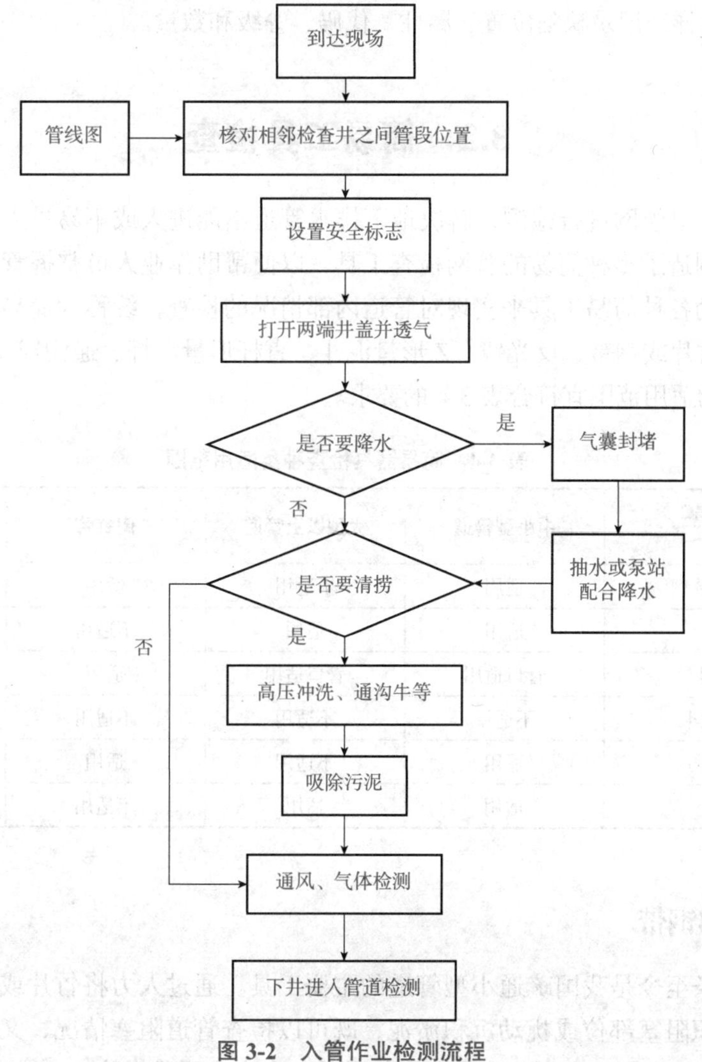

图 3-2　入管作业检测流程

2. 入管检查内容

在可视范围内，入管检查的项目可根据需求有选择地确定检测内容，一般包含以下内容：

（1）核实检查井内的管道连接关系，检查井形状和尺寸等与原有资料是否相符；

（2）观察检查井内在地面未看到的盲区，其结构完好形状和结垢情况；

（3）管道接口和检查井管壁连接处连接情况及渗水情况；

（4）管道结构形状；

（5）管道外来水渗入情况；

（6）非此管道的其他异物情况；

（7）管壁磨损情况；

（8）量测缺陷范围和所在环向和纵向位置。

人员进入管道内观察检查时，要求采用摄影或摄像的方式记录缺陷状况。距离标示（包括垂直标线、距离数字）与标示牌相结合，所拍摄的影像资料才具有可追溯性价值，才能对缺陷反复研究、判读，为制订修复方案提供真实可靠的依据。文字说明应按照现场检测记录表的内容详细记录缺陷位置、属性、代码、等级和数量。

3.2 简易工具检查

为配合人工对管网进行检测，解决地下排水管道不能进人或不易进人的难题，排水行业工作者设计制造了多种简易的管网检查工具，以便帮助作业人员掌握管道和检查井内部情况，通过借助各种简易工具来实现对管道内部情况的检查，统称为简易工具法。常用的简易工具包括竹片或钢带、反光镜、Z 形量泥斗、直杆形量泥杆、通沟球（环）、激光笔等。各种简易工具的适用范围宜符合表 3-4 的要求。

表 3-4 简易器具检查种类适用范围

简易工具 / 适用范围	中小型管道	大型以上管道	倒虹管	检查井
竹片或钢带	适用	不适用	适用	不适用
反光镜	适用	适用	不适用	适用
Z 形量泥斗	管口适用	管口适用	适用	适用
直杆形量泥斗	不适用	不适用	不适用	适用
通沟球（环）	适用	不适用	适用	不适用
激光笔	适用	适用	不适用	不适用

3.2.1 竹片和钢带

竹片或钢条至今是我国疏通小型管道的主要工具。通过人力将竹片或钢条等工具推入管道，顶推淤积阻塞部位或扰动沉积淤泥，既可以检查管道阻塞情况，又可以达到疏通的目的，在路面发生沉降现象时，可以判断管道是否存在变形或塌陷。

 知识拓展

竹片（玻璃钢竹片）检查或疏通适用于管径为 200 ～ 800 mm 且管顶距离地面不超过 2 m 的管道。

竹片采用毛竹材料，劈成条形状，长度约为 5 m，宽度约为 5 cm，如图 3-3 所示。将竹片保持一根根直立状态运输到现场，并在现场用钢丝捆绑连接，达到所需要的长度。竹片运输不便，使用中回拖至地面会造成较大面积污染，应该逐步被淘汰。但是由于经济实惠，操作简单，至今还在被大量应用。

钢带的材质是硅锰弹簧钢，其制成品宽度一般有 25 mm、30 mm、40 mm，长度可任意选择，一般为 50 m，如图 3-4 所示。它不像竹片易腐烂，经久耐用，且具有强度高，弹性和淬透性好的特点，收纳时可呈盘卷状态，便于运输，且回收时也不会对地面造成大面积污染，它比竹片更有优越性。

图 3-3　竹片

图 3-4　钢带

3.2.2　反光镜

反光镜检查（镜检）是通过反光镜将日光折射到管道内，观察管道的堵塞、错口等情况。采用反光镜检查时，打开两端井盖，保持管道内足够的自然光照度，宜在天气晴朗时进行。反光镜检查适用于直管，较长管段则不适合使用。在管道中没有水或水位低于 2/3 时，检查人员站在井口眼睛往下观察镜面，可通过镜面折射出管道内部的情况，可间接看到管道内部的变形、坍塌、渗漏、树根侵入、淤泥等缺陷性情况。该工具设备简单，成本低，但受光线影响较大，检测距离较短，一般用于支管检查。镜检用于判断管道是否需要清洗和清洗后的评价，能发现管道的错口、径流受阻和塌陷等情况。

反光镜由镜面和手持杆两部分组成。手持杆一般都能收缩，便于携带。反光镜的镜面形状有圆形和椭圆形，如图 3-5 所示，我国在实际工作中用到的反光镜大多是圆形。镜面材料有玻璃和不锈钢两种。在德国等发达国家，视频检测虽已非常普及，但反光镜作为简便而又实用的排水管道检查工具依旧在使用。

反光镜检查一般应满足下列条件才能实施：

（1）管段相邻检查井井盖打开后，管道内有较好的光线，一般在晴天，效果最好；

（2）管道内无水或水位低于管道 2/3；

（3）管道埋深较浅，反光镜杆够长，镜面能放至管口附近；

（4）管道内和检查井内无雾气。

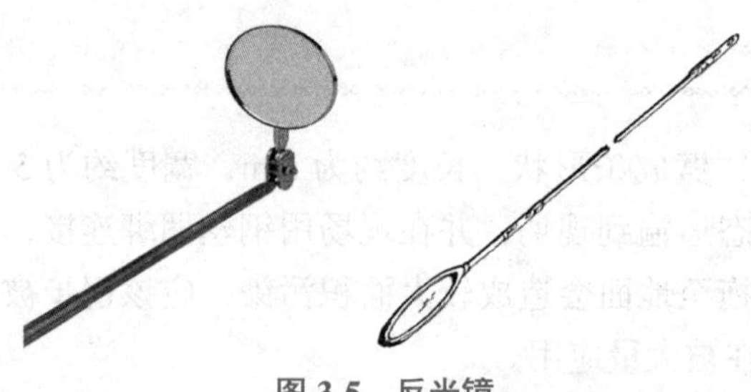

图 3-5　反光镜

3.2.3　量泥斗

量泥斗检测是通过检测检查井的淤泥深度来判断管道内部是否存在沉积，以此来判断管道功能是否存在异常。量泥斗在上海应用大约始于20世纪50年代，适用于检查稀薄的污泥。量泥斗主要由操作手柄、小漏斗组成；漏斗滤水小口的孔径大约为3 mm，过小来不及漏水，过大会使污泥流失；漏斗上口距离管底的高度依次为5、7.5、10、12.5、15、17.5、20、22.5、25（cm），如图3-6所示。量泥斗按照使用部位可分为直杆形和Z形两种。前者用于检查井积泥检测；后者用于管道内积泥检测；Z形量斗的圆钢被弯折成Z形，其水平段伸入管道内的长度约为50 cm；使用时漏斗上口应保持水平，如图3-7所示。

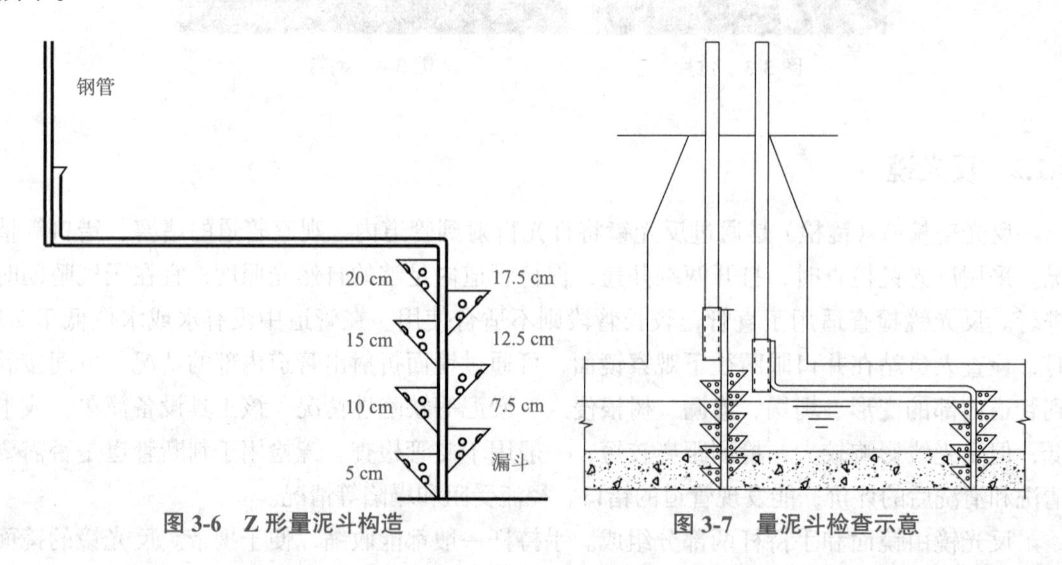

图 3-6　Z形量泥斗构造　　图 3-7　量泥斗检查示意

量泥杆实际上是普通材料的直形杆，前端削尖。它可以是一般竹杆，也可以是普通金属杆，只要有足够长度，满足井深要求即可。检查人员打开检查井盖，持量泥杆尽力将其插入井底，直到插不动为止，然后迅速抽取至地面上，再量取残留在杆端的淤泥痕迹高度，其高度即检查井积泥的大概深度。量泥杆在井内水位不高或无水时，其量测的深度数据较准确。

无论是量泥杆，还是量泥斗，在遇到下列情形时失效：

（1）坚硬异物、水泥浆块等底部板结等情形时，杆尖或斗头不能真正插至检查井或管道底部，测出来的积泥深度未必准确，只能供参考；

（2）淤积深度超过 25 cm 时，量泥斗测深高度不够；

（3）离开管口进去 50 cm 后的管道内部积泥深度是无法量测或量测范围很小，有很大的局限性；

（4）手柄长度不够，检查井过深，插不到底。

知识拓展

当采用量泥斗检测时，应符合下列规定：

（1）量泥斗用于检查井底或距离管口 500 mm 以内的管道内软性积泥量测；

（2）当使用 Z 形量泥斗检查管道时，应将全部泥斗伸入管口取样；

（3）量泥斗的取泥斗间隔宜为 25 mm，量测积泥深度的误差应小于 50 mm。

3.2.4 通沟牛

通沟牛多用于管道疏通养护，但在检测设备较简陋的情况下，也可用来初步判断管道通畅程度及是否存在塌陷等严重的结构损坏。其主要设备包括绞车、滑轮架和通沟球(环)。绞车可分为手动和机动两种，如图 3-8 ～图 3-10 所示。

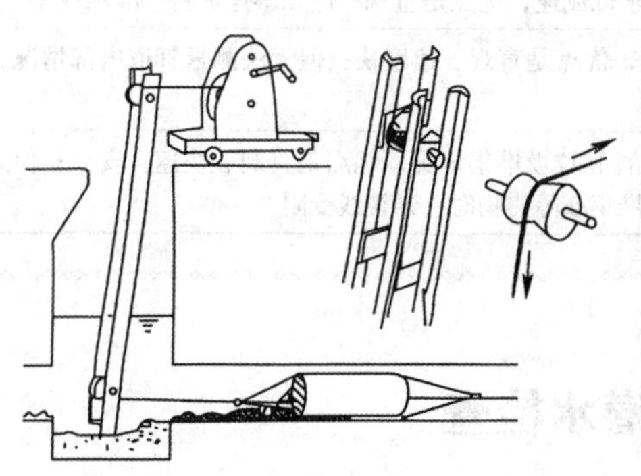

图 3-8 绞车、滑轮架和通沟环

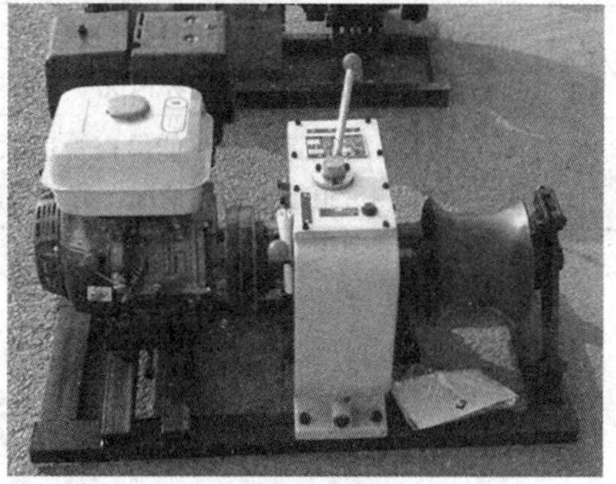

图 3-9 机动绞车

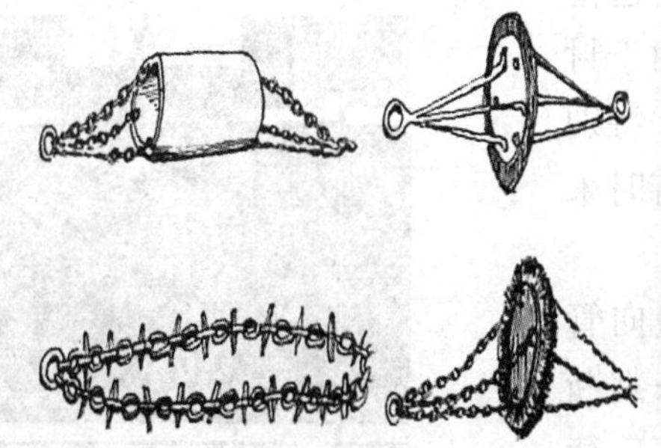

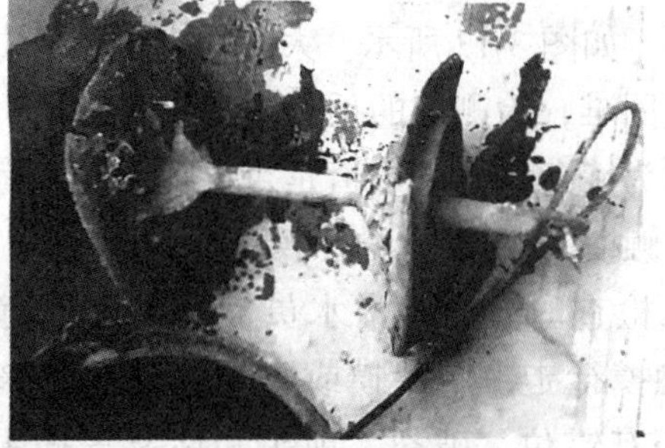

图 3-10 通沟环

用于管道疏通时，使用通沟球（环）在管道内来回移动，将淤泥清理至检查井，然后将淤泥捞出送至垃圾填埋场。用于检查管道时，通过更换不同尺寸的通沟球（环）在管道内来回移动的通畅程度来判断淤泥量、管道存在的变形程度或其他严重的结构缺陷。

3.2.5 激光笔

激光笔是利用激光穿透性强的特点，在一端检查井内沿管道射出光线，另一端检查井内能否接收到激光灯，可以检查管道内部的通透性情况，如图 3-11 所示。激光笔适用于中小型管道、大型及大型以上管道简单检测，当采用激光笔检测，管道内水位不宜超过管径的 1/3。该工具可定性检查管道严重沉积、塌陷、错口等堵塞性的缺陷。

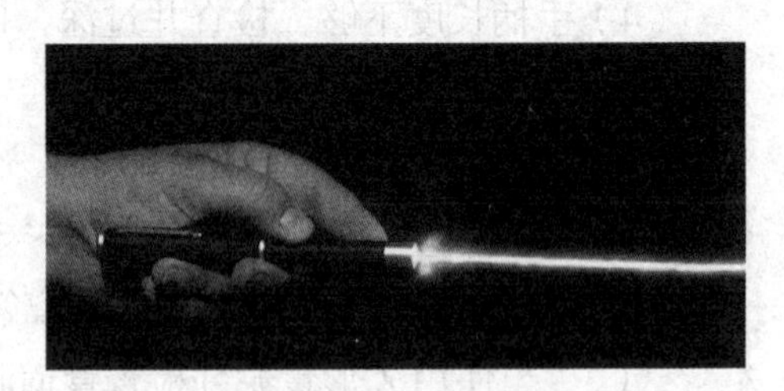

图 3-11 激光笔

知识拓展

排水管道传统检测方法及特点

检测方法	适用范围和局限性
人员进入管道检查	管径较大、管内无水、通风良好，优点是直观，且能精确测量；但检测条件较苛刻，安全性差
潜水员进入管道检查	管径较大，管内有水，且要求低流速，优点是直观；但无影像资料、准确性差
量泥杆（斗）法	检测井和管道口处淤积情况，优点是直观、速度快；但无法测量管道内部情况，无法检测管道结构损坏情况
反光镜法	管内无水，仅能检查管道顺直和垃圾堆集情况，优点是直观、快速，安全；但无法检测管道结构损坏情况，有垃圾堆集或障碍物时，则视线受阻

3.3 潜水检查

潜水检查是针对大管径排水管渠，为进行查勘排水管渠的情况而在携带或不携带专业工具的情况下，由潜水员潜入管道内部进行管道检查的活动，如图 3-12 所示。大管径排水管道由于封堵、导流困难，检测前的预处理工作难度大，特别是满水时为了急于了解管道是否出现问题，有时采用潜水员触摸的方式进行检测。

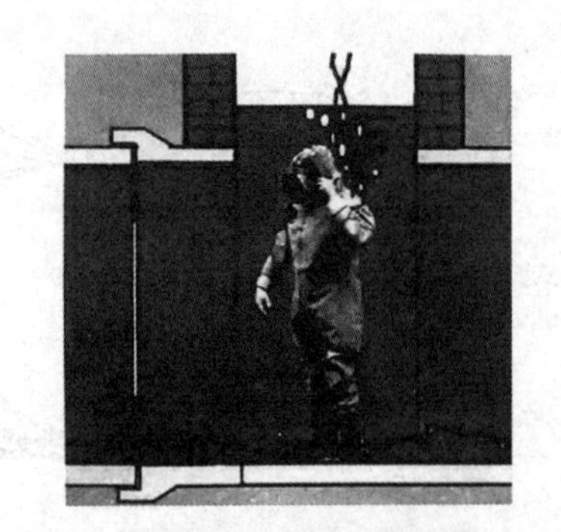

图 3-12 潜水检查示意

潜水检查时，通常潜水员需要沿着管壁向管道深处触摸行走，用手摸或脚触管道内壁来判断管道是否有错位、破裂、坝头和堵塞等病害，待返回地面后，凭记忆再向相关人员进行汇报检查

的结果。这种方法具有一定的盲目性，不但费用高，人员安全危险大，而且潜水员主观判断影响较大，无法有效对管道内的状况进行正确、系统地评估，无法满足排水管道的检测需要。

根据《城镇排水管渠与泵站运行、维护及安全技术规程》（CJJ 68—2016）规定，潜水检查应符合以下规定：

（1）潜水检查的管渠管径或渠内高度不得小于 1 200 mm，流速不得大于 0.5 m/s。

（2）从事管渠潜水检查作业的潜水员应经专门安全作业培训，取得相应资格，方可上岗作业。

（3）潜水员应实时向地面报告检查情况，并由地面记录员当场记录。

管渠潜水检查属于对操作者本人健康等的安全可能造成重大危害的作业，所以凡从事潜水作业的单位和潜水员必须具备特种作业资质证明。

潜水员可采用信号绳、信号发射器等方法记录位置及情况。潜水员发现问题应及时向地面汇报并当场记录，避免细节的遗漏，实时了解情况，有利于地面人员的指挥。

3.3.1 潜水装备

排水行业用的潜水装具与深海救捞行业的有所不同，通常有通风式重潜水装具和浅潜水装具两种。前者适用于 45 m 内水深作业；后者只能适合水深在 12 m 内的水下作业。

1. 通风式重潜水装具

如图 3-13 所示，通风式重潜水装具具有厚实、笨拙、适应高水压等特点，在排水行业使用较少。使用通风式重潜水装具在水中工作时必须脚踏水底或实物，或手抓缆索，不能悬浮工作，由于放漂在水底因潜水服中气体过多，失去控制而突然急速上升（俗称“放漂”）的危险性大，因此通风式重潜水装具已逐渐被轻装式取代。

图 3-13 通风式重潜水装具

1—潜水头盔；2—潜水服；3—潜水鞋；4—压铅；5—腰节阀；6、7—潜水胶管；8—对讲电话；9—电话附件；10—手箍；11、12—供气泵

通风式重潜水装具主要包括潜水头盔 1、潜水服 2（一般有特号、大号、中号三种规格）、

压铅4、潜水鞋3、潜水胶管6、7（不同长度3根）、全毛毛线保暖服、全毛毛线保暖袜、全毛毛线保暖手套、全毛毛线保暖帽、腰节阀、手箍10（大、中、小三种规格）、对讲电话8及其附件9、机动供气泵、电动供气泵、潜水刀、潜水计时器及水下照明灯等。

2. 浅潜水装具

浅潜水装具又称作轻装式潜水装具，是城市排水管道、检查井封堵、检测和清捞的常用装具。如图3-14所示，浅潜水装具与重潜水装具不同，其帽子、衣服、裤子和靴子连成一体，背后装有水密拉链，穿着方便，密封性能好，在潜水服内还可加穿着保暖内衣，使保暖性能更加优良，尤其适合水温较低的各种潜水作业。与供氧系统配套使用，安装极其简单。在排水管道有限的空间里，潜水员水下行动灵活，特别适合城市排水行业。

图3-14　浅潜水装具

1—潜水服；2—呼吸器；3—潜水胶管；4—腰节阀；5—压铅；6—潜水长胶管；7—对讲电话；8—通信电缆；9—手箍；10—机动供气泵；11—电动供气泵

浅潜水装具主要包括潜水服1、呼吸器2、潜水胶管3、腰节阀4、压铅5、对讲电话7、通信电缆8、手箍9、机动供气泵10及电动供气泵11等。

3.3.2　检查作业内容

潜水检测作业必须以作业组为单位，单组潜水作业应由4人组成，并备有全套应急潜水装具和救助潜水员。双组潜水作业可由8人组成，但不得少于7人。外出潜水作业必须具备两组同时潜水的作业能力。潜水员、信绳员、电话员、收放潜水胶管员（扯管员）必须由正式潜水作业人员操作，严禁他人代替。

1. 准备工作

（1）每次潜水作业前，潜水员必须明确了解自己的潜水深度、流速、水温及管道内的淤积情况，并认真填写在潜水日志中。

（2）根据水下作业内容和工作量，结合作业现场管道内的淤积情况，认真分析潜水作业中可能遇到的各种情况，制订潜水作业方案和应急安全保障措施。

（3）对现场所使用潜水空压机、潜水服、水下对讲机及安装使用的气囊，做使用前调试和检查，检验至使用设备性能优良为准。

（4）潜水前，须在潜水工作四周设防护栏装置，夜间作业应悬挂信号灯，并有足够的工作照明。

（5）潜水员在潜水前必须扣好安全信号绳，并向信绳员讲清楚操作方法和注意事项。

（6）在潜水作业前，须对潜水员进行体格检查，并仔细询问饮食、睡眠、情绪、体力等情况。

2. 安装气囊封堵

进行潜水检测时，为了人员的绝对安全，必须先要采用橡胶气囊对被检查管段的上下都要进行封堵，以防止突然的水流变化。气囊封堵一般按照以下流程进行：

（1）连接好三相电源，调试空压机，检查空压机气压表至正常气压。

（2）医用氧气瓶装氧气表和气管并与空压机连接好作为应急气源使用。

（3）潜水员穿好潜水装备，调好对讲系统，进入管道做第一次水下探摸，并检查管道内是否有杂物毛刺，并做清理至符合气囊安装条件。

（4）检查气囊表面是否干净，有无附着污物，是否完好无损，充少量气检查配件及气囊有无漏气的地方。确定正常方可进入管道内进行封堵作业。

（5）管道的检查：封堵前应先检查管道的内壁是否平整光滑，有无凸出的毛刺、玻璃、石子等尖锐物，如有立即清除掉，以免刺破气囊，气囊放入管道后应水平摆放，不要扭转摆放，以免窝住气体打爆气囊。

（6）做气囊配件连接及漏气检查：首先对管道堵水气囊附属充气配件进行连接，连接完毕后做工具检查是否有泄漏处。将管道堵水气囊伸展开，用附属配件连接进行充气，充气充到基本饱满为止，当压力表指针达到 0.03 MPa 时，关掉止气阀，用肥皂水均匀涂在气囊表面，观察是否有漏气的地方。

（7）将连接好的管道堵水气囊里面的空气排出，竖着卷动，通过检查口放入，达到指定位置后，即可通过胶管向气囊充气，充气至规定的使用压力即可。充气时应保持气囊内压力均匀，充气时应缓慢充气，压力表上升有无变化，如压力表快速上升说明充气过快，此时应放慢充气速度，将止气阀稍微拧紧，以减轻进气速度，否则速度过快，迅速超过压力易打爆气囊。

3. 潜水员进入管内检测

在封堵工作完成后，按下列步骤开展检测工作：

（1）穿戴潜水服和负重压铅，拴住安全信号绳并通气做呼吸检查，调试通信装置使之畅通。

（2）缓慢下井，潜水员一般从上游检查井进入管道开始检查，顺坡缓慢行走，与地面电话员保持联系，将手摸到的和脚触到的情况随时报告给地面电话员。当电话发生故障时，可用安全（信号）绳联络。当电话和信号绳均发生故障时，可用供气管联络，并应立即出水。潜水员必须严格执行地面电话员的指令。遇有险情或故障，应立即通知地面电话员，同时保持镇静，设法自救或等待地面派潜水员协作解救。

（3）潜水员在水下工作时，必须注意保持潜水装具内的空气，始终保持上身（髋骨以上）高于下身（髋骨以下），防止发生串气放漂事故；潜水员水下作业应佩带潜水工作刀，

在深水中作业应尽可能配备水上或水下照明设备。

（4）作业水深超过 12 m，潜水员上升必须按减压规程进行水下减压。水深不足 12 m，但劳动强度大或工作时间长，也应参照减压标准进行水下减压。

3.3.3 注意事项

排水管渠潜水检测工作是一项极其危险的工作，保护好潜水检测人员的生命安全至关重要。在检测过程中应该注意以下事项：

（1）潜水供气胶管可根据作业环境选择漂浮式或重型胶管。排水管道检测中，应采取飘浮式胶管，但在水较深、流速较大的管道内作业时宜采取重型胶管。

（2）潜水装备应建立保管、使用档案。潜水服、潜水头盔、供气胶管要定期检查和清洗消毒，凡达不到安全强度要求的应报废停用。

（3）施工现场三相电源必须正常，有专人负责。

（4）潜水员水下工作时，供氧设备必须有专人看护管理。

（5）在现场的供氧设备上连接另一套应急供氧设备。

（6）现场施工过程中现场负责人必须全程监管。

知识拓展

当遇下列情形之一时，应中止潜水检查并立即出水回到地面：

（1）遭遇障碍或管道变形难以通过；

（2）流速突然加快或水位突然升高；

（3）潜水检查员身体突然感觉不适；

（4）潜水检查员接地面指挥员或信绳员停止作业的警报信号。

3.4 无压管道严密性检测

无压管道严密性检测是指通过用水、气、烟等介质采取各种方法的试验来检查管道或检查井的除正常开口外的结构密闭性能，通常也称作密闭试验，有闭水试验、闭气试验和烟雾试验三种。其中，闭水试验常作为敷设新管和修复旧管质量控制与验收环节必不可少的内容，是衡量管道建设质量的最重要指标，是施工质量验收的主控项目，具有“一票否决”的功效。闭气试验虽然已写入行业的有关规程，但还未得到广泛使用。

3.4.1 闭水试验

1. 基本原理

闭水试验是传统管道密闭性测试的重要方法之一，通过向相对密闭环境下的管道内注

水，测定单位时间下水量的损失来判断管道密闭性是否良好的一种方法。其适用范围包括污水管道、雨污水合流管道、倒虹吸管、设计要求闭水的其他排水管道。

试验最小单元可以根据工程设计文件确定，也可以是单个检查井、不含检查井的管段、含检查井的管段、单个接口等。

闭水试验可分为节水式闭水试验（图 3-15）和常规式闭水试验（图 3-16）两种。节水式通常应用在接口处的严密性试验。

图 3-15　节水式闭水试验

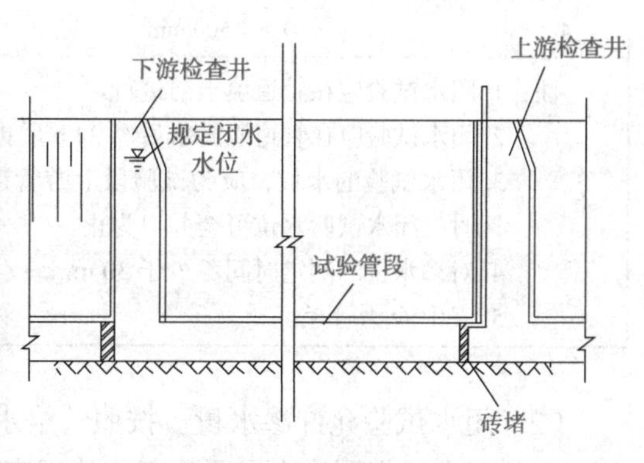

图 3-16　常规式闭水试验

2. 试验设备及工具

（1）大功率潜水泵、胶管（要用于闭水试验时抽水用）2 台；

（2）标尺（主要用于观察灌水时水位变化情况）1 个；

（3）刻度尺；

（4）水位测针（由针体和针头两部分构成）；

（5）百分表；

（6）水表；

（7）堵水气囊；

（8）水箱（1 m^3）。

3. 试验过程

常规式闭水试验是我国普遍采用的方式，其试验过程通常如下：

（1）准备工作：将检查井内清理干净，修补井内外的缺陷；设置水位观测标尺，标定水位测针；安置现场测定蒸发量的设备；灌水的水源应采用清水，并做好灌水。

（2）封堵：以两个检查井区间为一个试验段，试验时将上、下游检查井的排入、排出管口严密封闭。管道两端封堵承载力经核算大于水压力的合力。除预留进出水管外，应封堵坚固，不得渗水。

（3）注水：由上游检查井注水。半湿性土壤试验水位为上游检查井井盖处，干燥性土壤试验水位为上游检查中内管顶的 4 m 处。

（4）试验：试验时间为 30 min，测定注入的水的损失量为渗出量。

4. 试验检验

（1）闭水试验检验频率。闭水试验检验频率详见表 3-5。

表 3-5　闭水试验检验频率

<table>
<tr><th rowspan="2">序号</th><th rowspan="2" colspan="2">项目</th><th colspan="2">检验频率</th><th rowspan="2">检验方法</th></tr>
<tr><th>范围</th><th>点数</th></tr>
<tr><td>1</td><td colspan="2">倒虹吸管</td><td>每个井段</td><td>1</td><td>灌水</td></tr>
<tr><td>2</td><td rowspan="3">其他管道</td><td>D < 700 mm</td><td>每个井段</td><td>1</td><td rowspan="3">计算渗水量</td></tr>
<tr><td>3</td><td>700 ≤ D < 1 500 mm</td><td>每 3 个井段抽验 1 段</td><td>1</td></tr>
<tr><td>4</td><td>D > 1 500 mm</td><td>每 3 个井段抽验 1 段</td><td>1</td></tr>
<tr><td colspan="6">注：1. 闭水试验应在管道填土前进行。
2. 闭水试验应在管道灌满水后经 24 h 后再进行。
3. 闭水试验的水位，应为试验段上游管道内顶以上 2 m。如上游管内顶至检查口高度小于 2 m 时，闭水试验水位可至井口为止。
4. 对渗水量的测定时间不少于 30 min。
5. 表中 D 为管径</td></tr>
</table>

（2）闭水试验允许渗水量。按照《给水排水管道工程施工及验收规范》（GB 50268—2019）的要求，实测渗水量要小于或等于表 3-6 规定的允许渗水量。

表 3-6　无压混凝土或钢筋混凝土管道闭水实验允许渗水量

管径 /mm	允许渗水量 /［$m^3\cdot(24\ h\cdot km)^{-1}$］	管径 /mm	允许渗水量 /［$m^3\cdot(24\ h\cdot km)^{-1}$］
200	17.60	1 200	43.30
300	21.62	1 300	45.00
400	25.00	1 400	46.70
500	27.95	1 500	48.40
600	30.60	1 600	50.00
700	33.00	1 700	51.50
800	35.35	1 800	53.00
900	37.50	1 900	54.48
1 000	39.52	2 000	55.90
1 100	41.45		

当管道直径大于表 3-6 时，实测渗水量应该小于或等于按下列公式计算的允许渗水量：

$$q = 1.25\sqrt{D_i} \tag{3-1}$$

异形截面管道的允许渗水量按照周长折合成圆形管道计算。

化学管材管道的实测渗水量应该小于或等于按下列公式计算的允许渗水量：

$$q = 0.004\,6D_i \tag{3-2}$$

式中　q——允许渗水量［$m^3/(24\ h\cdot km)$］；

D_i——管道直径（mm）。

3.4.2 闭气试验

1. 基本原理

闭气试验与闭水试验类似，也是管道或检查井密闭性测试的方法之一。闭气试验适用于混凝土类的无压管道在回填土前进行的严密性试验，可用于整个管段、单一接口或检查井的严密性检测。其测试速度快，操作简单，将成为未来主流的管道密闭性测试方法。它的基本原理是根据不同管径的规定闭气时间，测定并记录管道内或检查井内单位压力下降所需要的时间，如果该时间不低于规定时间，则说明管道及检查井密闭性良好。

2. 管段闭气检测

在欧美发达国家，以相邻两检查井之间整段管作为一整体来实施闭气试验（图 3-17），是敷设新管质量检查必不可少的环节。它具有闭水试验无可比拟的优势，大量节约自来水资源，解决了闭水试验后水的出处，作业效率高，时间快。我国近些年也开始推广这一方法，并已经出台了有关技术标准。但闭气试验也存在弱点，在未覆土前进行试验时，漏点定位较困难，不像闭水试验反映出水渍那么明显。

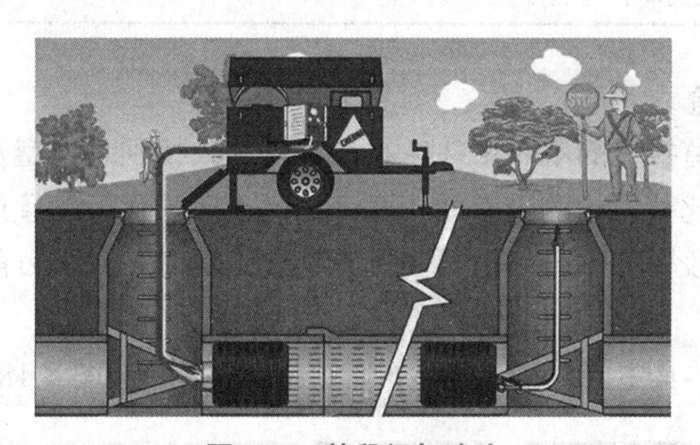

图 3-17　管段闭气试验

闭气试验的操作流程有如下步骤：

（1）对闭气试验的排水管道两端与气囊接触部分的内壁应进行处理，使其清洁光滑。

（2）分别将气囊安装在管道两端，每端接上压力表和充气嘴。

（3）用空气压缩机给气囊充气，加压至 0.15 ～ 0.2 MPa，将管道密封，用喷洒发泡液检查气囊的密封情况并处理。

（4）用空气压缩机向管道内充气至 3 000 Pa，关闭气阀，使气压趋于稳定。

（5）用喷雾器喷洒发泡液检查管堵对管口的密封情况，管堵对管口完全密封后，观察管体内的气压。

（6）管体内气压从 3 000 Pa 降至 2 000 Pa 历时不少于 5 min，即可认为稳定。气压下降较快时，可适当充气。下降太慢时，可适当放气。

（7）根据不同管径的规定闭气时间，测定并记录管道内气压从 2 000 Pa 下降后的压力表读数，记录下降到 1 500 Pa 时所需要的时间。

按照《给水排水管道工程施工及验收规范》（GB 50268—2019）的要求，管道内气压从 2 000 Pa 下降到 1 500 Pa 为闭气试验的单位压降标准。若气压下降 500 Pa 所用时间长于表 3-7 的规定，则为合格。

表 3-7　混凝土或钢筋混凝土管道闭气实验检测标准

<table>
<tr><th rowspan="2">管径 /mm</th><th colspan="2">管道内压力 /Pa</th><th rowspan="2">规定闭气时间</th></tr>
<tr><th>起点</th><th>终点</th></tr>
<tr><td>300</td><td rowspan="10">2 000</td><td rowspan="10">≥ 1 500</td><td>1′45″</td></tr>
<tr><td>400</td><td>2′30″</td></tr>
<tr><td>500</td><td>3′15″</td></tr>
<tr><td>600</td><td>4′45″</td></tr>
<tr><td>700</td><td>6′15″</td></tr>
<tr><td>800</td><td>7′15″</td></tr>
<tr><td>900</td><td>8′30″</td></tr>
<tr><td>1 000</td><td>10′30″</td></tr>
<tr><td>1 100</td><td>12′15″</td></tr>
<tr><td>1 200</td><td>15′00″</td></tr>
<tr><td colspan="4">注：闭气试验以管段为单位进行</td></tr>
</table>

3. 接口处闭气试验

在整段管中，管道接口的不严密往往是最常见的，特别是大型及大型以上管道，对每个接口进行逐一检测比整段检测更有效。对于已覆土或已运行的管道，可以排查出哪个接口的问题，而不必整段做完不合格后再去排查，费工费时。我国目前还没有针对接口检测的标准。

接口检测的主要器具主要包括双气囊式管道接口检测器（图 3-18）、空气压缩机等。

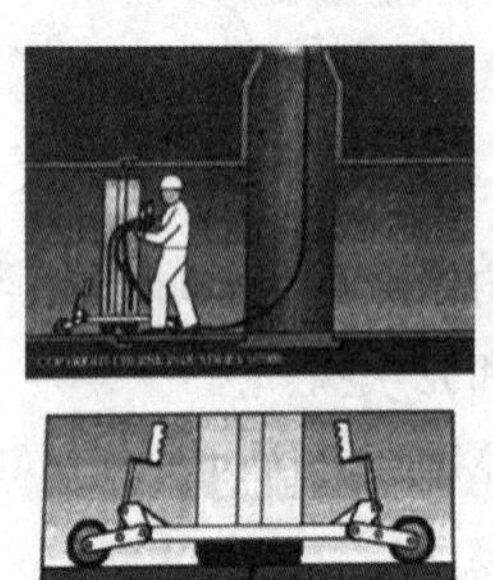

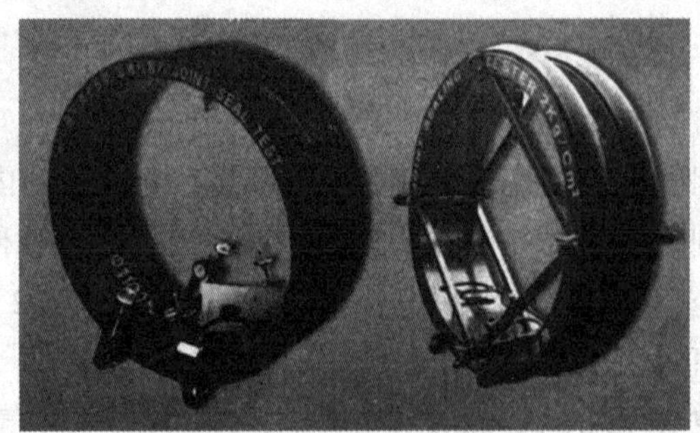

图 3-18　双气囊式管道接口检测器

接口处闭气试验的基本原理如图 3-19 所示。其操作步骤如下：

（1）实施通风、降水等措施，为人员进管提供前提条件；

（2）清理接口周围敷在管壁上泥沙等脏物，使表面光滑；

（3）按照被测管径大小选择合适检测器具，运至检查井内安装；

（4）推送检测器至管道接口处进行充

图 3-19　接口闭气试验

气，根据管径的不同，充气到相应的压力数值后，停止充气，再测定下降到有关标准规定的压力所需的时间，做出是否合格的评定。

3.4.3 烟雾试验

烟雾试验（Sewer Smoke Test）是向封闭的管路中送入烟雾，通过烟雾的行踪，找出管道运行中存在问题的检测方法。烟雾试验原理如图 3-20 所示，在检查井井口处送烟，当该烟雾从管道内的裂隙及浸水部位冒出达到地表时，即可确认该管路有异常，管道出现破裂或渗漏。

做烟雾试验除要准备烟雾发生器外，还要准备用于送气的井盖型专用鼓风机等配套设备（图 3-21）。烟雾发生器是钢瓶装的专用烟雾生成器，也可用普通拉环式烟雾弹来代替（图 3-22）。

图 3-20 烟雾试验原理

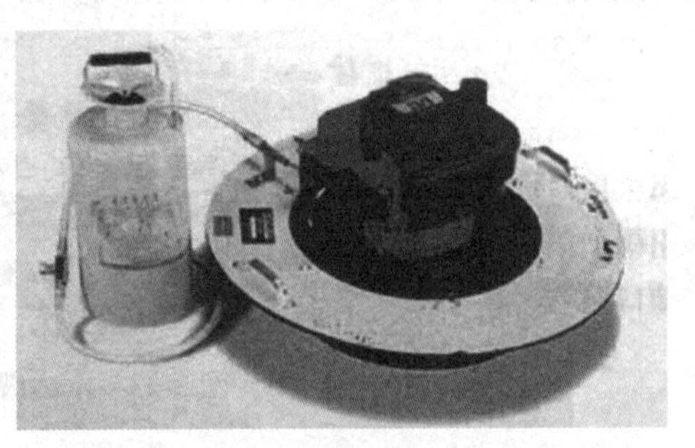

图 3-21 烟雾剂和鼓风机

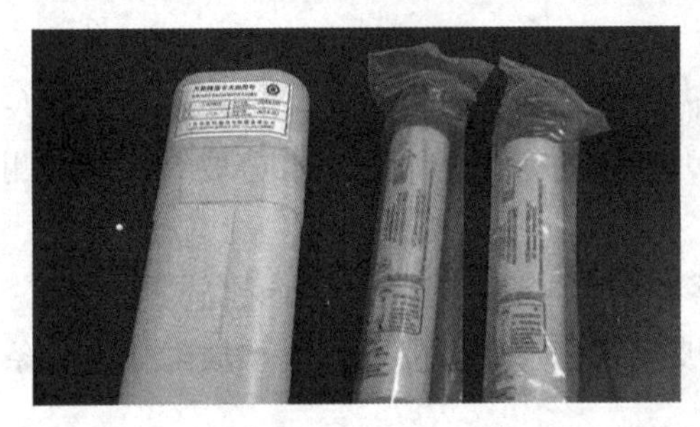

图 3-22 普通拉环式烟雾弹

烟雾试验首先要明确检测的目的及范围，封堵住投放烟雾检查井内的非检测区域的管路，根据管径大小，控制好烟量，路面保持有足够数量的观察员，发现烟雾溢出应及时定位，有条件的地方需要做好标记。若使用普通烟雾弹投掷进检查井，操作人员应该佩戴具有活性炭过滤功能的口罩及劳动防护眼镜。烟雾试验一般能发现下列缺陷或问题：

（1）主管或支管破裂；

（2）检查井损坏；

（3）管道堵塞未疏通；

（4）雨、污管道混接；

（5）不合法的接入。

3.5 水力坡降试验

水力坡度又称比降（Water Surface Slope or Gradient），是指重力流水面单位距离的落差，常用百分比、千分比等比率表示。如管道上 A、B 两点的距离为 1 km，B 点的水位比 A 点高 2 m，则水力坡度为 2/1000。

排水管道的水力坡降试验是通过对实际水面坡降的测量和分析来检查管道运行状况的一种非常有效的方法，也称为抽水试验。试验前需先通过查阅或实测的方法获得每座检查井的地面高程，液面高程则在现场由地面高程减去液面离地面的深度得出，各测点每次必须在同一时间读数。

在外业测量结束后，绘制成果图，图上应绘制地面坡降线、管底坡降线及数条不同时间的液面坡降线。在正常情况下，管道的液面坡降和管底的坡降应基本保持一致，如在某一管段出现突变，则表示该处水头损失异常，可能存在瓶颈、倒坡、堵塞或未拆除干净的堵头（图 3-23）。

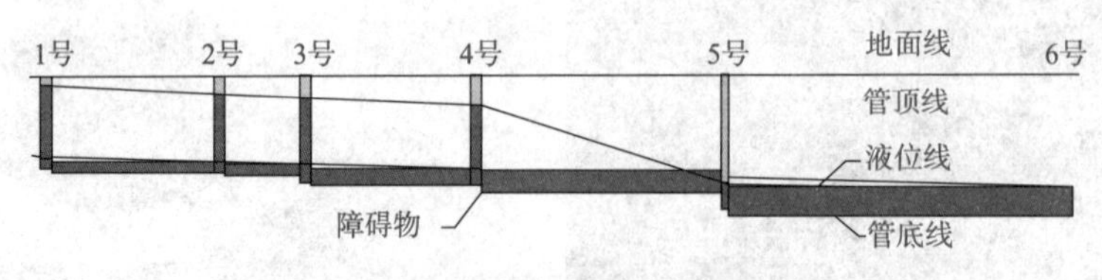

图 3-23　水力坡降图（抽水试验）

水力坡降试验的主要内容如下：

（1）水力坡降检查前，应查明管道的管径、管底高程、地面高程和窨井之间的距离等基础资料。

（2）水力坡降检测应选择在低水位时进行。泵站抽水范围内的管道，也可以从泵前的静止水位开始，分别测出开泵后不同时间水力降线的变化；同一条水力坡线的各个测点必须在同一时间测得。

（3）测量结果应绘制成水力坡降图，坡降图的竖向比例应大于横向比例。

（4）水力坡降图中主要要素应包括地面坡降线、管底坡降线、管顶坡降线及一条或数条不同时间的水面坡降线。

课后习题

一、填空题

1. 地面巡视的内容包括________、________、________、________、________。

2. 地面巡视工作常分为________、________、________三类。

3. 根据《城镇排水管道检测与评估技术规程》（CJJ 181—2012）规定，对人员进入管内检查的管道，管径不得小于________，管内流速不得大于________，水深不得大于________。

4. 简易工具包括________、________、________、________、________、________等。

5. 竹片（玻璃钢竹片）检查或疏通适用于管径________且管顶距离地面不超过________的管道。

二、判断题

1. 反光镜检查一般满足管内无水或水位低于管道 2/3。（　　）

2. 当采用激光笔检测，管内水位不宜超过管径的 1/3。（　　）

3. 量泥斗的取泥斗间隔宜为 25 mm，量测积泥深度的误差应小于 30 mm。（　　）

4. 潜水检查的管渠管径或渠内高不得小于 1 200 mm，流速不得大于 0.5 m/s。（　　）

5. 作业水深超过 10 m，潜水员上升必须按减压规程进行水下减压。（　　）

三、简答题

1. 简述简易器具检查种类及适用范围。

2. 量泥杆在哪些情形会失效？

3. 简述气囊封堵的流程。

项目 4

排水管道检测机器人检测

知识目标

1. 了解排水管道检测机器人检测的原理。
2. 熟悉排水管道检测机器人检测的仪器和工具。
3. 掌握排水管道检测机器人规范安装和操作。
4. 掌握排水管道检测的流程。
5. 掌握排水管道检测影像判读的方法。

技能目标

1. 具备排水管道检测机器人安装与操作的能力。
2. 具备应用检测机器人进行排水管道检测的能力。
3. 具备排水管道 CCTV 检测影像判读的能力。

素质目标

1. 遵守相关法律法规、标准和管理规定，具备观察、分析和判断的能力。
2. 具有严谨的工作作风和科学的工作态度。
3. 较强的责任心和吃苦耐劳的品质。
4. 具有良好的组织协调能力和团队协作的意识。

案例导入

中国第一台排水管道检测仪诞生

排水管道检测机器人是国际上用于管道状况检测最为先进和有效的手段。其开始于 20 世纪 50 年代，成熟于 80 年代，20 世纪 90 年代进入中国。

2003 年，一套视频管道检测系统 COMPACT 152 运抵上海，并送达中国电子科技集团第五十所供设计参考。该样机的到来，给了开发人员直观且近距离感受视频管道检测系统的

机会。经过一段时间的试验、测试及管道检测现场的应用试验，项目组成员对视频检测系统的组成、功能、性能特点、系统要实现的检测目标等有了初步的了解。在这个基础上，经过过半年时间，项目组研制出了两套样机，并成功地进行了验收演示。在样机的开发过程中，五十所成功地解决了爬行器行进遇阻时，电机的过载保护；实现了爬行器的额定通过能力及动态行进过程中的防水能力；满足了产品的可靠性及可维修性的统一，并最终形成了颇具特色的设计技术规范和验收技术标准，该产品于 2004 年以 LD300 为型号推向市场。

排水管道检测机器人（Closed Circuit Television，CCTV）是利用先进的管道内窥电视检测系统，对管道内的锈层、结垢、腐蚀、穿孔、裂纹等状况进行探测和摄像，实时显示、记录管道内的状况，并存储高清检测视频，快速抓取缺陷图片，从而将地下隐蔽管线变为在计算机上可见的内部录像，由此判断管道内部情况，并能获取管道全景三维模型并输出。其检测成果方便保存，有可追溯性，且能够与 GIS 系统进行数据交换，其应用最为普遍，且有统一的技术标准。可满足当今城市化、现代化、信息化管理的要求，为数字城市的建设添砖加瓦（图 4-1、图 4-2）。

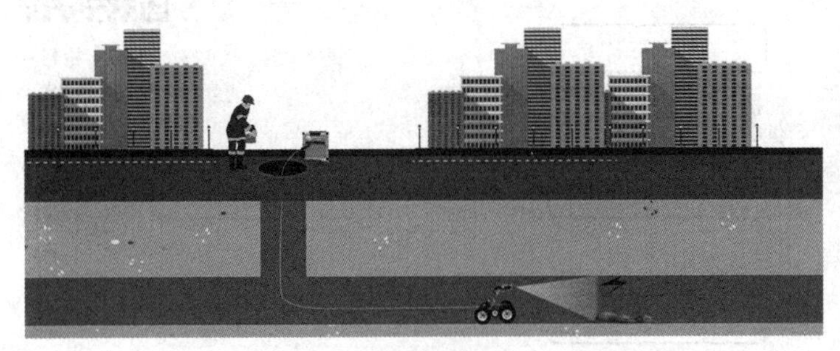

图 4-1　排水管道检测机器人工作示意

图 4-2　排水管道检测机器人工作场景

4.1　检测机器人检测原理

排水管道检测机器人采用轮式行进方式，通过机器人搭载图像采集装置代替人工进入管道内部进行检测，采集清晰的管道内部图像，为管道检测评估提供专业的检测数据，对下水道、排水沟和管道内部状况的非破坏性评估，因此也称为轮式管道检测机器人。

排水管道检测机器人采用的是闭路电视检测系统（Closed Circuit Television，CCTV）进行管道内图像数据采集，经过有线或无线的方式将图像信号传送到相关的显示设备上进行观察分析，因此又称为 CCTV 检测机器人。CCTV 检测已应用于不同的检测领域，包括排水管渠检测、工业管道检测、汽车、灾害救援等场景，是目前已经成为应用最普遍、技术最成熟、检测最高效的排水管道检测方法。图 4-3 所示为轮式管道检测机器人。

图 4-3　轮式管道检测机器人

CCTV 检测系统一般包含前端设备、通信系统、控制终端三个主要部分。图 4-4 所示为常见的轮式管道检测机器人数据传输系统组成图。

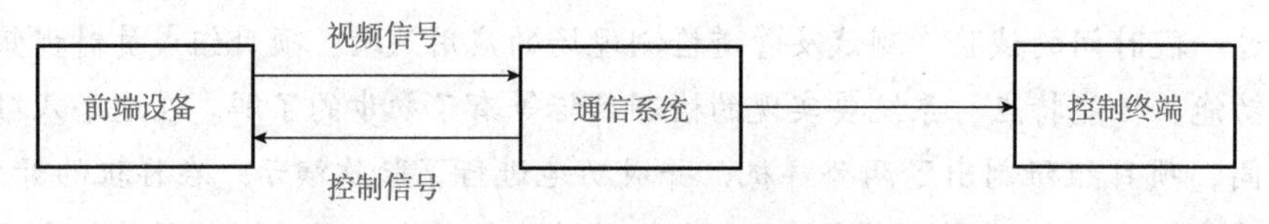

图 4-4　数据传输系统组成

（1）前端设备包括云台摄像机、机器人车体、线缆卷盘。

（2）通信系统接收所有的视频信号，并显示在控制终端上，同时接收控制终端的控制命令并下发到前端设备。

（3）控制终端可以控制云台的上下左右转动，镜头光圈、聚焦和变焦的改变，机器人前进后退，升降平台升降，并储存视频，同时可以查看已经记录的视频等。图 4-5 所示为连接方框图。

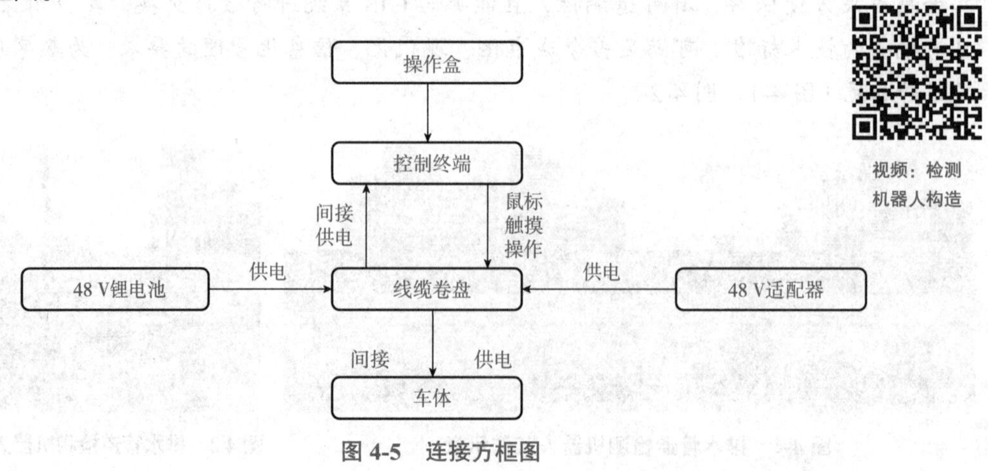

视频：检测机器人构造

图 4-5　连接方框图

4.2　检测机器人构造

4.2.1　检测机器人本体

检测机器人是将 CCTV 技术应用于管道检测中的专用检测设备，一般由检测机器人本体（又称爬行器）、线缆卷盘、控制终端三个主要部分构成。爬行器与线缆卷盘通过线缆进行连接，控制终端通过线缆卷盘控制检测机器人在管道内进行检测。运用检测机器人对管道内部进行检测，类似医院的胃镜检测，可以获取相对于传统人工检测而言，更为清晰的管道内部图像，可准确判断管道内是否存在缺陷。操作人员在地面通过控制器操控管道检测机器人在管道内部行走，并控制摄像设备采集管道内部图像，图像通过线缆或 WiFi 无线网络传输到控制终端设备上，工作人员可清晰地查看管道内部情况，录取管道检测视频，并可截取缺陷图像。后期相关人员可通过获取的检测信息（视频、图像等）依据相关检测评估标准对管道情况进行综合评定，对出现问题的管道提出专业的修复、养护建议。

一般管网的管径范围为 *DN*100 ～ *DN*3 000 mm。目前市场上的排水管道检测机器人一般都可根据不同的管道管径大小，快速更换不同的轮组适应管径，如若遇到更大的管道则可通过增加增强底盘等方式满足管道检测的业务需求。表 4-1 所示是轮式管道检测机器人的主要功能特性。

表 4-1　轮式管道检测机器人主要功能特性

模块名称	项目	功能特性
爬行器	适用管径 /mm	*DN*100 ～ *DN*3 000
	防护等级	IP68，防尘、防水、防爆
	镜头旋转	360° 轴向旋转；270° 径向旋转；可一键复位，保持水平；一键环扫，一键 90°，3D 缺陷自动追踪
	镜头处理	加热除雾功能，防止设备在管道内由于起雾不能检测
	远、近灯照明	高亮 LED 冷白光源
	驱动	多电动机驱动，可差速控制，可前进后退
	爬坡能力	不小于 30°
	转向	可原地 360° 转向
	机身升降	电动升降架
	激光测量	平行激光束标定裂缝宽度
	外壳材料	防腐蚀、防氧化
线缆卷盘	搬运方式	设置万向轮和拉手，方便移动，前后设置提手，方便线缆卷盘的搬抬
	电池	内置大容量电池，续航时间 8 h 以上
	计米功能	计米传感器，精度 ±0.05 m
	线材性能	超强抗拉伸，防水、防油，耐磨和耐腐蚀
	线缆保护	伸缩式进口放线滑轮，防止刮花线缆
	结构防护	线缆卷盘防水等级 IP54
控制终端	人机控制方式	提供人工控制软件，最好可支持触控控制
	电池续航	至少续航 8 h
	外接接口	可插入 U 盘等外部存储设备
	Wi-Fi	具备 Wi-Fi 连接功能
	显示亮度 / $(\mathrm{cd\cdot m^{-2}})$	＞800
	屏幕尺寸 /in	10
	屏幕分辨率 / 像素	2 000 × 1 200
	屏幕像素密度 /PPI	225

检测机器人经过几十年的改进，设备技术水平不断升级，已经从原有的模拟摄像头提升为网络数字高清摄像头，灯光从寿命比较短的热光源灯组提升为寿命更长、能耗更低的 LED 冷光源灯组，通信线缆从一般的通信电线演变为专业的抗拉耐磨专用通信线缆，机身采用模块化设计，以提高设备的稳定性及维修的便捷性。

一般的爬行器主要包括车身、云台摄像机、LED 灯光模块、升降架（适应不同管径）

及不同尺寸的轮组。图 4-6 所示为一般爬行器结构示意。

图 4-6　一般爬行器结构示意

（1）高清云台摄像机：满足 360° 轴向旋转，同时具备一定角度的径向旋转，可以满足拍摄管道中各个角度的管道图像，尤其是在拍摄管道接口位置时，可以采集完整的接口位置图像，以提高检测数据的完整性，方便数据分析人员对管道状况进行准确评估。

（2）LED 灯光模块：一般包含前置远光灯组、近光灯组及后视灯组，可以保证云台拍摄时画面的清晰度，同时，也可以帮助地面控制人员控制机器人行走。

（3）升降架：根据相关检测标准，检测机器人在管道中进行检测时，云台位置应处于管道的中心位置，以保证检测视频获取完整的非失真的管道图像，为了满足这一要求，一般检测机器人会配备升降机构，从而可以将云台根据不同管径的大小调整到管道的中心位置。

（4）机器人底盘：一般包含电动机、控制电路系统、信号处理系统等，是机器人的核心部分，目前的检测机器人一般配备了多个电动机组，支持差速控制，既能满足机器人前进后退的行走需求，也可以满足机器人原地转弯等特殊操作需求。

（5）轮组：由于不同的管道其管径大小不同，所以需要检测时根据不同的管径大小采用不同的轮组，以满足检测的需求。目前检测机器人一般配备了多种尺寸的轮组，并采用快拆设计，保证更换方便。

4.2.2　线缆卷盘

线缆卷盘作为机器人与控制器连接的桥梁具有重要的作用。目前，线缆卷盘一般由线缆、计米器、收放线控制系统、电源系统、通信系统等组成。一般线缆卷盘采用的线缆是抗腐蚀、抗拉材质的特殊材质线缆，既能够满足传输信号、为机器人供电的需求，又能够在检测机器人遇到故障时将其拖拽回井口。缆卷盘通过配备计米器模块，可以准确计算出机器人在管道中行走的距离，从而能够准确定位缺陷所在的位置，同时，可以计算出管道的长度，方便工程量计算及项目验收。图 4-7 所示为常见线缆卷盘结构。

图 4-7　常见线缆卷盘结构

4.2.3 控制终端

视频：CCTV 机器人控制终端

控制终端可分为工业控制器和平板电脑两种，各有优点、缺点。工业控制器屏幕尺寸更大，亮度更高，在高温条件下工作更稳定，可以搭配无线操作盒使用。平板电脑更便携，一般采用无线连接，可以满足不同使用场景下控制方式的需求。

控制软件一般包含机器人行走控制、云台控制、视频采集及机器人相关状态信息显示。

4.3 排水管道检测机器人检测流程及方法

城市地下管网埋设于地面以下，由竖井与地面相通，除大直径的主管道外，大多数尺寸较小，环境潮湿，往往常年有水，流体成分复杂，多数会存有易燃易爆或有毒气体。虽然采用检测机器人进行检测能够极大地降低检测人员的危险，但为保障城镇排水管道检测施工现场安全生产、文明施工，预防安全生产事故发生，保障施工人员的安全和职业健康，须严格执行《城镇排水管渠与泵站运行、维护及安全技术规程》（CJJ 68—2016）、《城镇排水管道检测与非开挖修复安全文明施工规范》（T/CAS 587—2022，T/GDSTT 02—2022）中排水管道检测安全作业管理制度和作业规程。作业前，作业单位应按照国家和省有关标准、方法对计划实施检测与非开挖修复的城镇排水管道危险源进行辨识，对风险点进行定性定量评价，确定危险源的风险等级。且危险源辨识应贯穿城镇排水有限空间作业的全过程。

外业检测现场施工时，首先要注意道路交通安全及设置好安全保障，检查井内环境是否符合安全作业要求，如需要下井，则需要提前检测管道内气体浓度，如气体浓度超过安全界限，则需要采取通风等相关措施，以保证检测安全。严禁将设备置于超过 10 m 水深的环境场所检测，防止设备损坏。使用污浊设备时一定要戴手套并注意卫生，防止对皮肤造成伤害。要求在 –20 ～ 50 ℃范围以内使用设备，或者设备可以承受的温度范围内使用。必须严格禁止在检查点附近使用明火或吸烟，以避免任何火灾引发的爆炸和事故。检测机器人必须具有相关防爆认证，以防止发生意外爆炸事故。在进行检测时，需要事先制定检测流程，按照流程规范实施管道检测。

CCTV 检测设备存在的安全危险源及对应的防护措施见表 4-2。

表 4-2 CCTV 检测设备存在的安全危险源及对应的防护措施

设备种类	危险源	防护措施
管道闭路电视检测设备（CCTV）	线缆盘（车）滑动	固定线缆盘（车），放下线缆车移动轮的刹车
	放线、收线时线缆割伤手	在辅助放线及收线时务必戴上橡皮手套，防止线缆割伤手
	机器翻车损坏机器	检测完成后，回收机器时降低平台高度，防止机器重心太高容易造成机器翻车
	拉扯尾部线缆，引发机器故障	检测完成后，回收机器时应开启后视摄像头，随着机器后退速度缓慢回收线缆，严禁盲目、大力拉扯尾部线缆造成机器损坏

知识拓展

（1）《城镇排水管道检测与评估技术规程》（CJJ 181—2012）管道CCTV 检测的相关要求以二维码形式体现。

（2）《城镇排水管渠与泵站运行、维护及安全技术规程》（CJJ 68—2016）对排水管道检测安全作业管理制度和作业规程要求以二维码形式体现。

视频：有限空间操作规程

4.3.1 检测流程

CCTV 常规检测流程如图 4-8 所示，图中 d 表示管径尺寸。

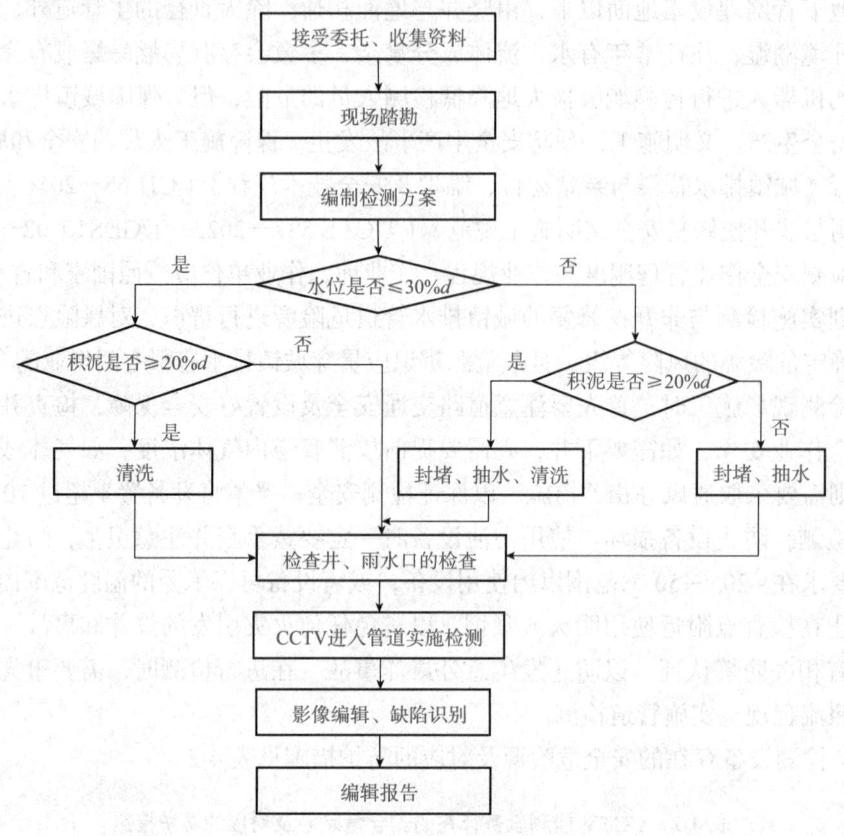

图 4-8 CCTV 常规检测流程

根据检测流程，采用轮式检测机器人对管道进行检测主要包含检测前准备工作、检测机器人操作、检测结果交付三个阶段。检测前需要进行资料收集、现场踏勘。

4.3.2 检测前准备

1. 检测计划制订及人员准备

（1）检测计划制订。CCTV 检测前，需要根据检测的任务、目的、范围和工期亟待检

测管道的概况制订详尽的检测计划，包括安全确认、封堵、疏通、清淤和排水，CCTV 检测实施。

（2）人员准备。检测人员需要配齐个人防护装备，并且需要经过系统化的培训，能够正常使用防护设备，严格按照正确的检测流程及方法执行管道检测机器人检测工作。常规防护设备包括安全背心、手套、吊绳、手持式气体探测器等。检测人员准备工作如下：

1）作业人员穿戴有反光标志的安全警示服并正确佩戴和使用劳动防护用品；

2）需要打开管道检测段的起始井上游检查井进行通风 15 min 以上，并摆放安全标志防止作业人员踩空；

3）使用气体检测仪对管道进行有害气体浓度检测，若检测仪显示在安全警报值范围内，则可进行作业，若检测仪报警，则需要进行强制通风，直至检测仪不发出警报。

2. 检测区域

当在交通流量大的地区进行检测作业时，应有专人保护现场交通秩序和车辆安全有序通行；当暂时占路进行检测作业时，应在检测作业区域迎车方向前放置防护栏。防护栏距离检测作业区域应大于 5 m；当检测作业现场井盖开启后，须有人在现场监护或在井盖周围设置明显的防护栏及警示标志；除工作车辆和检测相关人员外，应采取措施避免其他车辆、行人进入。

3. 设备准备

检测前，应根据检测任务需求携带相应的轮组，以确保检测机器人能够满足不同管径管道的检测需求。为防止管道入口对线缆的磨损，需要携带滑轮组以保护线缆，同时提高检测机器人行走距离。

4. 管道通风排气

打开管道检测段的起始井上游检查井进行通风 15 min 以上，并摆放安全标志防止人员踩空。使用气体检测仪检测井内有毒有害气体浓度，检测仪不发出警报说明井下无有毒有害气体，若检测仪报警，需要继续等待通风，直到检测仪不发出警报，如图 4-9 所示。

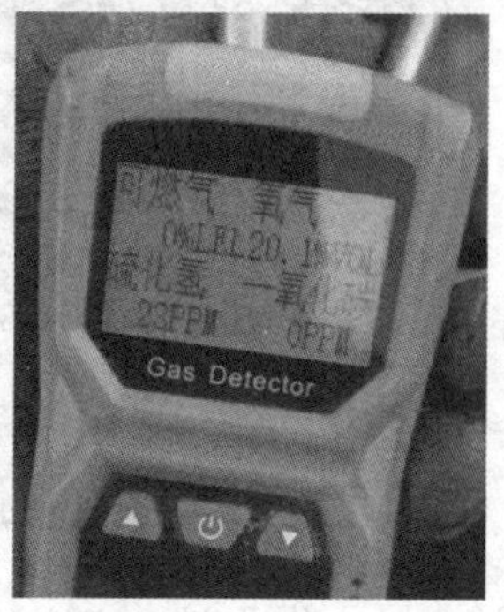

图 4-9　有毒有害气体浓度检测

5. 管道冲洗

对排水管道进行全面的结构性缺陷检测时，需要对排水管道进行清洁。管道清洁的目的是去除淤泥、油脂和碎屑沉积物来暴露排水管道的内部结构，以便在检查期间准确、全面地观察管道特征，获得准确的评估。如果管道内部有淤泥堆积时，需要进行清淤作业。如果直径大于等于 800 mm 的管道时，可以采用人工的方法进行；如果直径较小时，可以

采用高压冲洗车疏通的方式进行，这样可以提高效率，确保管道内部清洁，使检测结果满足检测需求。尽管先进行清洁再检测会获得比较好的检测结果，但应综合考虑项目的整体规划，包括资金、进度的安排，合理规划排水管道清洁处理工作。另外，在不清洁排水管道的情况下也可以通过检测排水管中积聚的沉积物或油脂来追踪非法排放污染物的源头，以此实现污染物溯源的目的，如图 4-10 所示。

图 4-10　管道冲洗

6. 管道封堵和抽水

采用轮式管道检测机器人检测时，管道内的积水深度一般不应超过管径的 20%，以实现现场检测时能够清晰地拍摄管道内部图像，保证检测结果的可靠性。当待检测管道的积水过深时，可采用封堵管道并抽取积水的方式来降低管道内的积水，满足检测要求。目前普遍采用的排水管道封堵方式是采用充气气囊在管道两端进行封堵，用抽水泵将管道内的积水抽出。若检测段管道内无流水、淤泥、积水等，可不进行管道封堵及清洗步骤。图 4-11 所示为常见的管道封堵气囊及其现场使用图。

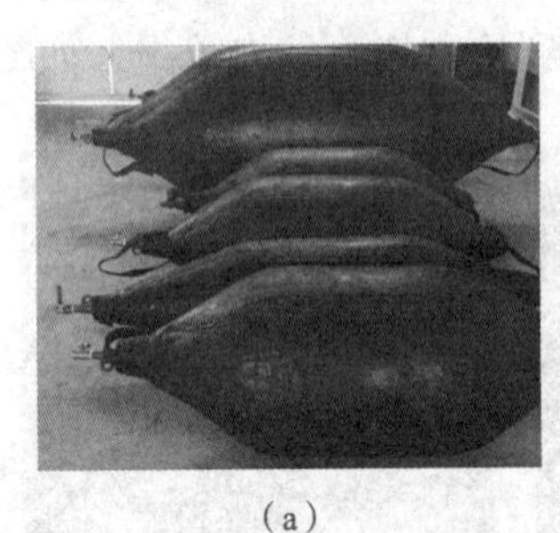

（a）

（b）

图 4-11　封堵气囊与管道封堵

（a）封堵气囊；（b）管道封堵

进行管道封堵和抽水作业时，应注意以下安全事项：

（1）将气囊塞入管道进行封堵时，气囊位置的管道要保证无石块、淤泥等障碍物，防止封堵后刺破气囊或气囊滑动。

（2）气囊封堵时，气囊内气压要保证在安全气压值范围内，防止气压过大造成气囊损坏。

（3）气囊封堵完成后，要注意与气囊连接的绳索的固定，最好固定在地上部分。

（4）作业过程中要注意气囊有无漏气发生，防止意外发生。

（5）封堵后，最好用污水泵抽取管道内污水。

4.3.3 检测机器人准备工作

在进行管道检测前，需要对检测机器人进行全面检查，确保其电池、摄像头、照明设备等关键部件处于良好工作状态。

下面以某型号检测机器人为例对 CCTV 检测机器人检测前准备工作进行阐述，工程中常用的其他型号基本类同。

视频：检测机器人安装

1. 检测机器人连接

（1）安装镜头。按照孔位方向将摄像云台插入检测机器人本体。安装完毕后旋转下方的固定螺钉将云台固定锁紧，防止脱离，如图 4-12 所示。

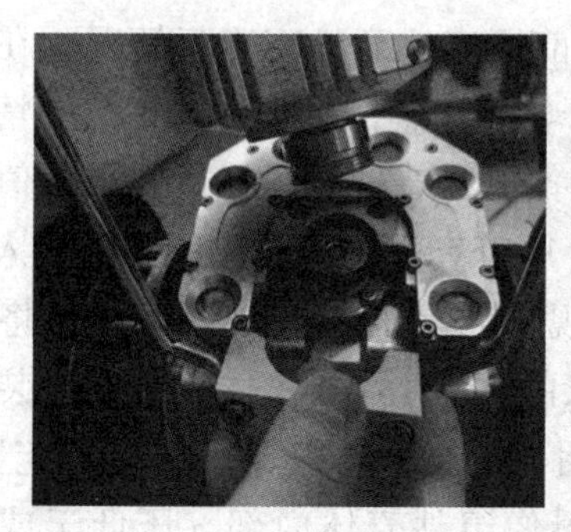

图 4-12 CCTV 检测机器人镜头安装

（2）将线缆车航空插头及固定插头安装到爬行器后端的航空插座及固定插座。安装线缆车航空插头时，对准槽位插入即可，切勿旋转硬插插头，以免插头损坏影响仪器的正常使用，如图 4-13 所示。

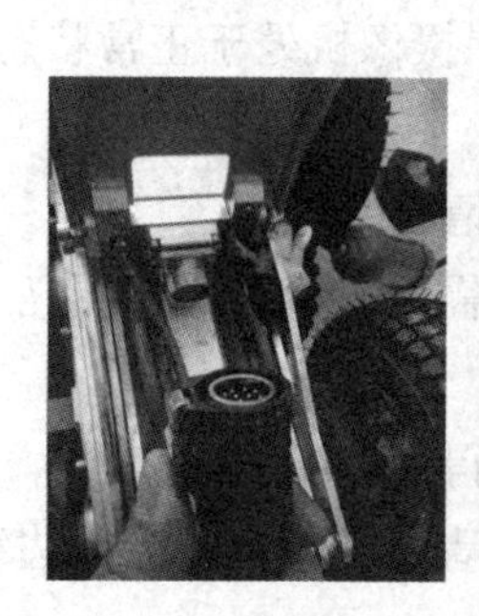
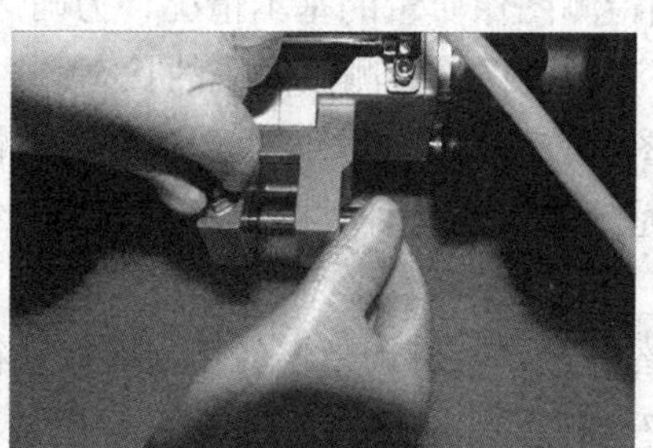

图 4-13 线缆车航空插头安装

（3）安装智能终端航空插头。将线缆车侧面终端航空插头对准槽位插入智能终端底部航空接口，当听到轻微“咔”的声音表示已经锁紧，切勿转动，以免插头损坏影响仪器的正常使用，如图 4-13 所示。

（4）对爬行器进行通电。为避免爬行器由于接线松动造成的失控情况，线缆车后方增加紧急制动按键（遇到操作危险，请按紧急制动），按下后爬行器停止一切动作。

2. 检测机器人状态检测

（1）运动状态及灯光状态检测。在检测作业前，应对检测设备状态进行检查，以保证设备能够正常使用。机器人状态及灯光检测项目见表 4-3。

表 4-3　状态检测表

序号	检测项内容	检测结论	检测要求
1	前进后退，左右拐弯	□正常　□不正常	
2	爬行器姿态	□正常　□不正常	
3	升降控制	□正常　□不正常	两个极限位置测试
4	灯光控制	□正常　□不正常	
5	云台上下左右控制	□正常　□不正常	俯仰两个极限位置

（2）机器人气压状态检测。机器人下井作业前还应注意检查充气情况，在易燃易爆危险场所使用时必须按照防爆要求充入惰性气体（如氮气），在有防水要求的情况下，可充入氮气或干燥的空气。使用的充气装备必须具备限压装置，并将最大限压值调整至不大于 15 psi。充气时，将设备后盖的充气盖拧开，用带有气压表的充气装置接入气嘴，充气过程中应将摄像组件视窗面垂直于桌面，使视窗与桌面保持接触，切勿将视窗对准人，以免发生意外造成人身伤害。充入规定要求的 8 ～ 15 psi 气体，在充气装置和摄像组件保持连接的状态下观察气压表的读数有无明显的变化，气压表保持规定数值 5 min 以上为基本正常，超过 20 min 无异常为合格；摄像组件壳体内部气压低于或高于规定范围，控制系统将会发出告警提示，需要及时切断摄像组件电源，保证设备和人员的安全。

（3）镜头检查及校准。在检查中获得的信息在很大程度上取决于采集到的图像质量，因此，必须在检测任务进行前检查镜头以确保图像不模糊、不失真等。首先需要检测镜头是否存在雾气、水珠、泥浆等影响检测图像质量的基本情况，为确保摄像机处于正常状态，在检测作业开始前，可以进行以下测试操作以检测摄像机的状态：

1）将摄像机对准专有的测试图，查看采集的图像是否存在失真情况。

2）检查灰度范围是否可以清楚地看到所有种类的灰色阴影，如需要可调整显示器亮度和对比度。

3）通过查看线楔和线条来检查分辨率，可调整摄像机焦距以获得最佳视图。

4）检查颜色条，可以清楚地看到蓝色、红色、品红色、绿色、青色和黄色部分，边缘没有着色或颜色重叠，如需要可调整控制终端颜色或色度级别。

（4）线缆校准。在检测开始前，需要检测线缆卷盘距离计量系统的准确性，以保证测量距离的数值满足检测精度需求，推荐校准流程如下：

1）确保线缆完全缠绕在线缆卷筒上，线缆末端穿过测量轮。

2）将显示器上的计米器数值设置为零。

3）将线缆从线缆卷盘中拉出，直到计数器指示正好为 10 m。

4）用皮尺测量从滚筒上拉下的线缆长度，并将该长度记录在记录表中。

5）重复步骤 3）和步骤 4）四次，每次从线缆盘上拉 10 m，总共记录长度 50 m。

6）检查距离测量误差是否在规范允许的公差范围内（通常为 ±1% 或 0.3 m）。

7）将检测结果记录在记录表中。

检测作业前，管线检测人员应检查检测机器人云台的功能是否正常，是否能够通过云台运作拍摄管道内不同角度，清楚地采集管道内部和管道连接部位的图像，以满足检测数据的质量需求。线缆卷盘是否能够保持稳定，避免线缆卷盘在检测时走动掉入检查井。图 4-14 所示为采用轮式检测机器人现场作业示意。

图 4-14　轮式检测机器人现场作业示意

4.3.4　检测机器人操作规范

视频：检测机器人操作规范

检测人员在进行检测作业时，应考虑地下管线的复杂性，在检测时应小心避免检测对其他管道造成损坏，同时应注意安全操作，防止发生意外事故(如井盖跌落检查井对设备或管道造成损坏等)。一般检测现场应配备一名监督人员，对现场安全操作进行规范化管理，以保障检测任务顺利进行。

1. 检测方法

（1）在对每段管道拍摄前，必须先拍摄看板图像，看板上需要写明道路或被检对象所在地名称、起点和终点编号、管径，以及检测时间等相关信息。

（2）爬行器的行进方向宜与水流方向一致。

（3）管径不大于 200 mm 时，直向摄影的行进速度不宜超过 0.1 m/s；管径大于 200 mm 时，直向摄影的行进速度不宜超过 0.15 m/s。

（4）检测时，摄像镜头移动轨迹应在管道中轴线上，偏离度不应大于管径的 10%。当对特殊形状的管道进行检测时，应适当调整摄像头位置并获得最佳图像。

（5）将载有摄像镜头的爬行器安放在检测起始位置后，在开始检测前，应将计数器归零。当检测起点与管段起点位置不一致时，应做补偿设置。

（6）每一管段检测完成后，应根据电缆上的标记长度对计数器显示数值进行修正。

（7）直向摄影过程中，图像应保持正向水平，中途不应改变拍摄角度和焦距。

（8）在爬行器行进过程中，不应使用摄像镜头的变焦功能，当使用变焦功能时，爬行器应保持在静止状态。当需要爬行器继续行进时，应先将镜头的焦距恢复到最短焦距位置。

（9）侧向摄影时，爬行器宜停止行进，变动拍摄角度和焦距以获得最佳图像。

（10）管道在检测过程中，录像资料不应产生画面暂停、间断记录、画面剪接的现象。

（11）在检测过程中发现缺陷时，应将爬行器在完全能够解析缺陷的位置至少停止 10 s，确保所拍摄的图像清晰完整。

（12）对各种缺陷、特殊结构和检测状况应做详细判读和量测，并填写现场记录表，记录表的内容和格式应符合相关规程的规定。

2. 检测精度保证

当爬行器被放置到井口位置时，应通过控制终端将计米器数值归零，在爬行器前进后计时器立即开始记录。当检测任务完成后，应统计测量长度，测量偏差应在总长度的 1% 或 0.3 m 范围内，以较大者为准。

除使用线缆校准装置外，测量检查井口之间的地面距离是另一种校准方法。检测人员应使用其中一种或两种方法校准，并将数据记录在册。如果检测结果未能达到精准度标准，则需要对这段管道重新检测，以满足项目需求。

在圆形或规则形状的排水管道中，检测时摄像机应放置在管道的中心位置，以避免图像失真；在椭圆形 / 卵形排水管道中，摄像机镜头应定位在排水管道高度或垂直尺寸的 2/3 处，定位公差应为垂直管道尺寸的 ±10%。在所有检测情况下，摄像机镜头应沿着管道轴线定位。如果管道非常大，应安装增强底盘或通过其他方式来保证摄像机处于合适位置。

3. 录制视频的相关规范

在开始录制视频前，应尽量显示以下信息（可根据实际需求增减相关信息，显示时间应尽量不少于 15 s，所显示数据的位置和大小应以不干扰图像中的重要图像信息为准）：检测日期、检测开始时间、检测地点、爬行器行进方向、管道分类（雨水管道 / 污水管道 / 雨污混合管道）、检查单位 / 公司和检测人员姓名、项目名称、井口编号、管道材料、管径大小。

4. 操控爬行器的基本规范

首先检查爬行器车轮是否紧固，下井前检查各功能是否正常，用挂钩挂住爬行器后，缓慢吊放入井中，并通过线缆调节后端平衡，同时避免线缆挂住管道内障碍物或缠绕车轮，最终使爬行器平卧在井底管口位置，正中朝向被检测的管道延伸方向。爬行器进入管道之初，要将行进速度调节至缓慢，先观察管道情况。严禁将爬行器尾部的连接电缆作为吊绳使用。爬行器受阻时，可拖拽线缆对其助力。当有下列情形之一时应终止检测：

（1）管道内障碍物较大导致爬行器在管道内无法行走；

（2）镜头沾有污物时；

（3）镜头浸入水中时；

（4）管道内充满雾气，影响图像质量时；

（5）其他原因无法正常检测时。

5. 机器人软件操作（以平板计算机操作软件示例）

（1）本体基本设定。本体基本设定项目包括气压表、充气、计米栏、距离、归零、矫正距离等。气压表正常值显蓝色，气压有危险会显示红色。充气之前需要确保已经进行标定，由于刚充气气体具有流动性还不稳定，需要等稳定后进度条显示蓝色，才算正常值。计米栏用来计算爬行器的距离与速度。距离是在管道测试 / 完工时，用于显示收线车电缆放线 / 收线的线缆长短。单击“归零”按钮收线车计米（距离）清零。矫正距离是用于设定

收线车初始值距离，单击矫正距离设定收线车初始值距离。

视频：机器人软件操作

本体姿态显式界面有车体高度（用于显示车体高度的姿态，车体升降高度在方框显示出具体数值）、车体前倾（用于显示车体前后倾角的姿态，爬行器前后倾角在方框显示出具体数值）、车体左倾（用于显示车体左右倾角的姿态，爬行器左右倾角在方框显示出具体数值）。

平板计算机操作软件还提供平台升降控制按钮、收线/放线控制按钮、前置摄像机控制按钮（包括顺转、逆转、上仰、下俯）、机头复位、主辅后光调节（调节下位机的主光灯、辅光灯及后光灯的调节控制）、聚焦（便于观看更清晰的图片确认检测物是否存在故障）按钮等。

在本体系统控制区，检测软件显示出倾角、速度、距离等可变数据，实时监测本体运行状况。打开定位功能，界面可出现经纬度信息，单击“除雾”按钮可开启除雾功能。

（2）系统菜单设置。通过系统菜单设置，可对系统进行设置。其内容包括文件保存目录、语言选择、测距单位、检查标准。通过“编辑片头”按钮，用户可对检测地点、任务编号、井号、日期/时间、检测单位等进行编辑，同时，还可在备注中编辑需要的信息。另外，单击“添加”按钮，可添加检测地点，采集信息、读取GPS数据等操作。单击“参数标定”按钮，可对机器人的各项参数进行标定。标定内容包括采集最低值、采集最高值、图像设置、用户账号等。

（3）拍照、录像功能。单击“拍照”按钮即可拍照，系统通过相片编辑或继续操作。单击“录像”按钮即开始录像，在录像状态下，可直接单击“抓拍”按钮。可以对选择存储路径、缺陷类型及缺陷描述等功能进行编辑，将图片保存到默认或创建的根目录下，可通过“简易报告”按钮生成该视频的简易报告。

特别提示

管道检测作业设备安全危险源及防护措施一览表

设备种类	危险源	防护措施
管道闭路电视检测设备（CCTV）	线缆盘（车）滑动	固定线缆盘（车），放下线缆车移动轮的刹车
	放线、收线时线缆割伤手	在辅助放线及收线时务必戴上橡皮手套，防止线缆割伤手
	机器翻车损坏机器	检测完成后，回收机器时降低平台高度，防止机器重心太高容易造成机器翻车
	拉扯尾部线缆，引起机器故障	检测完成后，回收机器时应开启后视摄像头，随着机器后退速度缓慢回收线缆，严禁盲目、大力拉扯尾部线缆造成机器损坏

（4）文件导出。使用设备配套数据线与计算机连接，打开计算机，进入内部存储，可以将需要的文件导出，在导出视频时需要将对应的文件同时导出（一个是视频文件，一个是字符文件），视频播放字符显示井号、检测日期、检测时间、测距、变倍、管径、检测地点、自定义信息。

4.3.5 检测结果交付

检测人员在检测完成后应提供一份完整的检测资料。检测资料一般包括检测图纸、检测记录表、检测视频图像及检测报告。检测记录表应记录被检测管道的基本信息内容。检测报告应包含管道的编号、尺寸、位置及管道的状况，如管道存在问题，应采集相关图片并在检测报告中体现，以方便后期问题处理。对存在无法检测的情况，应予以说明。

检测报告制作参考《城镇排水管道检测与评估技术规程》（CJJ 181—2012）第 8 章内容“管道评估”完成。

4.3.6 检测案例

扬州市老旧小区雨污混流，特别是立管混流、错接严重，绝大部分雨水立管有污水（阳台水）接入，导致旱季雨水管道有污水，工业企业排水、“小散乱”排水现象严重。加上老旧小区管理混乱，责任不清，排水管道长期缺乏管养，私接、乱接问题非常普遍，管道淤积、破损严重，造成排水不畅，污水外溢和雨季内涝问题非常严重。

扬州市政管网有限公司通过 CCTV 检测技术对市政污水管网管进行检测，发现管道内部质量问题，即结构性缺陷，如破裂（表 4-4）、错口（表 4-5）、渗漏、脱节和异物穿入等，找到准确的病害位置进行修复和改造；也可以发现管道内部的功能性缺陷，如残墙 / 坝根（表 4-6）、淤积和堵塞位置，通过疏通确保管道畅通。

CCTV 检测还对查找管道特殊结构部位，如接口、变径（表 4-7）、修补位、已被掩埋了的井位或暗井，堵塞原因、私接乱排、污染源来源、历史遗留下来的老旧沟渠定位定深起到关键作用，为老旧管网改造、消黑除臭、水质提升工程提供准确数据和设计依据。

表 4-4 管道破裂 4 级

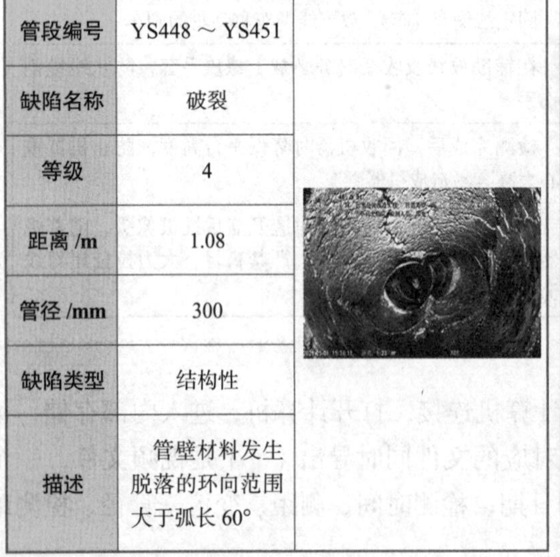

管段编号	YS448 ～ YS451
缺陷名称	破裂
等级	4
距离 /m	1.08
管径 /mm	300
缺陷类型	结构性
描述	管壁材料发生脱落的环向范围大于弧长 60°

表 4-5 管道错口 3 级

管段编号	WS17 ～ WS18
缺陷名称	错口
等级	3
距离 /m	3.99
管径 /mm	300
缺陷类型	结构性
描述	相接的两个管口偏差为管壁厚度的1～2倍

表 4-6　管道残墙 / 坝根 3 级

管段编号	WS33 ～ WS37	
缺陷名称	残墙 / 坝根	
等级	3	
距离 /m	5.5	
管径 /mm	200	
缺陷类型	功能性	
描述	过水断面损失为 25% ～ 50%	

表 4-7　管道变径

管段编号	YS2829～YS1842	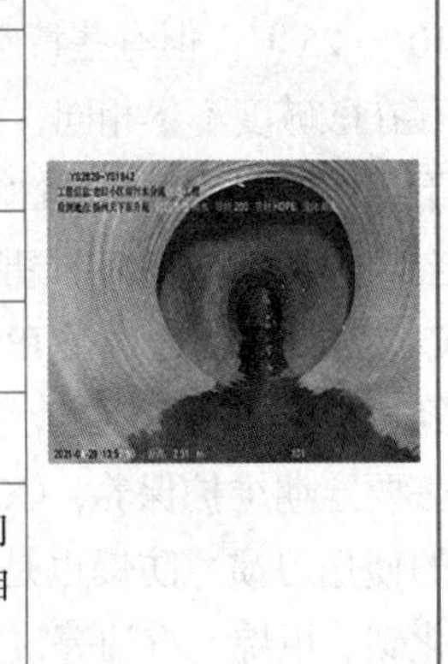
缺陷名称	变径	
等级	—	
距离 /m	2.5	
管径 /mm	200	
缺陷类型	特殊性	
描述	两检查井之间不同直径管道相接处	

[案例来源：孙勇，赖东杰．CCTV 检测技术在扬州市老旧小区雨污水分流改造工程中的应用 [J]．城市勘测，2022（4）：186—189．]

4.4　排水管道检测机器人技术要求及适用范围

4.4.1　技术要求

1. 爬行器应满足不同口径

市政排水管道管径多数为 *DN*300 ～ *DN*1 500 mm，有的甚至更大。目前，国内外厂家生产的 CCTV 一般最大能满足 *DN*1 400 mm 口径的管道检测，如果需要检测更大的管道，则需要对设备的灯光和支架进行特殊改造，或定制特殊直径的设备。例如，为大型管道定制的高支架型 CCTV 设备，如图 4-15 所示。在管道有水的情形下，可利用漂浮筏运载摄像和灯光系统进行检测，如图 4-16 所示。

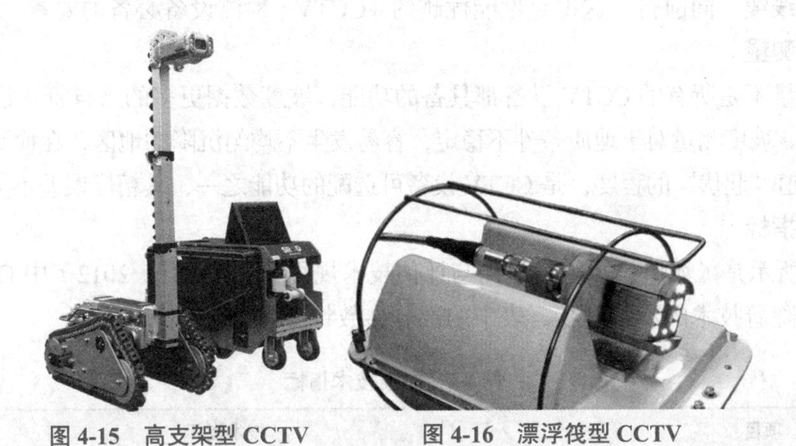

图 4-15　高支架型 CCTV　　　　图 4-16　漂浮筏型 CCTV

2. 结构和密封性

排水管道污水横流，垃圾成堆，恶劣的环境需要 CCTV 检测设备具备坚固的机械结构

和良好密封性能。现有设备一般能在 -10 ～ +55 ℃的气温条件下和潮湿的环境中正常工作。国内或国外知名品牌的设备都配有防水系统和防爆系统。正常运行的污水管道环境温度为 10 ～ 25 ℃，但有些特殊的管道，特别是工业污水管，环境温度可能上升到 60 ℃以上，流体内存在酸碱度不尽相同，可能给设备带来较大损伤。管道是个密闭空间，含硫有机物在厌氧环境下生成的硫化氧是酸性可溶于水的有毒有害气体，是钢筋混凝土管道受腐蚀的主要威胁，它也会对设备造成一定损害，因此，密封性对保证 CCTV 设备正常工作至关重要。目前，主流的 CCTV 设备均通过了 IP68 等级的防水性能测试，在水深高度 10 m 的情况下仍能正常工作，但经过长期使用，CCTV 设备的零部件会老化，特别的防水密封圈需要定期检查和更换，设备还需要定期维护保养，CCTV 设备坚硬的外壳下有一颗精密的“心”，需要使用者的爱护和良好的使用习惯。防爆也是 CCTV 设备的另一要求，排水管道内常见的可燃气体有硫化氢、一氧化碳、甲烷、汽油等，它们的爆炸范围（容积百分比）分别是 4.3% ～ 45.5%、12.5% ～ 74.2%、5% ～ 15%、1.4% ～ 7.6%，混合气体的爆炸范围更大，因此设备的防爆也是重要指标。

3. 线缆卷盘

线缆卷盘应具备电缆长度计数功能，电缆计数编码器（俗称计米器）最低计量单位为 0.1 m，精度误差不大于 ±1%。长度计数功能是 CCTV 设备的基本功能之一，它的作用在于缺陷的纵向准确定位，不同的 CCTV 设备计米器的精度不尽相同，目前主流设备的精度是厘米级的。检测时，一般爬行器在井下就位后就使计米器归零，作为检测的起点，设备的爬行距离即线缆的释放长度。在实际使用过程中，由于电缆很难做到一直处于紧绷状态，摄像头位置到实际缺陷位置仍有一定距离（几厘米至几十厘米不等），因此，一般检测缺陷位置允许的误差在 0.5 m 以内。部分型号 CCTV 检测设备的计米器自带校准功能，可根据实际需要选择使用。

4. 爬行能力

爬行能力的标准是当电缆长度为 120 m 时，爬坡能力应大于 5°。爬坡能力是指爬行器能爬上坡的角度，绝大多数的市政排水管道是重力流，其设计坡度一般为 1/1 000 ～ 3/1 000，因此爬坡能力大于 5° 的爬行器完全能满足管道内坡度的要求。其实，爬行器的爬行能力更重要的作用体现在长距离检测时，其不但要克服其自身重力所带来的阻力，还要拖着长长的线缆一同前行，这也是性能优越的（CCTV）检测设备必备的要素。

5. 坡度测量

坡度测量不是所有的 CCTV 设备都具备的功能，坡度数据更多的来自管道设计单位或建设施工单位。坡度测量对于地质条件不稳定，容易发生不均匀沉降的地区，在检测过程中可定量地测量管道“起伏”的程度，是 CCTV 设备可选配的功能之一，其精度误差不大于 ±1%。

6. 技术指标

表 4-8 所示是《城镇排水管道检测与评估技术规程》（CJJ 181—2012）中 CCTV 设备的最低标准，随着技术的不断进步，表中的部分参数将会修订。

表 4-8　主要技术指标

项目	技术指标
图像传感器	≥ 1/4″CCD，彩色
灵敏度（最低感光度）	≤ 3 lx

续表

项目	技术指标
视角	≥ 45°
分辨率	≥ 640 × 480
照度	≥ 10 × LED
图像变形器	≤ ± 5%
爬行器	电缆长度为 120 m 时，爬坡能力应大于 5°
电缆抗拉力	≥ 2 kN
存储	录像编码格式：MPEG4、AVI；照片样式：JPEG

世界第一台 CCTV 诞生之时，摄像头仅能提供黑白成像，相对于 2012 年颁布的行业标准，当下使用的 CCTV 设备性能已大大超出表 4-8 的要求。例如，主流设备的分辨率能够提供 1 080 P 的高清视频信号。电缆长度 120 m 的基本要求是为适应排水管道检查井间距面设计的，一般市政排水管道主井之间的窨井间距为 40 ～ 60 m，顶管施工的管道窨井间距可能为 80 ～ 100 m。CCTV 的线缆长度代表了设备的一次性检测距离，理论上，延长线缆的长度并不存在很大的技术难度，但线缆过长对爬行器的爬行能力将会带来极大考验，越长的线缆自身质量越重，在管道底部拖动时的摩擦力也越大，因此，目前主流的 CCTV 检测设备电缆一般为 150 ～ 200 m，如遇到特殊构造的管道（间距特别长），CCTV 可从两端检查向中间相向面行的方式检测，其有效检测距离将是线缆长度的两倍。电缆抗拉力也是 CCTV 设备的必要参数之一，在实际检测过程中，可能由于管道内存在砖块、垃圾、结垢等障碍物或管道发生破裂、脱节等结构性缺陷，致使 CCTV 设备卡在砖块或缺陷的缝隙中无法依靠爬行器自身的爬行能力摆脱。此时，线缆能够承受多大的抗撞力将扮演重要的决定性角色，我国自主生产的 CCTV 设备能够达到 3 kN 以上。

4.4.2 适用范围

根据《城镇排水管道检测与评估技术规程》（CJJ 181—2012）中的规定，CCTV 检测不应带水作业。当现场条件无法满足时，应采取降低水位措施，确保管道水位不大于管道直径的 20%。轮式管道检测机器人一般适用于管内环境较好的情形，图 4-17 所示为轮式管道检测机器人现场检测拍摄的管道内部图像。

采用轮式管道机器人进行检测，具有成像稳定，计米准确，检测长度较长，可以完整地检测管道内出现的缺陷的优点；同时，也存在对检测条件要求较高的情况，如水位较高则需要对管道进行预处理，将管道的水位降低至规定要求；或者管道内淤泥过多，需要对管道进行清淤处理，效率较低，成本较高。

图 4-17　轮式管道检测机器人检测场景

有限空间作业安全风险等级划分及安全管理措施

一、有限空间作业安全风险等级划分

有限空间作业安全风险等级按照危险程度分为1、2、3、4级，分别用红、橙、黄、蓝四种颜色标示，依次为重大风险（红色）、较大风险（橙色）、一般风险（黄色）和低风险（蓝色）。

（1）有限空间作业存在下列情形之一的，为1级（红色）风险有限空间作业：

1）有限空间内需10人以上同时实施作业的；

2）有限空间内存在或可能存在煤气、硫化氢、砷化氢、磷化氢、氯气、氨气、甲醛、氰化物等《高毒物品名录》中列明的物质（含与产生、储存高毒物质的设备设施管道阀门等毗邻、直接或间接连接的情形，以及因生物作用可能产生的情形）；

3）有限空间内可能存在天然气、氢气、乙炔、丙烷、汽油、柴油、稀释剂（香蕉水、天那水、松香水、二甲苯等）、可燃性粉尘（如煤粉、锌粉、木粉、淀粉等）等易燃易爆物质的（含与产生、储存易燃易爆物质的设备设施管道阀门等毗邻、直接或间接连接的情形及可能泄漏到有限空间内的情形）。

（2）有限空间作业存在下列情形之一的，为2级（橙色）风险有限空间作业：

1）有限空间内需3～9人同时实施作业的；

2）有限空间内存在或可能存在氮气、二氧化碳、氩气等窒息性气体或氧气（氧含量小于19.5%或大于23.5%）的（含与产生、储存窒息性气体或氧气的设备设施管道阀门等毗邻、直接或间接连接的情形及可能泄漏到有限空间内的情形）；

3）有限空间内存在或可能存在能够吞没或掩埋进入人员的物质[如液体（浆）、料场、料仓、筒仓、料坑等]；

4）有限空间内存在或可能存在《高毒物品名录》以外其他有毒有害物质的（含与产生、储存《高毒物品名录》以外其他有毒有害物质的设备设施管道阀门等毗邻、直接或间接连接的情形及可能泄漏到有限空间内的情形）。

（3）有限空间作业存在下列情形之一的，为3、4级（黄、蓝色）风险有限空间作业：

1）有限空间内需3人以下实施作业的；

2）有限空间内存在或可能存在导致人员伤亡的电能、热能、机械能、液压能或气压能等（含与存在相关能量的设备设施管道阀门等毗邻、直接或间接连接等情形）；

3）有限空间内部狭小或通风不良，可能会困住进入人员或使进入人员呼吸不畅等；

4）上述以外的其他情形的。

二、有限空间作业安全管理措施

1.建立健全有限空间作业安全管理制度

为规范有限空间作业安全管理，存在有限空间作业的单位应建立健全有限空间作业安全管理制度和安全操作规程。安全管理制度主要包括安全责任制度、作业审批制度、作业现场安全管理制度、相关从业人员安全教育培训制度、应急管理制度等。

2. 辨识有限空间并建立健全管理台账

存在有限空间作业的单位应根据有限空间的定义，辨识本单位存在的有限空间及其安全风险，确定有限空间数量、位置、名称、主要危险有害因素、可能导致的事故及后果、防护要求、作业主体等情况，建立有限空间管理台账并及时更新。

3. 设置安全警示标志或安全告知牌

对辨识出的有限空间作业场所，应在显著位置设置安全警示标志或安全告知牌，以提醒人员增强风险防控意识并采取相应的防护措施。

4. 开展相关人员有限空间作业安全专项培训

单位应对有限空间作业分管负责人、安全管理人员、作业现场负责人、监护人员、作业人员、应急救援人员进行专项安全培训。参加培训的人员应在培训记录上签字确认，单位应妥善保存培训相关材料。

5. 配置有限空间作业安全防护设备设施

为确保有限空间作业安全，单位应根据有限空间作业环境和作业内容，配备气体检测设备、呼吸防护用品、坠落防护用品、其他个体防护用品和通风设备、照明设备、通信设备及应急救援装备等。

6. 制订应急救援预案并定期演练

单位应根据有限空间作业的特点，辨识可能的安全风险，明确救援工作分工及职责、现场处置程序等，按照《生产安全事故应急预案管理办法》(应急管理部令第 2 号）和《生产经营单位生产安全事故应急预案编制导则》(GB/T 29639—2020)，制订科学、合理、可行、有效的有限空间作业安全事故专项应急预案或现场处置方案，定期组织培训，确保有限空间作业现场负责人、监护人员、作业人员及应急救援人员掌握应急预案内容。

7. 加强有限空间发包作业管理

将有限空间作业发包的，承包单位应具备相应的安全生产条件，即应满足有限空间作业安全所需的安全生产责任制、安全生产规章制度、安全操作规程、安全防护设备、应急救援装备、人员资质和应急处置能力等方面的要求。

4.4.3 有限空间作业安全典型案例

事故经过： 2010 年 5 月，某印染有限公司总经理贾某将清理蓄水池（该池为圆形，直径为 2.8 m，深度约为 8 m）的工作包给了其邻居王某，王某又叫了小工章某一起进行清理。5 月 4 日上午，章某通过池边的爬梯下到池底，将池底废弃的棉纱等杂物搬运上来。下午 1 时左右，当章某从池底爬到池口想出来时，突然掉下去了。之后王某、贾某等 5 人先后下池施救，均在池内中毒昏倒，导致 3 人死亡，3 人受伤。经事后对池内空气检测为硫化氢中毒事故。

事故直接原因： 施工现场作业人员安全意识淡薄，冒险下池作业，导致中毒昏倒；而施救人员未采取任何防护措施下池施救，造成伤亡人员增加。

事故间接原因： 印染有限公司未对临时招用的作业人员进行安全教育和安全交底，未

对作业现场进行安全监管；同时，公司安全生产会议制度、检查制度和隐患排查制度落实不到位，没有对施工项目进行安全隐患排查。

课后习题

一、填空题

1. 排水管道检测机器人检测系统一般包括________、________、________。

2. 检测机器人主要由________、________、________三个部分构成。

3. 检测机器人车身主体主要包括________、________、________、________、________。

4. 检测机器人对管道检测主要包含________、________、________、________四个阶段。

二、判断题

1. 检测机器人能够极大地降低检测风险，所以人员不用配齐个人防护装备。 (　　)

2. 设备可以在 10 m 水深环境场所检测。 (　　)

3. 检测开始前，检测人员应尽可能地获取检测项目信息。 (　　)

4. 如果对排水管道进行全面的结构性缺陷检测，不需对管道进行清洗。 (　　)

5. 使用排水管道检测机器人时，管道水位不大于管道直径的 20%。 (　　)

三、简答题

1. 简述排水管道检测机器人的检测原理。

2. 简述检测机器人准备工作。

3. 简述管道检测报告功能性缺陷和结构性缺陷的类别。

项目 5

排水管道潜望镜检测

知识目标

1. 了解排水管道潜望镜检测的原理。
2. 熟悉排水管道潜望镜检测的仪器和工具。
3. 掌握排水管道潜望镜规范安装与操作。
4. 熟悉排水管道潜望镜检测的流程。
5. 熟悉排水管道潜望镜检测影像判读方法。

技能目标

1. 具备安装排水管道潜望镜的能力。
2. 具备操作排水管道潜望镜的能力。
3. 具备用排水管道潜望镜进行现场检测的能力。

素质目标

1. 遵守相关法律法规、标准和管理规定。
2. 具有良好的职业道德、较强的责任心和科学的工作态度。
3. 具备吃苦耐劳、实事求是的工作作风和团结协作的意识。
4. 具备观察、分析和判断的能力。

案例导入

管道潜望镜（QV）检测是目前用于管道状况检测快速和有效的手段之一，可以有效避免人工下井检测而造成的有毒有害气体中毒事故的发生，既安全又便捷，是一种辅助 CCTV 检测方法，其检测技术不仅在城市管网检测方面有着巨大的作用，而且在其他方面（像电力、石油化工、航 空航天等领域）也有广泛的应用。QV 检测可以深入到市政管道内部检测管道的堵塞、腐蚀、裂缝等问题，并提供准确的图像和数据，为管道维

护和修复提供指导。佛山某城镇地下管线调查项目被测管道和检查井的示意图如图 5-1 所示。

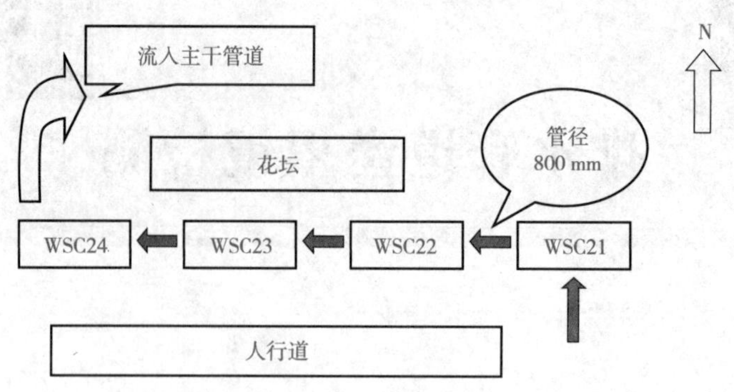

图 5-1　佛山某城镇某段排水管道调查示意图

图中 WSC21、WSC22、WSC23、WSC24 是被测的检查井编号，箭头代表水流方向，管径全部为 800 mm，管材为砼，属于污水管网，经 WSC24 全部流入主干管网。检测采用的设备是管道潜望镜。检测结果表明，WSC21 到 WSC22 这段相对具有代表性的管段被测出现两种缺陷，即障碍物 1 级和脱节 2 级。根据结构性评估结果，应尽快修复受损管道；根据管道功能性现状评估结果和养复建议表，受损管道所受影响不大，可以不用养复。两种缺陷组合，综合来讲，这段管道应该尽快修复。

（资料来源：娄继琛，罗建中 . 管道潜望镜检测技术及其在城市地下管网检测中的应用 [J]. 广东化工，2017，44（12）：145-147+173.）

5.1　管道潜望镜检测原理

管道潜望镜检测 (Pipe Quick View Inspection) 简称 QV 检测，是管道内窥检测技术的一种。管道潜望镜检测系统由摄像图像处理软件系统组成，利用可调节长度的手柄将配置有强力光源的高放大倍数摄像头放入检查井内，通过主机中的高清可变焦摄像头采集管道内部图像，用录像的方式对管道内部的沉积、管道破损、异物穿入、渗漏、支管暗接等状态进行监测和拍摄。地面检测人员通过控制终端调节摄像头自由上下仰俯（管道顶部及底部勘测）、镜头拉伸，通过配备辅助光源（通常辅助光源包含近光灯与远光灯）解决管道内光源不足的缺点，拍摄出清晰的影像；通过配备的激光测距模块，精准测量出缺陷的位置（如结构性缺陷、功能性缺陷）；通过配备碳纤维材料（轻便可靠）可调节伸缩杆解决传统人力下井拍摄，为作业人员提供了安全保障及工作效率。QV 检测场景和检测设备如图 5-2、图 5-3 所示。

应用管道潜望镜进行排水管道检测，拍摄和观察可同步进行，长距离清晰地看清并记录管道内部的一切状况，并将原始录像资料通过无线或有线通信方式传输到控制终端并将数据保存，由专业人员对所有的录像资料做进一步分析，系统全面地了解管道的内部情况，确定排水管道质量及运行情况，出具专业的管道检测报告，为管道的维护和修复提供可靠依据。

图 5-2　QV 检测场景示意

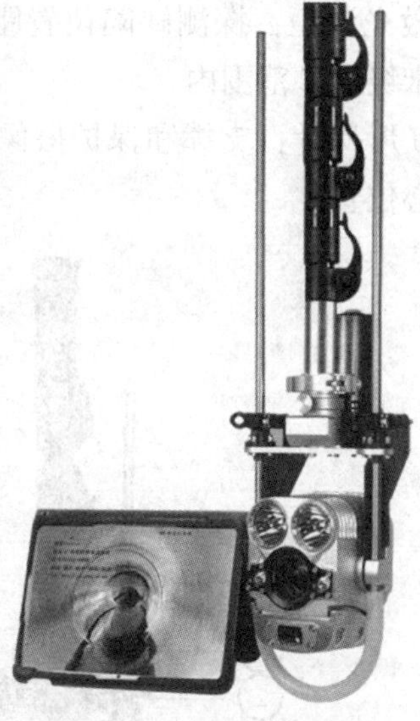

图 5-3　QV 检测设备

5.2　排水管道潜望镜的构成

管道潜望镜检测目前用于管道状况检测，具有方便、高效、低成本等方面的技术优势，在检查条件理想的情况下可以满足对管道各类结构性缺陷的检查。QV 检测除应用于排水管道健康状况检查外，还可以运用于市政工程管路检测，隧道涵洞内部空间检测，天然气原油管道检测，电力工程、电信网和郊外侦查，灾祸救援等行业领域，完成对各种各样隐蔽环境，如室内空间、水中、易燃易爆、辐射源等高风险场地开展即时影像检验。QV 检测系统主要由防爆摄像主机、平板控制终端、碳纤维杆、U 形探针、无线中断器、激光测距六部分组成。随着技术的发展尤其是通信技术的发展，目前市场上成熟的 QV 检测产品主要采用无线通信的方式进行信号传输，以提高检测效率。

5.2.1　检测主机

图 5-4 所示为常见 QV 检测主机的结构示意，主要包含以下几个部分：

（1）抱箍夹 1：用于固定伸缩杆，通过此装置可方便快捷地将主机与伸缩杆连接。

（2）抱箍夹 2：用于固定 U 形探针，通过此装置可方便快捷地将主机与 U 形探针连接。

（3）远光灯：为远端提供光源补偿，一般采用 LED 灯光，可覆盖的距离在 100 m 左右，能够满足管道快速检测需求。

（4）近光灯：为近端提供光源补偿，能够使图像画面更加清晰。

（5）电池：目前潜望镜普遍采用可更换电池，这样可以实现长时间检测的需求，同时单个电池质量不会过重，方便用户使用。

（6）摄像头：高清摄像头，采集管道图像。目前一般采用网络高清摄像头，同时具备数字变焦与光学变焦功能。

（7）激光测距：探测缺陷位置距离，一般激光测距仪的有效测试距离在 100 m 左右，精度在厘米级误差范围内。

（8）U 形探针：支撑和保护摄像机，调节摄像机高度，可使摄像头中心位置处于待检测管道中心位置。

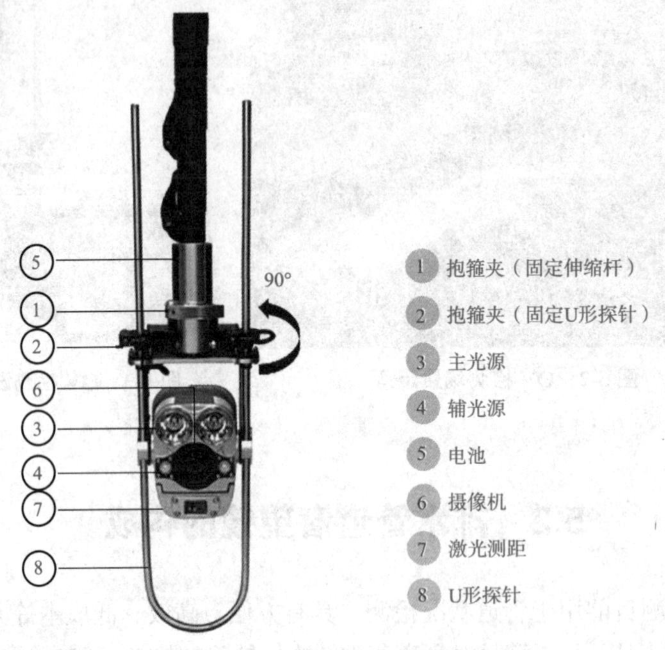

图 5-4　QV 检测主机结构示意

5.2.2　控制终端

目前，QV 的控制终端已经从以前的小屏幕有线控制终端演变为专业的触控控制平板，不仅显示器屏幕尺寸增加，同时，控制方式也升级为无线控制方式，真正实现了快速检测的目标。

5.2.3　伸缩杆

常见 QV 设备配备的伸缩杆如图 5-5 所示，长度范围为 1.4 ～ 7 m（收缩起来 1.4 m，完全展开后 7 m，共 5 节），可以选配 1.5 m 加长杆进行加长。伸缩杆采用高强度碳纤维材料，具有良好的硬度，同时质量轻便，能够有效减轻 QV 设备质量。

图 5-5　伸缩杆

5.2.4　无线中继

视频：QV 机器人介绍

QV 设备配置的无线中继，如图 5-6 所示。由于控制终端与摄像主机之间采用的无线通信方式，在较深检查井中进行检测时，使用无线中继能够实现更长距离的信号传输，确保信号传输的稳定性。

图 5-6　无线中继

5.3　排水管道潜望镜检测的流程及方法

管道潜望镜只能检测管道内水面以上的情况，管道内水位不宜大于管径的 1/2，管道内水位越深，可视的空间越小，能发现的问题也就越少。光照的距离一般能达到 30 ～ 40 m，一侧有效的观察距离仅为 20 ～ 30 m，通过两侧的检测便能对管道内部情况进行了解，所以，规定检测管道的长度不宜大于 50 m。

排水管道潜望镜检测流程与 CCTV 检测类似，主要包含检测前准备工作、检测机器人操作、检测结果交付三个阶段。具体流程为接受委托、收集资料、现场踏勘、编制检测方案、QV 进入管道实施检测、影像编辑、缺陷识别、编写报告。检测前需要进行资料收集、现场踏勘等工作。

5.3.1　检测流程

QV 常规检测流程如图 5-7 所示。

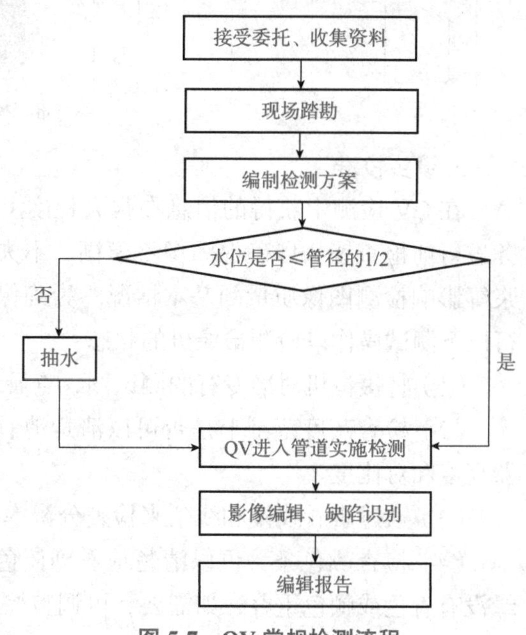

图 5-7　QV 常规检测流程

5.3.2　检测前准备

1. 检测计划制订及人员准备

在 QV 检测开始之前，必须考虑排水管道材质特性和工作条件，为确保检测过程的顺利和安全，需要制订详细的计划和方案，确定检测时间、检测点位、检测方式、检测工具等相关事项。

此外，市政排水管道常铺设于道路两侧，埋设于地面以下，建成之后即通水运行，常年维持有水的状态，管道内部物质成分复杂，多数会充斥着易燃易爆的有毒气体。QV 检测首先需要确定检查井内环境是否符合产品安全要求。虽然 QV 设备在检测时能够降低检测人员的危险，但在有条件的情况下，应先检测管道内气体浓度。检测人员应配齐个人防护装备，并且经过系统化的培训，能够正常使用防护设备，穿戴有反光标志的安全警示服，并正确佩戴和使用劳动防护用品，以保障检测人员的安全。常规防护设备包括安全背心、手套、吊绳、手持式气体探测器等。

检测人员在进行检测任务时，还应考虑地下管线的复杂性，在检测时应小心避免检测

对其他管道造成损坏，如井盖跌落检查井对设备或管道造成损坏。同时，应注意安全操作，防止发生意外事故。例如，需要注意附近有无高压线，以免伸缩杆升降时发生危险。

一般检测现场应配备一名监督人员，对现场安全操作进行规范化管理，以保障检测任务顺利进行。

2. 检测区域

车辆到达检测现场后，应按照道路通行方向停靠在道路右侧、需要检测的管道起始井的前方。车辆停靠好后，在其后 50 m 处用安全警示锥成 45° 摆放封闭检测区域，封闭区域延伸至车前 20 m。在安全警示锥后 5 m 摆放车辆导向牌、施工警示牌、限速牌、禁行牌，如图 5-8 所示。

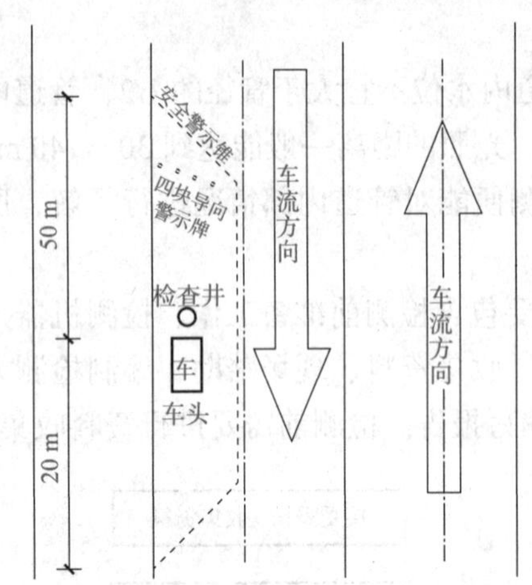

图 5-8　检测区域封闭

3. 镜头校准

在 QV 检测中获得的信息在很大程度上取决于采集到的图像质量，因此必须在检测任务进行前检查镜头以确保图像不模糊、不失真等。需要检测镜头是否存在雾气、水珠、泥浆等影响检测图像质量的基本情况。为确保摄像机处于正常状态，在检测作业开始前应进行以下测试操作以检测摄像机的状态：

（1）将摄像机对准专有的测试图，查看采集的图像是否存在失真情况。

（2）检查灰度范围上是否可以清楚地看到所有种类的灰色阴影，如需要，可调整显示器亮度和对比度。

（3）通过查看线楔和线条来检查分辨率，调整摄像机焦距以获得最佳视图。

（4）检查颜色条，可以清楚地看到蓝色、红色、品红色、绿色、青色和黄色部分，边缘没有着色或颜色重叠，如需要，可调整控制终端颜色或色度级别。

5.3.3　设备安装与操作

1. 设备安装

视频：QV 设备安装

管道潜望镜设备安装步骤如下：

（1）电池安装。QV 下井前需要确定电池是否固定好，旋转是否到位，防止在井下脱落。当使用环境过于恶劣（如温度过低）时，请先在室内预热（打开仪器）设备 10 ～ 20 min，再使用设备。

（2）伸缩杆及U形探针安装。

（3）无线中继器安装。

（4）设备开机与镜头校准。在QV检查中获得的信息在很大程度上取决于采集到的图像质量，因此，必须在检测任务进行前检查镜头以确保图像不模糊、不失真等。需要检测镜头是否存在雾气、水珠、泥浆等影响检测图像质量的基本情况。为确保摄像机处于正常状态，在检测作业开始前，应检测摄像机的状态，调整摄像机焦距以获得最佳视图。

2. 设备操作及相关参数标定

（1）设备操作。管道潜望镜的镜头中心应保持在管道竖向中心线的水面以上，如图5-9所示。镜头保持在竖向中心线是为了在变焦过程中能看清楚管道内的整个情况，镜头保持在水面以上是观察的必要条件。

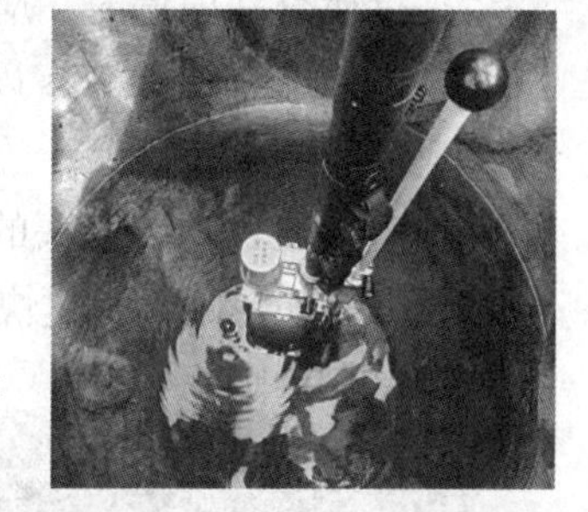

图5-9　镜头中心保持在管道竖向中心线的水面以上

（2）参数标定。通过管道潜望镜控制软件可对相关参数进行标定，包括聚焦、定位、激光测距、除雾、调光、云台操作、拍照、录像等。

系统设置功能可以对仪器进行设置，包括字符显示设置、主视频图片编辑显示设置、语言选择设置及其他设置等。

5.3.4　现场检测

（1）设备安装完成后，下井前，在地面对设备进行连接调试，保证设备状态正常。

（2）确认设备连接安全后缓缓将设备投送至井内，保持伸缩杆与地面基本垂直，保持摄像机高于水面150 mm距离，摄像机尽量保持在管道中央。

（3）根据图像情况，调整摄像头高低位置达到最佳位置。

（4）根据图像角度情况，调整摄像组件俯仰角达到最佳角度。

（5）根据图像效果将灯光调至最佳亮度。

（6）根据图像效果将焦距放大到合适倍数；高倍焦距时，需要使用手动对焦功能，调整图像清晰程度。

在圆形或规则形状的排水管道中，检测时摄像机应放置在管道的中心位置，以避免图像失真。在椭圆形/卵形排水管道中，摄像机镜头应定位在排水管道高度或垂直尺寸的2/3处，定位公差应为垂直管道尺寸的10%。

QV管道潜望镜工作示意如图5-10所示。

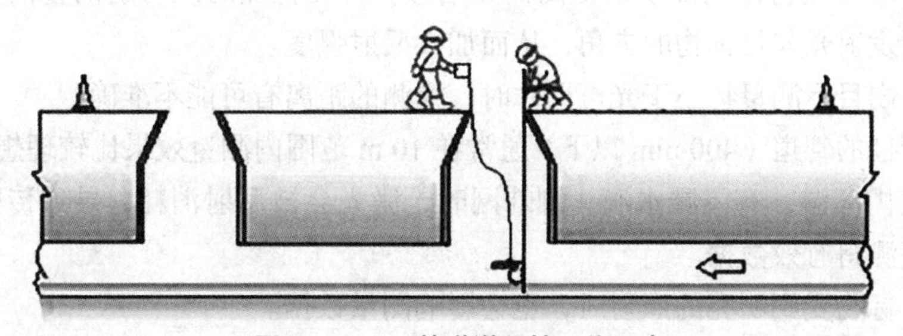

图5-10　QV管道潜望镜工作示意

注意，在拍摄管道时，变动焦距不宜过快。拍摄缺陷时，应保持摄像头静止，调节镜头的焦距，并连续、清晰地拍摄 10 s 以上。调节镜头清晰度时，若变焦过快会导致看不清楚管道状况，如图 5-11 所示，容易漏过缺陷，造成缺陷遗漏。当发现缺陷后，镜头对准缺陷调节焦距直至清晰显示时保持静止 10 s 以上，给准确判读留有充分的资料。

拍摄检查井内壁时，应保持摄像头无盲点地均匀慢速移动。拍摄缺陷时，应保持摄像头静止，并连续拍摄 10 s 以上。由于镜头与井壁的距离短，镜头移动速度对观察的效果影响很大，故应保持缓慢、连续、均匀地移动镜头，才能得到井内的清晰图像。拍摄管道内部状况时，通过拉伸镜头的焦距，连续、清晰地记录镜头能够捕捉最大景深的画面。拍摄缺陷时，变动焦距不宜过快，应保持摄像头静止拍摄 10 s 以上，如图 5-12 所示。

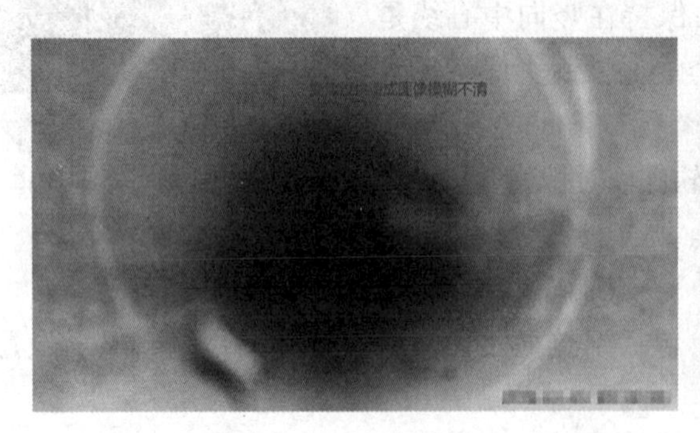

图 5-11　变焦过快

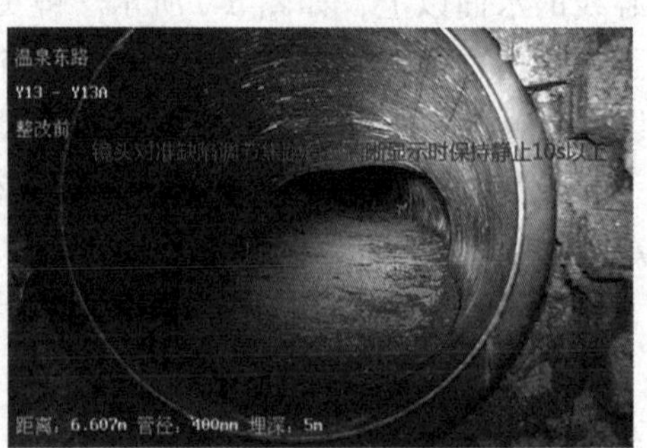

图 5-12　摄像头静止拍摄 10 s 以上

在开始录制视频前，应尽量显示以下信息：检测日期、检测开始时间、检测地点、爬行器行进方向、管道分类（雨水管道 / 污水管道 / 雨污混合管道）、检查单位 / 公司和检测人员姓名、项目名称、井口编号、管道材料、管径大小。

对各种缺陷、特殊结构和检测状况应做详细判读与记录，并应按相关规程的格式填写现场记录表。填写出错后不得修改后在旁边继续填写，应重新换表，重新填写。

由于地下管道的环境比较复杂和恶劣，使用激光测距传感器时，必须了解管道的管径、直线情况、内壁的污染程度及内部污水的高度等。激光测量时应注意以下事项：

（1）激光测距启用时，不要将激光照射人眼以免造成身体伤害。

（2）在管道中应用激光测距功能时，当管道内障碍物表面与激光光路垂直且障碍物尺寸大于激光光斑时，测距效果非常理想，测量距离能达到 30 m 以上；如果管道内壁并无障碍物，激光远距离斜打在管道内壁上，测距效果有时会不理想，尤其是小直径管道。

视频：检测操作

（3）为了增加反射面的面积以提高回光信号，可在检测时从管道内壁的一侧测向另一侧，以此提高发射光与目标物的夹角，从而加大反射强度。

（4）管道内目标测量物小于光斑尺寸时，检测的距离有可能不准确。

（5）小管径的管道（400 mm 以下）通常在 10 m 范围内测量效果比较理想。

（6）管道内潮湿，有飞溅水滴、蜘蛛网时，激光会被反射消耗，导致传感器的接收信号减弱，无法测得有效数据。

（7）当目标物受到明亮的照射时，也会影响测量数据。

与 CCTV 检测类似，《城镇排水管道检测与非开挖修复安全文明施工规范》（T/CAS 587—2022，T/GDSTT 02—2022）指出，QV 检测设备存在的安全危险源及对应的防护措施见表 5-1。

表 5-1　QV 检测设备存在的安全危险源及对应的防护措施

设备种类	危险源	防护措施
管道潜望镜（QV）检测设备	连接杆划伤路人、车辆	检测设备在移动时，应将连接杆缩短且不能横着拿连接杆
	触碰高空电缆线造成触电事故	QV 上下检查井时，应缩短连接杆，且留意高空电缆线，避免连接杆触碰高空电缆线

5.3.5　检测后工作

视频：QV 检测安全作业演示

应用 QV 完成排水管道检测工作后，需要遵循下列步骤完成设备保存及检测成果交付。

1. 设备保存

（1）关闭专用触控终端软件并关机。

（2）将摄像组件移至检查井外，拆卸设备，清理摄像组件外壳水渍、污浊。

（3）现场探测工作结束后，将消毒液按比例与清水混合后，用软布沾湿擦拭控制器及潜望镜，再用干燥的毛巾擦干后放入专用包装箱。切勿让潜望镜及控制器受到挤压、碰撞或冲击，造成不必要的损伤，切勿对 QV 设备进行浸泡式冲洗。

（4）在设备不继续使用时，需要关闭电源。

视频：控制器操作

（5）长时间不使用时，建议 3 个月内给电池充放电一次，超过 6 个月未使用要对摄像组件的密封性进行检查。由于镜头旋转轴处存在一定间隙，使用过程中及使用后，应注意保持该部分的清洁。

另外，检测工作结束之后，设备上的螺钉及其他配件不能松动，以防止掉落，如果长时间不使用其各项功能还需要定期调试。

2. 检测结果交付

检测人员在检测完成后应提供一份完整的检测资料。检测资料一般包括检测图纸、检测记录表、检测视频图像及检测报告。检测记录表应记录被检测管道的基本信息内容。检测报告应包含管道的编号、尺寸、位置及管道的状况。如管道存在相关问题，应采集相关图片并在检测报告中体现，以方便后期问题处理。对存在无法检测的情况，应予以说明。

QV 检测案例

（1）检测任务概况。2017 年，广州某企业对广州市南沙区榄核镇污水管网首期工

程B标进行QV检测，检测的目的是为榄核镇污水管网养护改造提供参考，通过现场探勘，检测区域现场交通条件良好，来往车辆少，且收集了检测区域CAD管网平面图相关历史资料，检测依据主要有《城镇排水管渠与泵站运行、维护及安全技术规程》（CJJ 68—2016）、《城镇排水管道维护安全技术规程》（CJJ 6—2009）、《城镇排水管道检测与评估技术规程》（CJJ 181—2012）等。待检测管渠的概况见表5-2。

表5-2　待检测管渠的概况表

管材直径 /mm	检测数量 /m	管材	接口形式	所在道路
500	1 487.29	HDPE双壁波纹管	承接式	广裕路、榄张路、蔡新路
300	106.64	HDPE双壁波纹管	承接式	广裕路、榄张路、蔡新路
400	28.50	HDPE双壁波纹管	承接式	广裕路、榄张路、蔡新路
600	58.50	HDPE双壁波纹管	承接式	广裕路、榄张路、蔡新路
800	398.46	HDPE双壁波纹管	承接式	

（2）检测相关设备。根据项目实际情况，投入的检测相关仪器设备主要包括管道潜望镜（QV）、气体检测仪、抓斗、河立式泥浆泵、对讲机等。

（3）工作进程及完成工作量。

1）工作进程为现场踏勘日期：2017年6月19日；进场工作日期：2017年6月24日；内业资料整理日期：2017年7月3日—2017年7月5日；报告编写日期：2017年7月7日。

2）工作量及检测方法：污水管49段，总长度为2 079.39 m，检查井为55个，检测方法为X1管道潜望镜。

（4）检测结论。具体检测结论见表5-3。

表5-3　QV检测结论

	管段缺陷等级	个数	管段累积长度 /m	占检测总长百分比 /%
管渠结构性状况	Ⅰ	8	11.00	0.53
	Ⅱ	17	55.00	2.65
	Ⅲ	6	15.00	0.72
	Ⅳ	1	3.00	0.14
	管渠总体结构性状况	管道存在各级结构性缺陷较多		
	修复建议	对二级以上结构性缺陷的管段进行点状修复或整段改造		
管渠功能性状况	管段缺陷等级	个数	管段累积长度 /m	管段累积长度 /%
	Ⅰ	15	83.00	3.99
	Ⅱ	6	50.00	2.40
	Ⅲ	5	26.00	1.25
	Ⅳ	6	61.36	2.95
	管渠总体功能性状况	管道存在各级功能性缺陷较多		
	养护建议	对二级以上功能性缺陷的管段进行清疏养护		

（5）排水管渠检测成果表。具体排水管渠检测成果见表 5-4。

表 5-4 排水管渠检测成果表（部分检测成果）

序号：6727 检测方法：X1 管道潜望镜

录像文件	B38 ～ B37	起始井号	B38	终止井号	B37
敷设年代	2017/6/25	起点埋深 /m	2.28	终点埋深 /m	5.19
管段类型	（WS）污水管道	管段材质	HDPE 双壁波纹管	管段直径 /mm	800
检测方向	0	管段长度 /m	58.5	检测长度 /m	58.5
修复指数	1.40	养护指数	—	检测日期	2017/7/1
检测地点	广裕路				

距离 /m	缺陷名称代码	分值	等级	管道内部状况描述	照片序号或说明
2.00	SL	2	2	结构性缺陷，环向 0111 位置，纵向长度 1.00 m	照片 1
0.50	BX	2	2	结构性缺陷，环向 0209 位置，纵向长度 3.00 m	照片 2

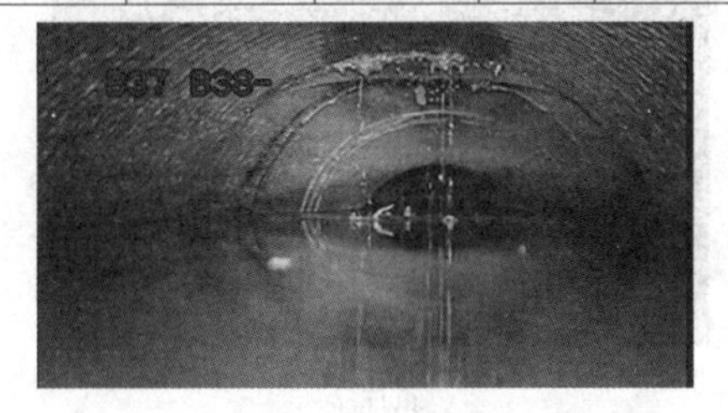

照片 1

照片 2

序号：6720 检测方法：X1 管道潜望镜

录像文件	B48 ～ B49	起始井号	B48	终止井号	B49
敷设年代	2017/6/25	起点埋深 /m	4.61	终点埋深 /m	4.03
管段类型	（WS）污水管道	管段材质	HDPE 双壁波纹管	管段直径 /mm	800
检测方向	0	管段长度 /m	88.02	检测长度 /m	88.02
修复指数	1.40	养护指数	4.40	检测日期	2017/7/1
检测地点	广裕路				

距离 /m	缺陷名称代码	分值	等级	管道内部状况描述	照片序号或说明
0.00	CJ	5	3	功能性缺陷，环向 0804 位置，纵向长度 8.00 m	照片 1
0.50	AJ	2	2	结构性缺陷，环向 1212 位置，纵向长度 1.00 m	照片 2

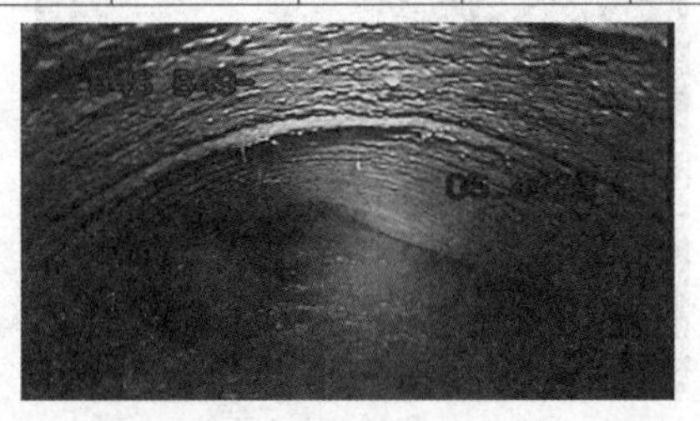

照片 1

照片 2

续表

序号：6714					检测方法：X1 管道潜望镜
录像文件	B33 ~ B32	起始井号	B33	终止井号	B32
敷设年代	2017/6/25	起点埋深 /m	2.80	终点埋深 /m	3.50
管段类型	（WS）污水管道	管段材质	HDPE 双壁波纹管	管段直径 /mm	500
检测方向	0	管段长度 /m	48.5	检测长度 /m	48.5
修复指数	0.35	养护指数	0.44	检测日期	2017/6/29
检测地点	广裕路				

距离 /m	缺陷名称代码	分值	等级	管道内部状况描述	照片序号或说明
2.00	CK	0.5	1	结构性缺陷，环向 0012 位置，纵向长度 1.00 m	照片 1
0.00	CJ	0.5	1	功能性缺陷，环向 0507 位置，纵向长度 4.00 m	照片 2

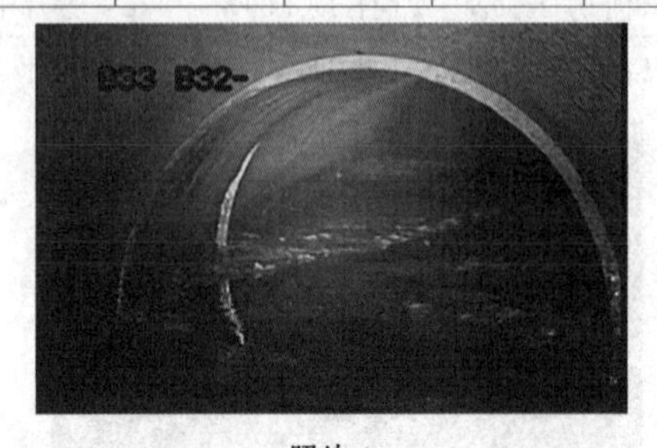

照片 1

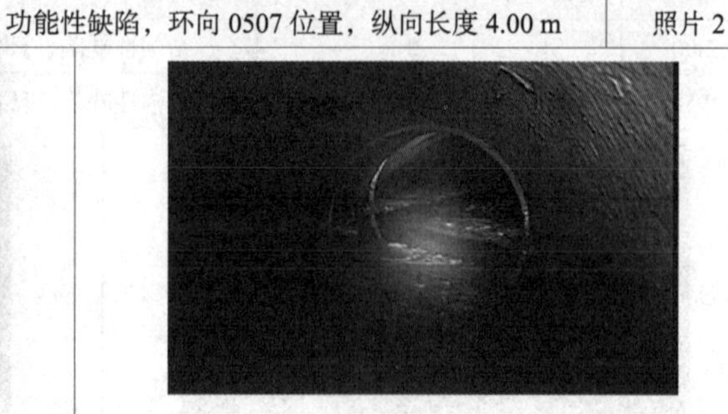
照片 2

序号：6703					检测方法：X1 管道潜望镜
录像文件	B20 ~ B20-1	起始井号	B20	终止井号	B20-1
敷设年代	2017/6/25	起点埋深 /m	3.07	终点埋深 /m	2.20
管段类型	（WS）污水管道	管段材质	HDPE 双壁波纹管	管段直径 /mm	300
检测方向	0	管段长度 /m	10.05	检测长度 /m	10.05
修复指数	1.54	养护指数	0.44	检测日期	2017/6/28
检测地点	广裕路				

距离 /m	缺陷名称代码	分值	等级	管道内部状况描述	照片序号或说明
0.00	CJ	0.5	1	功能性缺陷，环向 0705 位置，纵向长度 4.00 m	照片 1
3.00	BX	2	2	结构性缺陷，环向 0210 位置，纵向长度 3.00 m	照片 2

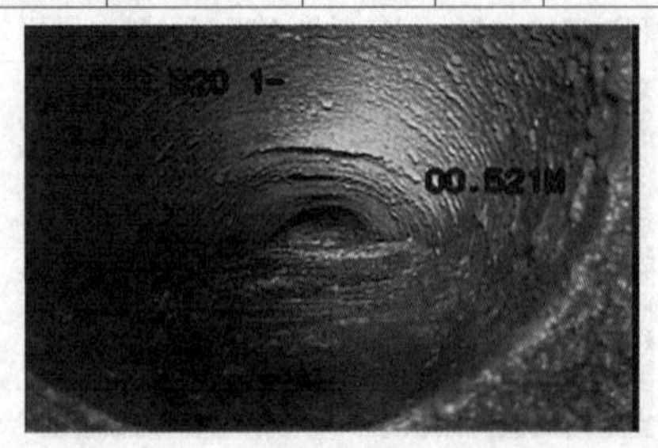

照片 1

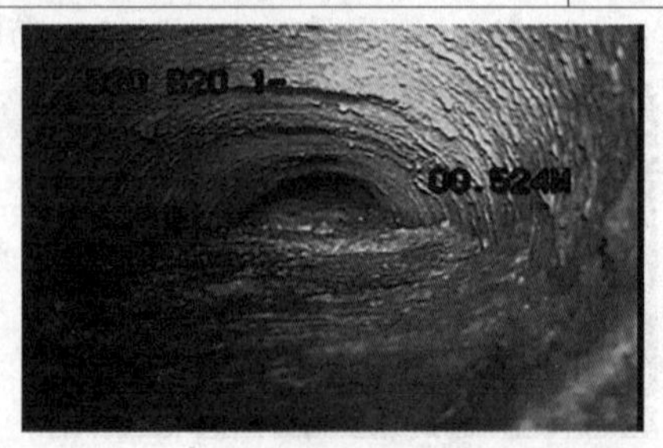

照片 2

5.4 排水管道潜望镜检测的技术要求及适用范围

5.4.1 潜望镜检测技术要求

按照国家和地方的相关标准要求，目前 QV 设备的技术指标一般都能不低于表 5-5 的要求。

表 5-5 管道潜望镜设备主要技术指标

项目	技术指标
图像传感器	≥ 1/4″CCD，彩色
灵敏度（最低感光度）	≤ 3 lx
视角	≥ 45°
分辨率	≥ 640 × 480
照度	≥ 10 × LED
图像变形	≥ ± 5%
变焦范围	光学变焦≥ 25 倍，数字变焦≥ 12 倍
存储	录像编码格式：MPEG4、AVI；照片格式：JPEG

常见的 QV 主要技术参数见表 5-6。

表 5-6 常见的 QV 主要技术参数一览表

<table>
<tr><td rowspan="5">主机</td><td>环境要求</td><td>能适应直径 150 mm 以上管道</td></tr>
<tr><td>远光灯、近光灯</td><td>LED 灯</td></tr>
<tr><td>续航时间</td><td>单块电池正常时间≥ 3 h</td></tr>
<tr><td>俯仰角度</td><td>俯仰可调范围 90°，仰视 45°、俯视 45°（可定制俯视 90°）</td></tr>
<tr><td>工作温度 /℃</td><td>−20 ～ 55</td></tr>
<tr><td rowspan="3">通信</td><td rowspan="2">无线通信</td><td>无线传输方式，操作更便捷</td></tr>
<tr><td>高频无线，适应任何作业场景，无卡顿，无延迟</td></tr>
<tr><td>无线中继放大器</td><td>放大主机的发射的信号，提高主机信号接收范围</td></tr>
<tr><td rowspan="2">摄像机组</td><td>分辨率 / 像素</td><td>最高分辨率为 1 920 × 1 080</td></tr>
<tr><td>镜片除雾功能</td><td>带加热除雾功能，软件控制界面有控制开关按键</td></tr>
<tr><td rowspan="2">伸缩杆</td><td>长度 /m</td><td>≥ 5</td></tr>
<tr><td>材料</td><td>快速插拔接口，高强度碳纤维</td></tr>
<tr><td rowspan="2">激光测距</td><td>测距参数</td><td>最远距离为 100 m 以上，误差 ± 0.5 cm</td></tr>
<tr><td>防护等级</td><td>IP68</td></tr>
</table>

续表

控制终端	控制单位	可控制主机的俯仰角度；远近灯光亮度调节；调焦、变倍、除雾、录像、抓拍等
	存储	内置固态硬盘，支持控制器和 SD 卡存储方式
	信息显示	可实时显示环境视频、日期时间、俯仰角等信息和潜望镜内部压力信息、气体信息，并可通过功能键设置这些信息的显示状态
	检测分析	管道缺陷分析，终端手动截图缺陷图

与 CCTV 设备的基本要求类似，管道潜望镜也是采用视频成像作为检测结果。不同的是，CCTV 爬行器进入管道内摄像，而管道潜望镜仅将摄像头放在检查井与管道交界处，通过高倍变焦镜头实现不同距离的拍摄，因此，潜望镜的镜头变焦能力是设备的主要参数。常见设备均能达到表 5-5 中光学变焦与数字变焦的基本要求。

5.4.2 潜望镜检测适用范围

潜望镜检测一般适用于对管道内部状况进行初步判定，管道潜望镜检测时，管道内水位不宜大于管径的 1/2，管段长度不宜大于 50 m。潜望镜具有携带方便、操作简单、成像快等优点，同时由于检测时，潜望镜只能放置于管口位置对内部进行拍摄，其光源不足，对管道内细微结构性问题不能提供很好的结果，检测距离较短。管道潜望镜检测的结果仅可作为管道初步评估的依据。有下列情形之一时应中止检测：

（1）管道潜望镜检测仪器的光源不能够保证影像清晰度时。

（2）镜头沾有泥浆、水沫或其他杂物等影响图像质量时。

（3）镜头浸入水中，无法看清楚管道状况时。

（4）管道充满雾气影响图像质量时。

（5）其他原因无法正常检测时。

课后习题

一、填空题

1. QV 检测系统主要由______、______、______、______组成。

2. 一般检测现场应配备一名______，对现场安全操作进行规范化管理，以保证检测任务顺利进行。

3. 检测记录表应记录被检测管道的______。

4. 检测报告应包含管道的______、______、______及管道的______。

5. 管道潜望镜具有______、______、______等优点。

6. 管道潜望镜检测一般适用于对管道内部状况进行初步判定，同时检测时，管道内水位不宜大于管径的______，管段长度不宜大于____ m。

7. 常规防护设备包括______、______、______、______等。

二、判断题

1. 为远端提供光源补偿，一般采用 LED 灯光，可覆盖的距离在 50 m 左右，能够满足管道快速检测需求。（　　）

2. 探测缺陷位置距离，一般激光测距仪的有效测试距离在 100 m 左右，精度在厘米级误差范围内。（　　）

3. 确认设备连接安全后缓缓将设备送至检查井内，保持伸缩杆与地面基本垂直，保持摄像机高于水面 150 mm 距离，摄像机尽量保持在管道中央。（　　）

4. 管道潜望镜检测一般适用于对管道内部状况进行初步判断，同时检测时，管道内水位不宜大于管径的 1/3，管段长度不宜大于 50 m。（　　）

5. 激光测距启用时，不能用激光照射人眼以免造成人体伤害。（　　）

三、简答题

1. 简述 QV 检测的原理。

2. 常见 QV 主机的结构包含哪些部分？

3. 激光测距的原理。

四、识图题

根据下列 QV 检测图片（照片 1 ～照片 6），对其缺陷及等级判读，并使用时钟法表示出缺陷的位置。

照片 1

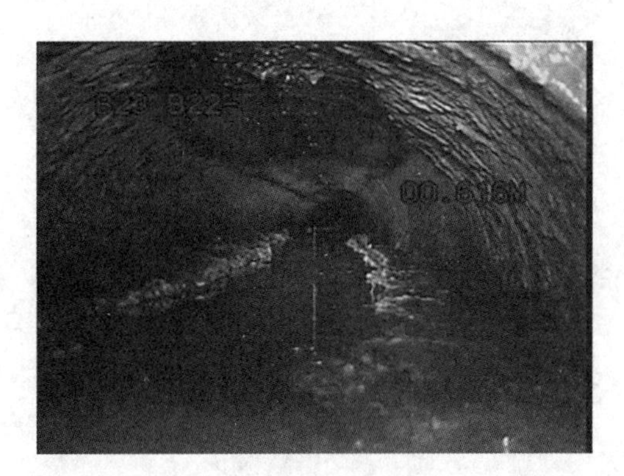

照片 2

照片 3

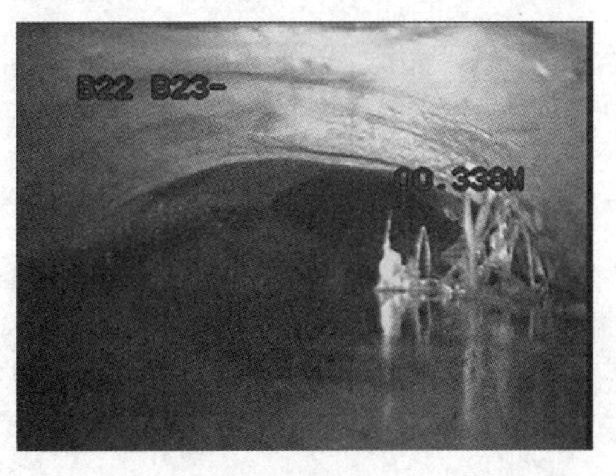

照片 4

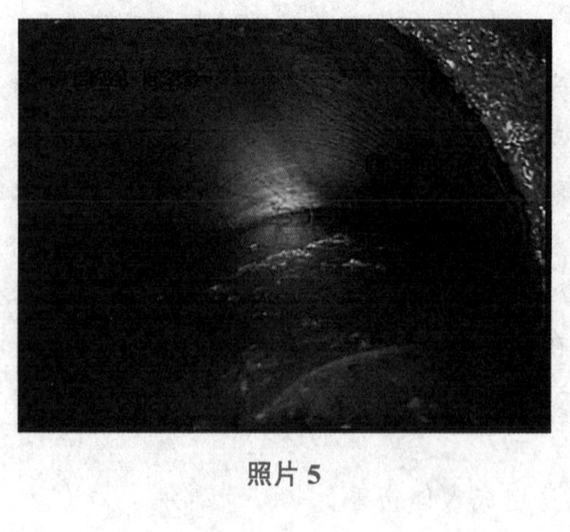

照片 5

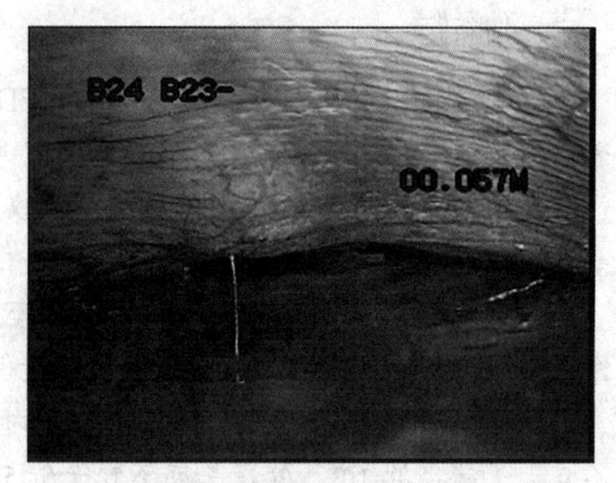

照片 6

项目 6

排水管道声呐检测

知识目标

1. 了解排水管道声呐检测的原理。
2. 熟悉排水管道声呐检测设备构造。
3. 掌握排水管道声呐检测的流程。
4. 掌握排水管道声呐检测轮廓图识读方法。

技能目标

1. 具备声呐正确安装与操作能力。
2. 具备应用排水管道声呐检测的能力。
3. 具备声呐检测轮廓图判读的能力。

素质目标

1. 遵守相关法律法规、标准和管理规定。
2. 具有良好的职业道德、较强的责任心和科学的工作态度。
3. 具备吃苦耐劳、实事求是的工作作风和团结协作的意识。
4. 具备观察、分析和判断的能力。

案例导入

近年来，随着城市化进程的加速，城市地下高水位管道的检测变得尤为重要。CCTV等可视检测方法对水位太高的管道无法检测，停水检测又会大大提高检测的成本。以往的潜水作业虽能解决这一问题，但风险和成本太高，这时利用水中声波进行探测的声呐检测技术应运而生。排水管道声呐检测是采用声波探测技术对管道内水下物体进行探测和定位的检测方法，主要用于在有水的条件下检查各类管道、沟渠、方沟的缺陷，破损及淤泥状态等。声呐检测已经成为与CCTV检测系统并用的必备检测工具（图 6-1）。

武汉市某区一条管径为 1 500 mm 和 1 800 mm 污水主干管道，日常为高水位运行状态，雨季时该条污水管道某处检查井常出现冒溢，推测该条污水管道部分管段淤积严重导致管道堵塞。由于该条污水主干管道采用非开挖施工技术，检查井井室较大，最大埋深近 8 m。采用量深杆量测方法仅能提供检查井井底淤积数据，而无法获取管道内部淤积数据对管道功能性状况进行有效评估。

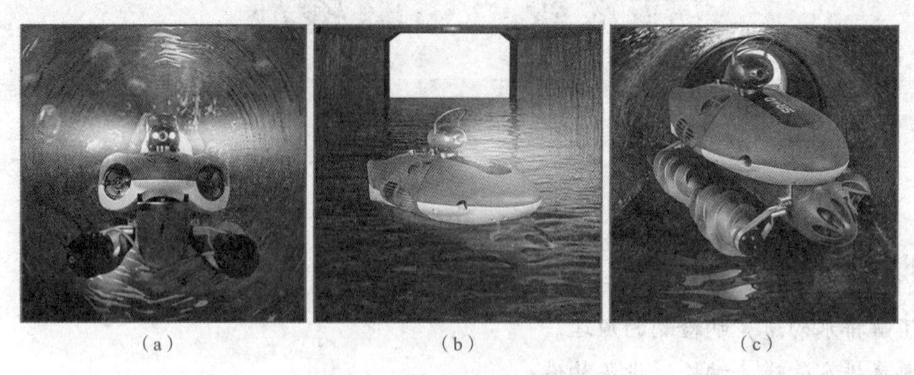

图 6-1　声呐典型应用场景

(a) 市政管道检测；(b) 箱涵检测；(c) 淤泥场景检测

（资料来源：张云霞，吴嵩，李翅等 . 声呐检测系统在排水管道淤积调查中的应用 [J]. 测绘与空间地理信息，第 43 卷，2020 年 8 月）

声呐检测工作场景示意如图 6-2 所示。

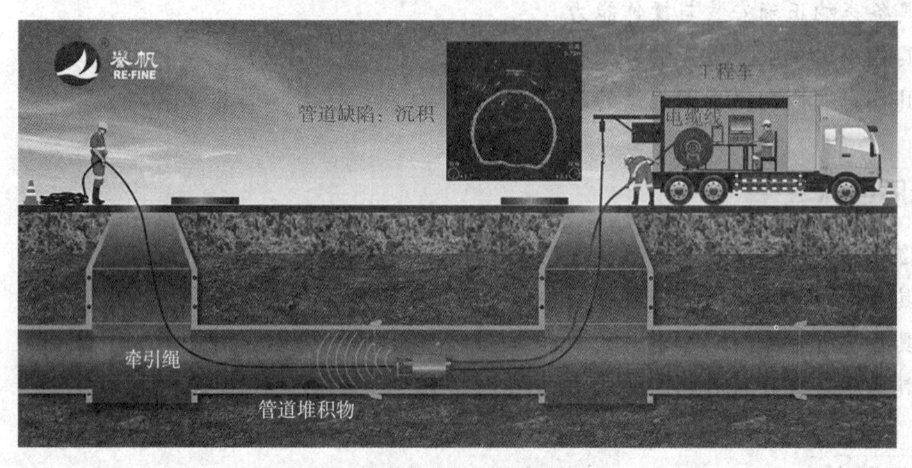

图 6-2　声呐检测工作场景示意

知识拓展

声呐是一种声学探测设备，是英文缩写“SONAR”的中文音译，其全称为：Sound Navigation And Ranging（声音导航与测距）。在水中进行观察和测量，具有得天独厚条件的只有声波。这是由于其他探测手段的作用距离都很短，光在水中的穿透能力很有限，即使在最清澈的海水中，人们也只能看到十几米到几十米内的物体；电磁波在水中也衰减很快，而且波长越短，损失越大，即使用大功率的低频电磁波，也只能传播几十米。然而，声波

在水中传播的衰减就小得多，在深海声道中爆炸一个几公斤的炸弹，在20 000 km外还可以收到信号，低频的声波还可以穿透海底几千米的地层，并且得到地层中的信息。在水中进行测量和观察，迄今还未发现比声波更有效的手段。

声呐是利用声波在水中的传播和反射特性，通过电声转换和信息处理进行导航和测距的技术，也指利用这种技术对水下目标进行探测（存在、位置、性质、运动方向等）和通信的电子设备。声呐技术至今已有100年历史，1906年由英国海军的刘易斯·尼克森所发明。低频的声呐甚至可以穿透水泥、岩石等，是水声学中应用最广泛、最重要的一种装置（图6-3）。

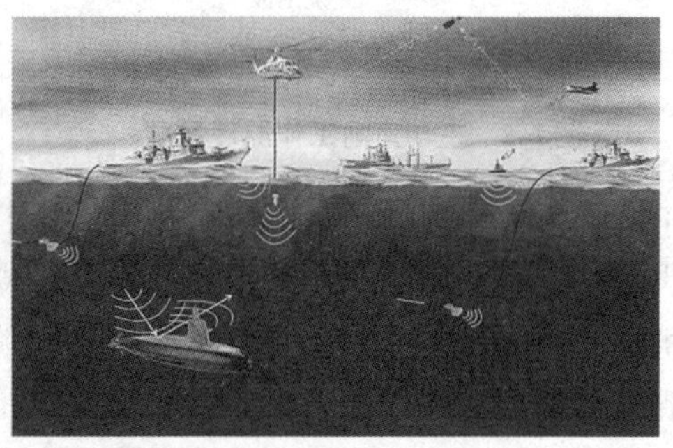

图6-3　声呐原理

6.1　排水管道声呐检测原理

视频：声呐检测原理

声呐检测是利用声波可以通过水传播，遇固体反射的原理，对管道等设施内水下物体进行扫描探测和定位识别的检测方法。

声呐按工作方式，可分为被动声呐和主动声呐。被动声呐技术是指声呐被动接收舰船等水中目标产生的辐射噪声和水声设备发射的信号，以测定目标的方位和距离，判断出目标某些特性。它由简单的水听器演变而来，特别适用于不能发声暴露自己而又要探测敌舰活动的潜艇。被动声呐原理如图6-4所示。

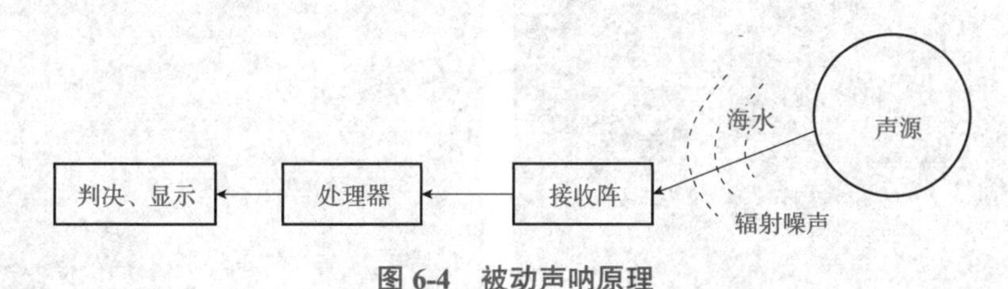

图6-4　被动声呐原理

主动声呐技术是指声呐主动发射声波“照射”目标，而后接收水中目标反射的回波时间，以及回波参数以测定目标的参数，可用来探测水下目标，并测定其距离、方位、移动速度、移动方向等要素。有目的地主动从系统中发射声波的声呐称为主动声呐。其工作原理如图6-5所示。主动声呐也称回音定位声呐。

主动声呐主要由换能器（常为收发兼用）、发射器（包括波形发生器、发射波束形成

器）、定时中心、接收机、显示器、控制器等几个部分组成，如图 6-6 所示。其主要是先将电能转变成声能，又再将回波转变成电能并放大处理显示。

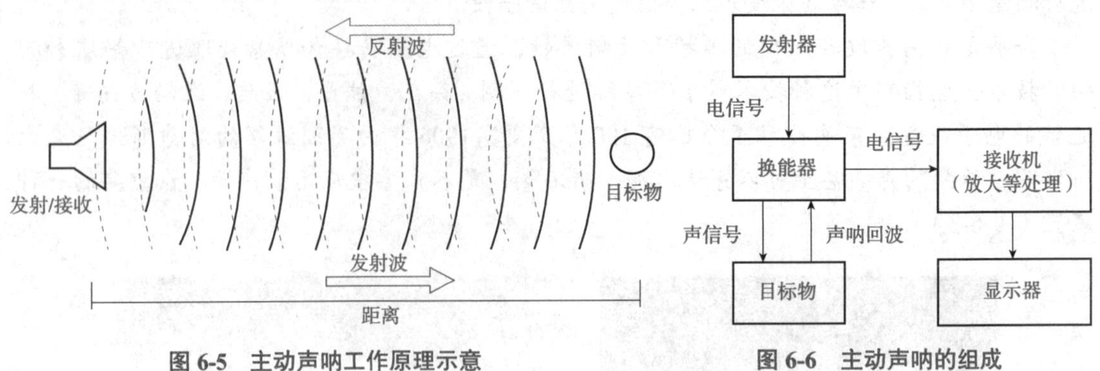

图 6-5　主动声呐工作原理示意　　**图 6-6　主动声呐的组成**

用于排水管道检测的是主动声呐技术。其工作原理是以脉冲发射波为基础，利用反射的高频声波来定位介质的非连续性。仪器内部装有步进电动机和声呐聚焦换能器，利用步进电动机带动换能器在排水管道中绕自身 360° 旋转，并连续发射声呐信号，发射信号的传播时间和幅度被测量并记录下来显示成管道截面图，通过观测截面图来判断水下情况。具体而言，就是信号在水下传播途中水下障碍物或目标反射回波，由于目标信息保存在回波之中，可根据接收到的回波信号来判断目标的存在，通过回波信号与发射信号间的时延推知目标的距离，由回波波前法线方向可推知目标的方向，由回波信号与发射信号之间的频移可推知目标的径向速度。此外，由回波的幅度、相位及变化规律识别出目标的外形、大小、性质和运动状态等参量。由于声呐探头旋转 360°/s，通常的探测方式是使声呐探头以摄像检测那样较慢的速度通过管道时，用声呐波束描绘管道内部一个螺旋圆周，声呐探头的移动速度取决于管道直径和需要探测的缺陷大小。系统通过颜色区别声波信号的强弱，并标识出反射界面的类型（软或硬）、默认的“彩虹”颜色方案，使用红色表示强信号，使用蓝色表示弱信号，中间色表示不同强度信号（图 6-7）。

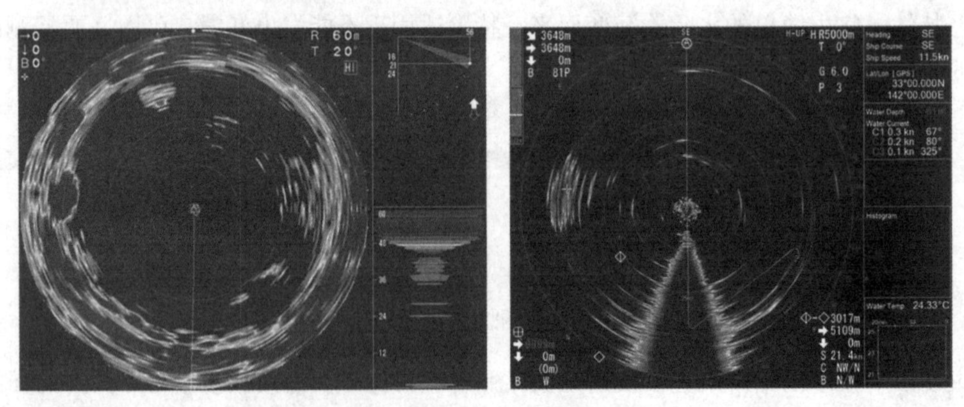

图 6-7　声呐“彩虹”方案详图

简而言之，排水管道声呐检测其实就是检测排水管道每个单位距离的横断面，通过每个横断面图形上的变化，综合判断完成管道检测。图 6-8 所示为排水管道声呐检测中的典型管道横断面图。

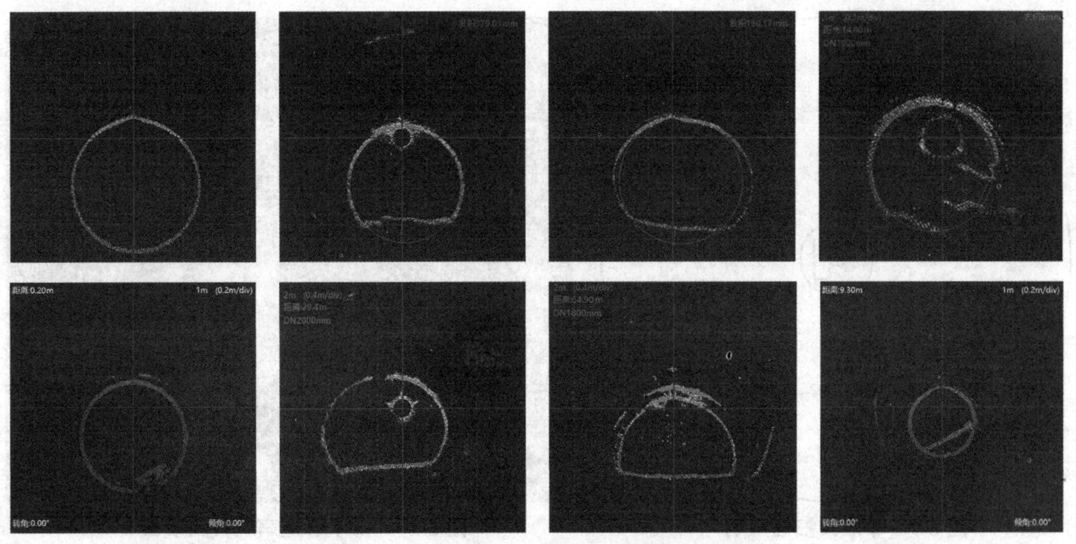

图 6-8　声呐检测中的典型管道横断面图

声呐检测具有灵敏度高、穿透力强、探伤灵活、效率高、成本低等优点。当管道处于满水状态且不具备排干条件时，采用传统的视频检测手段已无法取得较好的检测效果。声呐检测是目前检测满水或高水位管道最有效的手段。此外，管道的直径对于流体的流动性和整体系统的效率至关重要，声呐通过释放声波，并接收其反射回来的波，可完成管道内部直径的识别。管道内的稀泥或其他沉积物会随着时间的推移累积，管道声呐检测仪可以非常明确地进行稀泥顶部深度识别，为清理操作提供准确的参考。除软质的稀泥外，管道中还可能存在硬质的沉积物，它们的存在可能对管道造成损害或减少使用寿命。应用声呐检测仪不仅可以识别这些沉积物的位置，还可以准确测量其厚度。

6.2　排水管道检测声呐的构成

当前在排水管道声呐检测中，最多使用的是机械扫描式声呐。这种声呐由机械驱动的一组换能器组成，它按照设计的一定步进角度向周围发射一束一束的声波脉冲，通常是 360° 的扫描范围，因此也称为单波束扫描声呐（图 6-9）。

排水管道声呐检测设备是一套复杂的控制和数据采集及处理系统。设备组成包括载具、发射器、接收器、测量仪器、数据处理器、电源等系统。从功能上主要划分为三个部分，即主控制器（声学处理单元，带有专用采集软件、显示器）、水下探头（又称水下扫描单元，附带漂浮承载器）和连接电缆，如图 6-10 所示。

6.2.1　主控制器

主控制器是整个系统的控制中心，可以采用工业控制器或笔记本电脑，通过 USB 接口或 WiFi 接收计算机的控制命令，按照协议格式编码组成“命令包”发送给探头。主控制器接收探头通过电缆线传输的“数据包”，数据经存储器缓冲后传输给微处理器，通过专有算法分析数据，剔除干扰杂波，得到有用数据，最后通过 USB 接口或 Wi-Fi 传输到计算机显示。

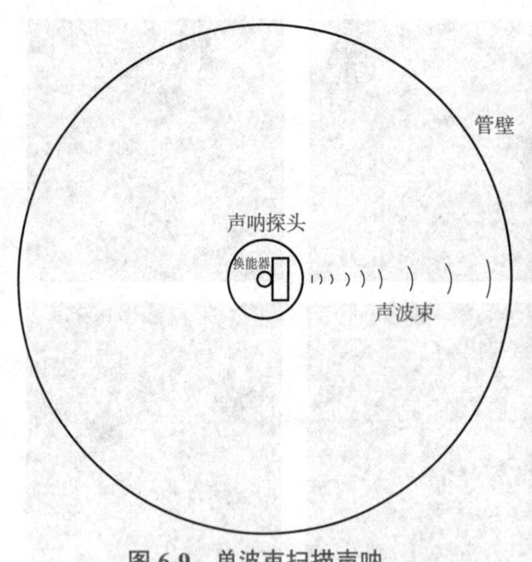

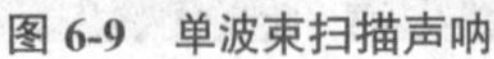

图 6-9　单波束扫描声呐

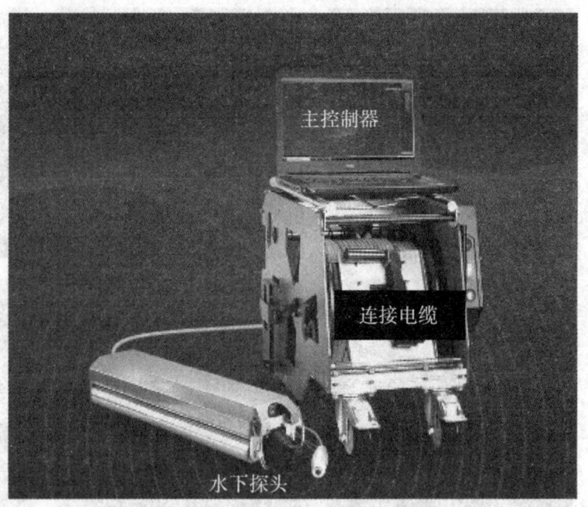

图 6-10　排水管道声呐检测设备

排水管道声呐回波信号检测属于弱信号检测范围，并且随着管道口径大小的不同或管壁腐蚀破损程度的不同，回波信号的幅度差别很大，从微伏级到伏级，对数据采集系统特别是模数转换器的采样速度、精度及动态范围都有很高的要求。

6.2.2　声呐探头

声呐探头是整个传感器的集成体，包括声呐传感器、气压传感器、温度传感器、姿态传感器等。声呐探头接收到主控制器发送的“命令包”后，将采集到的数据组成数据包后发送给主控制器。图 6-11 所示为常见的声呐探头。探头可安装在爬行器、牵引车或漂浮筏上。图 6-12 所示为没有动力、载具为漂浮筏排水管道检测声呐。承载设备应具有足够的稳定性不易滚动或倾斜，使其在管道内移动，连续采集信号。

图 6-11　声呐探头

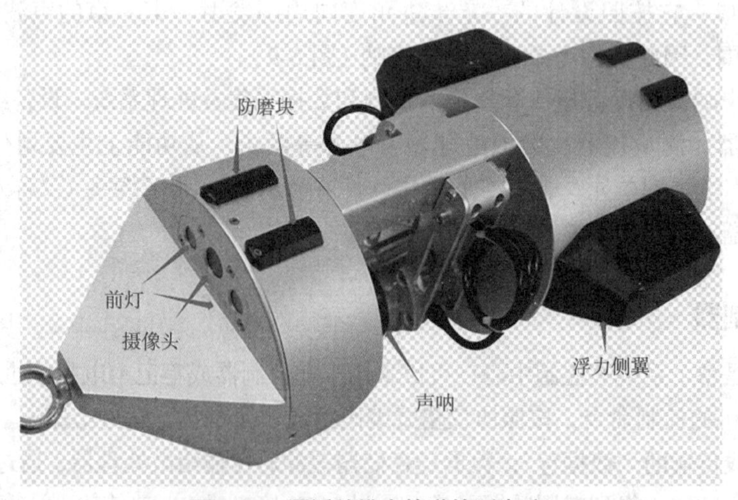

图 6-12　漂浮筏排水管道检测声呐

6.2.3 连接电缆

连接电缆将探头和主控制器连接起来。为便于运输和检测，线缆一般都是缠绕在一柱形圆盘上，圆盘的滚动轴又安装在特制框架上。声呐电缆卷盘具有记录距离的编码器，精度一般都能达到 0.01 m。

6.3 排水管道声呐检测的流程及方法

排水管道声呐检测只能用于水下物体的检测，解决排水管道在满管水或半管水情况下无法采取检测的问题。排水管道声呐检测可提供管道过水剖面淤泥沉积、垃圾堵塞、管道变形、偏移错位等精确具体的数据图像信息，但对结构性缺陷检测有局限，一般作为缺陷准确判定和修复的参考依据。可以与 CCTV 检测互相配合，取长补短，同时测得水面以下和水面以上的管道状况。

6.3.1 工作流程

利用声呐检测排水管道，一般可分为普查类和特种类。普查类包括养护质量的检测考评、淤积量的测量和实际平均过水断面测量等；特种类包括水流异常情形下的断面损失确认、水面下管道设施的分布等。声呐检测工作流程如图 6-13 所示。

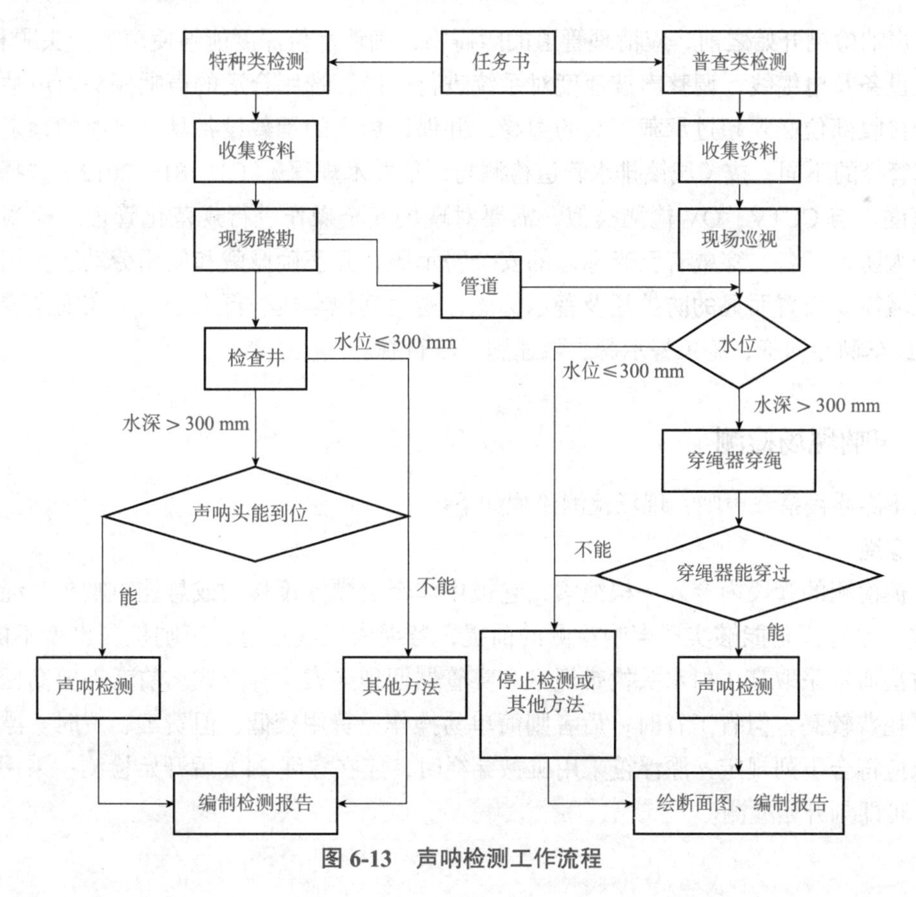

图 6-13 声呐检测工作流程

选择声呐作为检测方法，一般在 CCTV 无法实施的情形来进行。检测目的不同，流程也不同。声呐检测是目的性极为明确的检测方法，因此，需要在现场实施检测工作前，搞清楚检测的目的，根据需求，确定本次检测是针对哪种缺陷、查找哪类问题、求证哪些数据。与 CCTV 不同的是，声呐检测前无须对管道采取任何措施的预处理，但漂浮筏声呐需要提前穿绳，近年来行业已经出现自带动力的声呐检测设备，无须提前穿绳。

在整个流程中，前期摸清声呐检测能够实施的前提条件非常重要，如牵引绳能否从一个检查井穿至另一端检查井、水位和流速是否满足要求等。《城镇排水管渠与泵站运行、维护及安全技术规程》（CJJ 68—2016）规定，采用声呐检测时，管内水深不宜小于 300 mm。

6.3.2 声呐检测前准备

排水管道声呐检测前准备工作与 CCTV 检测、QV 检测相一致，即需要进行资料收集，现场踏勘与检测方案编制。对于声呐检测而言，待检测管道分时段的水位和流速等运行资料对制订施工方案非常有帮助，它直接关系到检测工作能否顺利进行。因为声呐是依靠声波在水中传播遇到固体后形成反射波，设备本身有一定尺寸，如果探头被淤泥淹没，声呐将失去信号。因此，现场踏勘时，需要开井检查管道的水位、检查井构造，用量泥杆或量泥斗检测水深和淤泥深度，根据检测数据确定管道内实际水的有效空间是否满足检测要求。

在声呐检测开始之前，应清理管道的障碍物，确认水位深度能够使声呐探头顺利前行。并连接设备及电缆线，调整声波速度对系统进行校准，选用合适的声呐探头。声呐探头的发射和接收部位必须超过承载工具的边缘，并保证探头的承载设备具有足够的稳定性。需要根据管径的不同，按《城镇排水管道检测与评估技术规程》（CJJ 181—2012）选择不同的脉冲宽度。与 CCTV、QV 检测类似，需要对现场安全操作进行规范化管理。检测人员应配齐个人防护装备，穿戴有反光标志的安全警示服，并正确佩戴和使用劳动防护用品，在检测区域需要设置明显的防护栏及警示标志，避免其他车辆、行人进入。在安全警示锥后 5 m 摆放车辆导向牌、施工警示牌、限速牌、禁行牌。

6.3.3 声呐现场检测

对于漂浮筏搭载声呐，现场检测流程如下。

1. 穿绳

在被检测的管段内穿入一根绳索，它被用作牵引漂浮筏移动或悬挂声呐头。绳索能否穿过被检测管段是能够实现声呐检测的前提，若绳索无法穿过，声呐检测也就不能进行。穿绳方法通常采取高压射水头携带绳索和穿管器回拖绳索两种形式。前者需要高压冲洗车配合，耗费较高，但省工省时；后者则简单易操作，费用较低，但费工、费时。漂浮筏穿绳要求应符合下列规定：漂浮筏采用机械穿绳时，应在穿绳 24 h 后开始检测；采用人工穿绳时，可即刻开始检测。

2. 设备校准

由于声呐检测是以水为介质，声波在不同的水质中传播速度不同，反射回来所显示的距离也不同，因此设备连接好后，应从被检测管道中取水样，根据测得的实际声波速度对系统进行校准。根据设备型号、功能的不同，校准可能包括线缆计米器的校准、信号强弱的调节，如图 6-14 所示。此外，需要利用测量工具标准尺对现场实测管径数据与声呐现场实测模拟轮廓数据进行一对一标定。

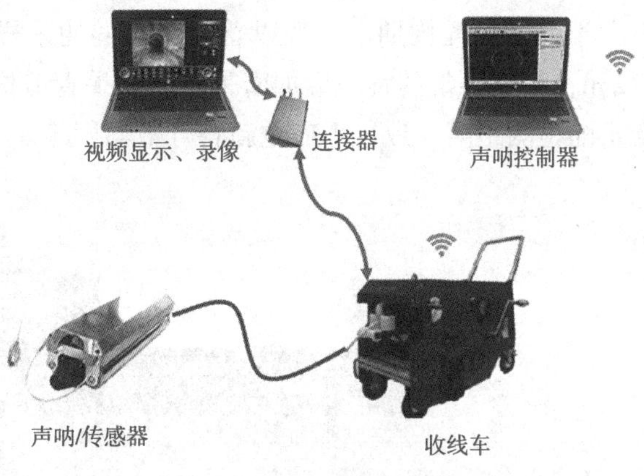

图 6-14 设备连接校准

3. 声呐设备吊放下井

声呐设备通过牵引吊放下井。牵引的方式有两种：一是将一根绳索固定在两检查井端，将声呐探头悬挂在绳索上，用另一根绳索牵引声呐探头缓慢地从上游井向下游井移动，如图 6-15 所示。与此同时，专用软件在控制系统上记录下全程扫描过程，并间隔一定距离（或时间）记录管道横截面扫描图。二是将声呐探头固定于漂浮筏上，用绳索牵引漂浮筏完成上述过程，如图 6-16 所示。方式一的缺点是声呐探头本身质量较重，单纯用绳索牵引，很容易使声呐探头埋于淤泥之中，而失去声呐反射信号。方式二以漂浮筏平衡了声呐探头的质量，可使声呐探头浮于管道顶部，便于获得稳定的反射信号，但要根据管径的不同选用适合的漂浮筏。

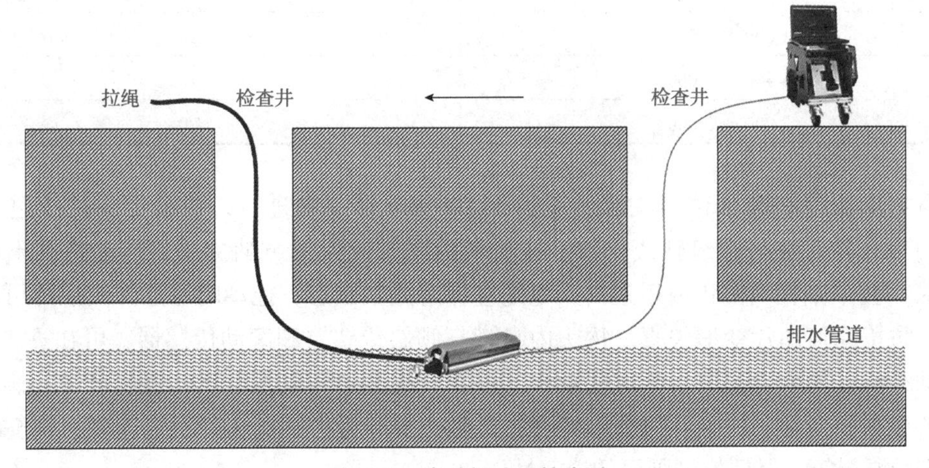

图 6-15 声呐探头悬挂牵引

4. 管道声呐检测

声呐探头安放在检测起始位置后，在开始检测前，应提前开机预热 10 min，以保证设备进入稳定状态。计数器需要归零，并调整电缆处于自然紧绷状态，根据管径选择适合的脉冲宽度，选择标准见表 6-1［上海市地方标准《排水管道电视和声纳检测评估技术规程》（DB31/T 444—2022）］，调节达到最佳彩色的信号强度。在检测过程中应根据被检测管道的规格，在规定采样间隔和管道变异处应停止声呐探头行进，定点采集数据，其停顿时间应大于一个扫描周期。一般以普查为目的的采样点间距约为 5 m，其他检查采样点间距约为 2 m，存在异常的管段应加密采集。如果管道检测中途停止后需继续检测，则距离应该与中止前检测距离一致，不应重新将计数器归零。

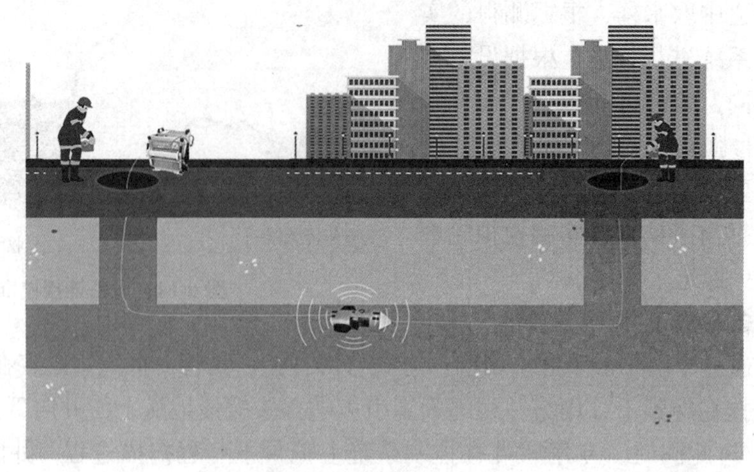

图 6-16 绳索牵引漂浮筏

表 6-1 声呐检测脉冲宽度选择标准

管径管围 /mm	脉冲宽度 /μs
125 ～ 500	4
500 ～ 1 000	8
1 000 ～ 1 500	12
1 500 ～ 2 000	16
2 000 ～ 3 000	20

声呐检测应在高水位，或水位不少于 300 mm 管道内进行，声呐探头的推进方向应与流向一致，并应与管道轴线一致。拖动牵引绳时应保持声呐探头的行进速度不能超过 0.1 m/s；在声呐探头前进或后退时，电缆应保持绷紧状态；拖动时注意探头应尽可能保持水平，防止几何图片变形失真。探头内自带有倾斜传感器和滚动传感器，可在 ± 45° 范围内自动补偿。如果管道内水流速度较快，可能造成声呐探头不稳定，超过自身补偿范围的可能造成画面变形，检测几何图形失真。此时，要降低声呐探头的行进速度，调整或更换更稳定的漂浮筏，保证检测画面的稳定性。

声呐检测时，在距离管段起始、终止检查井处应进行 2 ～ 3 m 长度的重复检测。

有下列情形之一的，应停止排声管道声呐检测：

（1）声呐探头受阻无法正常前行工作时；

（2）声呐探头被水中异物缠绕或遮盖，无法显示完整的检测断面时；

（3）声呐探头埋入泥沙致使图像变异时；

（4）声呐探头出现漏油或密封问题时；

（5）有缆遥控水下机器人的螺旋桨或脐带电缆发生缠绕时；

（6）有缆遥控水下机器人无法实现定向及定深时；

（7）其他原因无法正常检测时。

视频：声呐检测操作步骤

与 CCTV、QV 检测类似，《城镇排水管道检测与非开挖修复安全文明施工规范》（T/CAS 587—2022，T/GDSTT 02—2022）指出，声呐检测设备存在的安全危险源及对应的防护措施见表 6-2。

表 6-2　声呐检测设备存在的安全危险源及对应的防护措施

声呐检测设备	防止声呐卡在管段里损坏机器	声呐前进后退时宜缓慢进行，当前进受到阻力可能存在管道内空间狭小难于前行时，应终止检测
	线缆盘（车）滑动	固定线缆盘（车），放下线缆车移动轮的刹车
	放线、收线时线缆割伤手	在辅助放线及收线时务必佩戴橡皮手套，防止线缆割伤手
	拉扯尾部线缆，引起机器故障	检测完成后，回收机器时打开后视摄像头，随着机器后退速度缓慢回收线缆，严禁盲目、大力拉扯尾部线缆造成机器损坏

6.4　数据处理与评价

声呐设备扫描管道、检查井等设施时，装配有专用检测软件的计算机显示屏上显示的是离散点集合图。由于该图像反映的是管道内壁反射面的外轮廓，也称为轮廓图（断面图），如图 6-17 所示。将该图与管道强制性矢量拟合线对比，进行处理与评价来判定管道缺陷。用鼠标量测变异部分的图像，可得到缺陷的尺寸大小。专用的检测和分析软件通常具备以下功能：支持管道截面图动画播放，管道 360° 全景展开；支持生成管道三维模型，沉积和缺陷一目了然；支持淤泥量分析，量化数据更精确；自动生成报表，高效率制作报告。

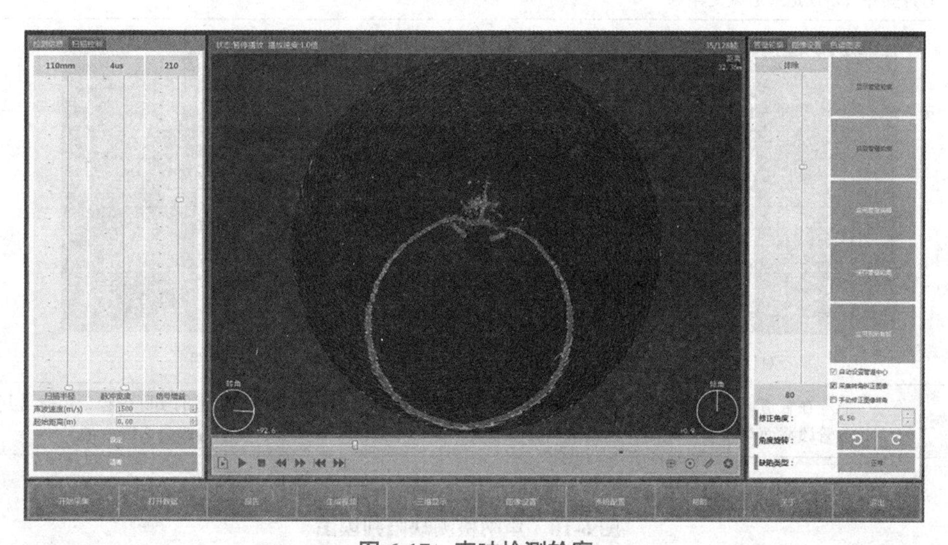

图 6-17　声呐检测轮廓

管道声呐轮廓图判读的注意事项如下：

（1）管道声呐轮廓图判读要结合前后图形对比，连续的截面图才能反映真实情况。

（2）管道声呐轮廓图判读要结合实际作业工况分析，最好能在作业现场得到初步结论。

（3）管道声呐轮廓图判读要积累一定经验，需要有管道缺陷抽象成二维图形的能力。

6.4.1 管道结构性缺陷分类及判读

管道结构性判读是根据声呐检测图像，对比拟订的轮廓形状，判断其差异性，确定其缺陷类型。声呐能够显现的缺陷种类主要有管道变形性破裂、柔性管材的管道变形、支管暗接、大体积的异物穿入等。图 6-18 显示了几种典型的管道结构性缺陷的声呐轮廓图。

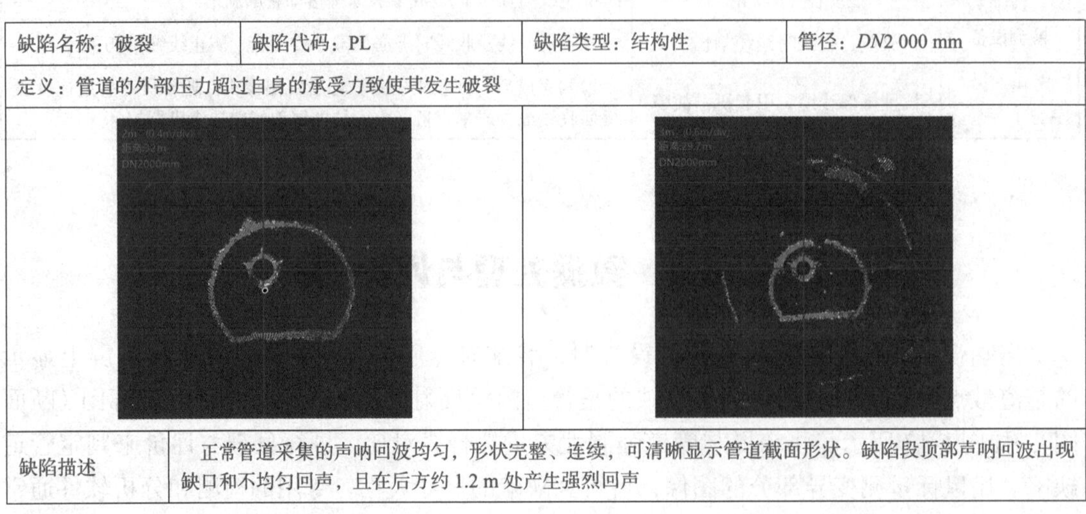

缺陷名称：破裂	缺陷代码：PL	缺陷类型：结构性	管径：*DN*2 000 mm
定义：管道的外部压力超过自身的承受力致使其发生破裂			
缺陷描述	正常管道采集的声呐回波均匀，形状完整、连续，可清晰显示管道截面形状。缺陷段顶部声呐回波出现缺口和不均匀回声，且在后方约 1.2 m 处产生强烈回声		

（a）

缺陷名称：变形	缺陷代码：RX	缺陷类型：结构性	管径：*DN*1800 mm
定义：管道受外力挤压造成形状变异			
对比图		样图	
缺陷描述	在管道声呐图像中出现肉眼可见的形状变异，管道实际最小内径小于管道的实际内径，由此可判断当前管段截面存在变形缺陷，经测量当前管段截面变形率为 5% ～ 15%，缺陷等级为 2 级变形		

（b）

图 6-18　声呐检测缺陷判读图

（a）破裂；（b）变形

缺陷名称：支管暗接	缺陷代码：AL	缺陷类型：结构性	管径：*DN*1 000 mm
定义：支管未通过检查井直接侧向接入主管			
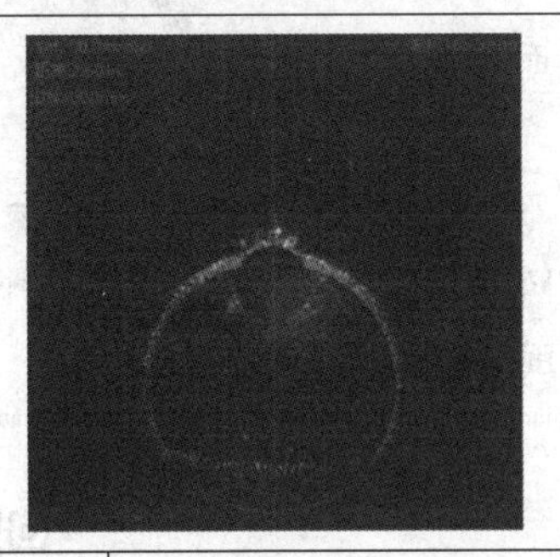		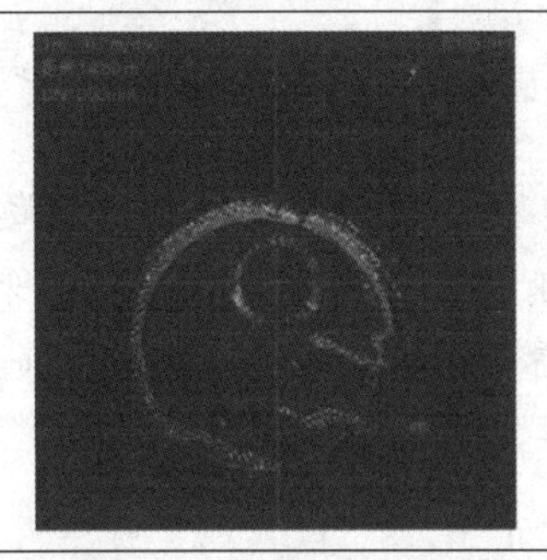	
缺陷描述	在管道声呐图像圆弧右侧上出现肉眼可见的缺口，同时出现明显横向于当前管壁外侧的两条向外延伸的强回声声呐直线，由此可判定当前管段截面存在支管暗接缺陷，经测量当前直径大小为 207.95 mm		

(c)

缺陷名称：脱节	缺陷代码：TJ	缺陷类型：结构性	管径：*DN*1 800 mm
定义：两根管道的端部未充分接合或接口脱离。由于沉降，两根管道的套口接头未充分推进或接口脱离			
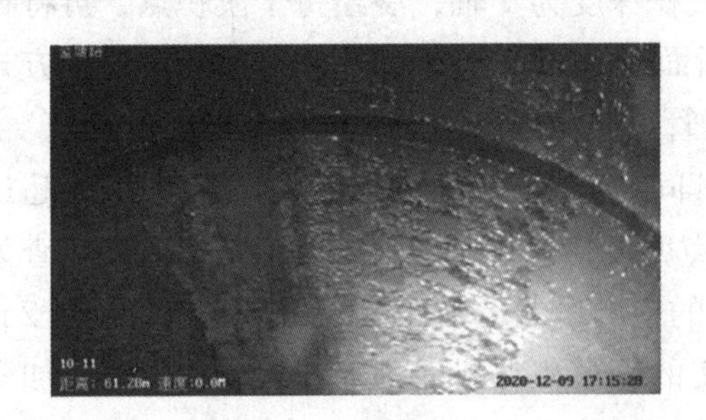		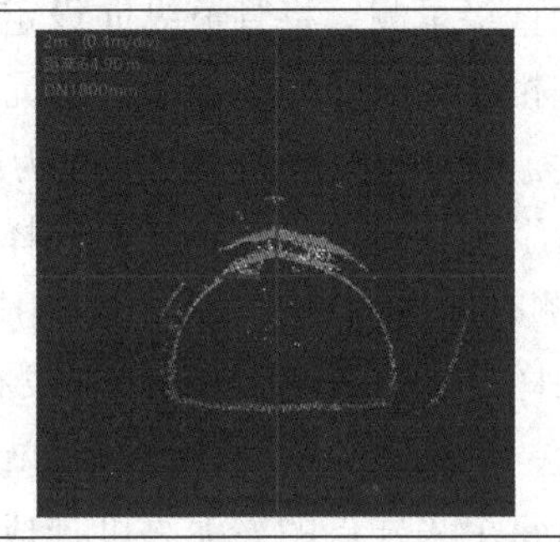	
缺陷描述	正常管道采集的声呐回波均匀，形状完整、连续，可以清晰显示管道截面形状。缺陷段顶部声呐回波出现缺口和不均匀回声，且在后方约 1.2 m 处产生强烈回声		

(d)

缺陷名称：异物穿入	缺陷代码：CR	缺陷类型：结构性	管径：*DN*500 mm
定义：非管道系统附属设施的物体穿透管壁进入管内			
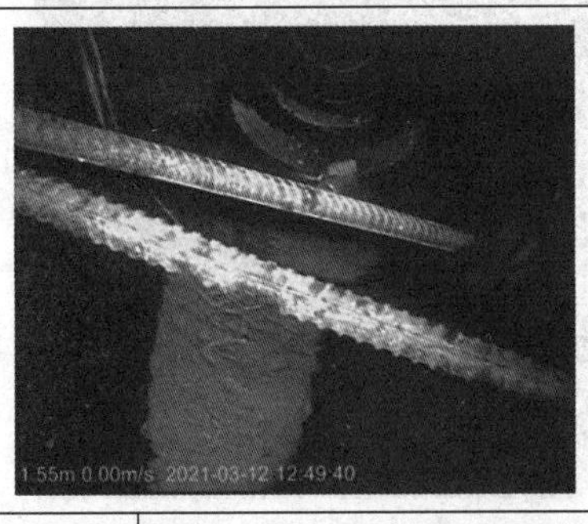		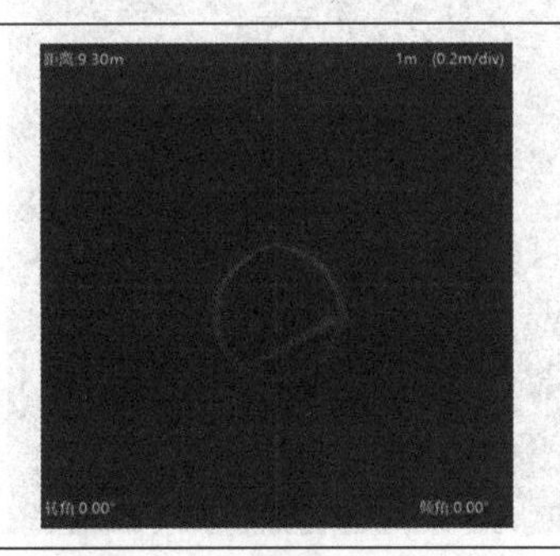	
缺陷描述	横向分布的钢筋在声呐剖面图中直接形成一段平整的回声图像，因为其直径只有 20 mm，声波极其容易绕射，所以同时也形成了完整的管道剖面图		

(e)

图 6-18　声呐检测缺陷判读图（续）

(c) 支管暗接；(d) 脱节；(e) 异物穿入

注意事项

（1）判读前，需要掌握下列信息：管道（渠）断面形状；管道（渠）直径或内断面尺寸。

（2）遇到疑似管道结构性问题时，应封堵抽水，采用 CCTV 检测予以确诊。对于有些没有完全充满水的管道，可采取在水上用 CCTV 拍摄的同时，水下用声呐检测，通过查看两种结果的对应关系，确定缺陷的类型和范围。

6.4.2 管道功能性缺陷分类及状况评价

视频：缺陷状况评价

1. 二维评价

目前，排水管道沉积占管道功能性缺陷的 50% 以上。在进行管道功能性检测时，管段内积泥深度是按照纵向固定距离采集的，其每个采集点深度可在屏幕上直接量测。将管道纵向设定为 *X* 轴，淤积深度为 *Y* 轴，展绘每个淤积点，再将相邻点一一相连，即可生成排水管道沉积状况纵断面图，如图 6-19、图 6-20 所示。这种方式直观易读，结合有关数据，能够较为准确地得出管道淤积程度、淤积体积和淤积位置。

进行淤积状况评价时，需要选择采样点，其间距应根据不同项目的选择，一般不超过 5 m。检测时如发现管道异常点，则应增加采样点密度，以便真实反映管道情况。以普查为目的的采样点间距不超过 5 m。如果有其他特定的检测目的，采样点间距要适当缩减至 2 m 甚至更短。采样点越密，检测结果就越接近真实的管道积泥断面，存在异常的管道应加密采样。将每个采样点的淤泥高度连成线，反映了该段管道淤积曲线，在判定管道是否符合养护标准时应以该段管道的平均淤积量为判断依据。

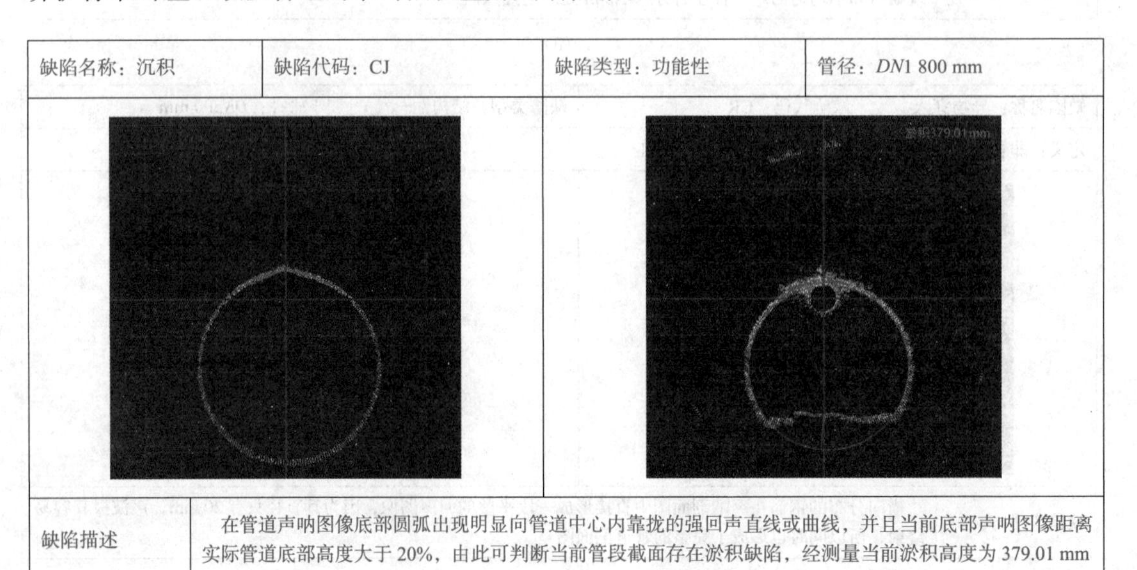

缺陷名称：沉积	缺陷代码：CJ	缺陷类型：功能性	管径：*DN*1 800 mm
缺陷描述	在管道声呐图像底部圆弧出现明显向管道中心内靠拢的强回声直线或曲线，并且当前底部声呐图像距离实际管道底部高度大于 20%，由此可判断当前管段截面存在淤积缺陷，经测量当前淤积高度为 379.01 mm		

图 6-19　排水管道沉积图

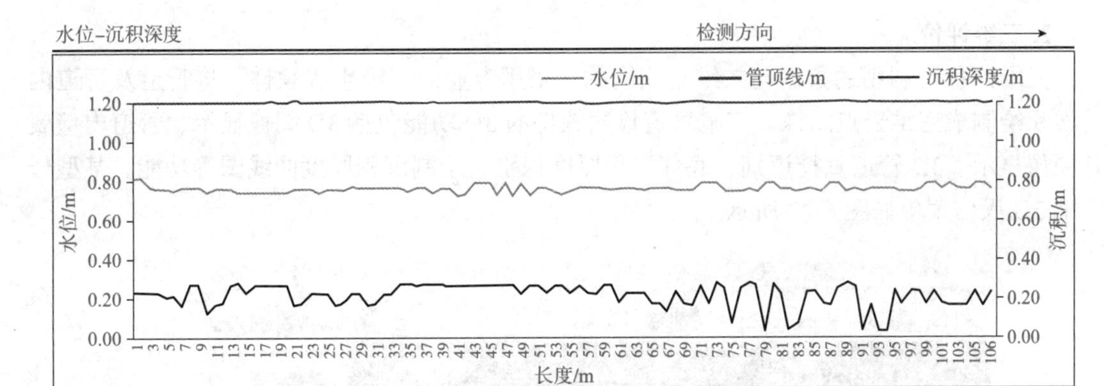

图 6-20　排水管道沉积状况纵断面图

除检测淤积外，声呐也可探测到管道内的大块雨体障碍物、坝头等导致管道过水断面损失的缺陷，如图 6-21 所示。

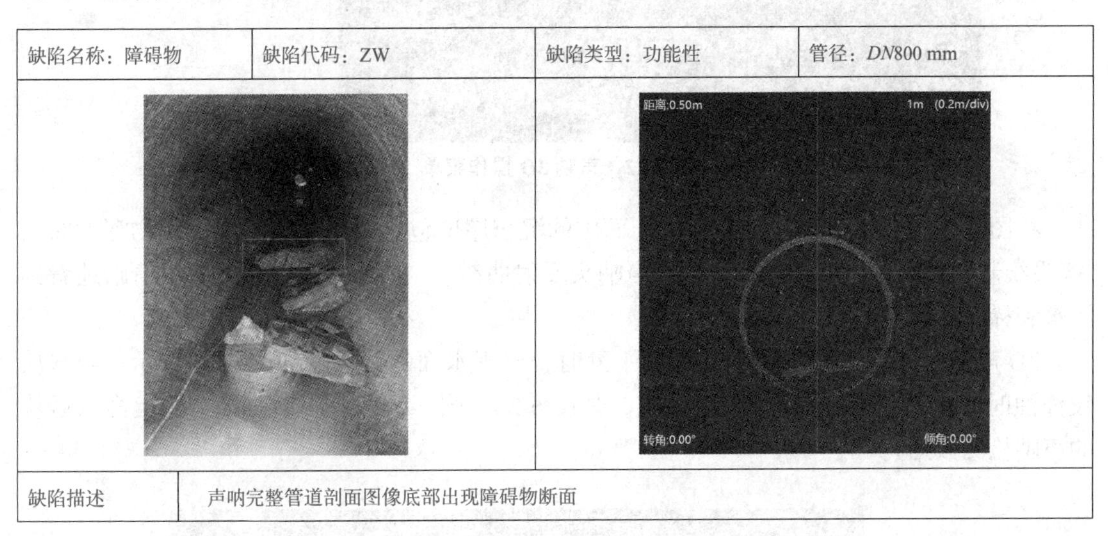

缺陷名称：障碍物	缺陷代码：ZW	缺陷类型：功能性	管径：*DN*800 mm
缺陷描述	声呐完整管道剖面图像底部出现障碍物断面		

图 6-21　排水管道障碍物

特别提示　　**轮廓判读与测量**

（1）规定采样间隔和图形变异处的轮廓图必须现场捕捉并进行数据保存。

（2）经校准后的检测断面线状测量误差应小于 3%。

（3）声呐检测截取的轮廓图应标明管道轮廓线、管径、管道积泥深度线等信息。

（4）管道沉积状况纵断面图中应包括路名（或路段名）、井号、管径、长度、流向、图像截取点纵距及对应的积泥深度、积泥百分比等文字说明。纵断面线应包括管底线、管顶线、积泥高度线和管径的 1/5 高度线（虚线）。

（5）系统设置的长度单位应为米。

（6）轮廓图不应作为结构性缺陷的最终评判依据，应用 CCTV 检测方式予以核实或以其他准确方式检测评估。

2. 三维评价

三维评价所利用的数据与二维是相同的，采用专业的三维生成软件，将管道及管道内的淤积绘制成三维云点图像。声呐管道检测软件的 3D 功能包括 3D 图像显示、管道内壁展开图像显示、3D 管道直径识别、底部沉积厚度识别、绘制沉积厚度曲线图等功能。某型号声呐 3D 操作菜单如图 6-22 所示。

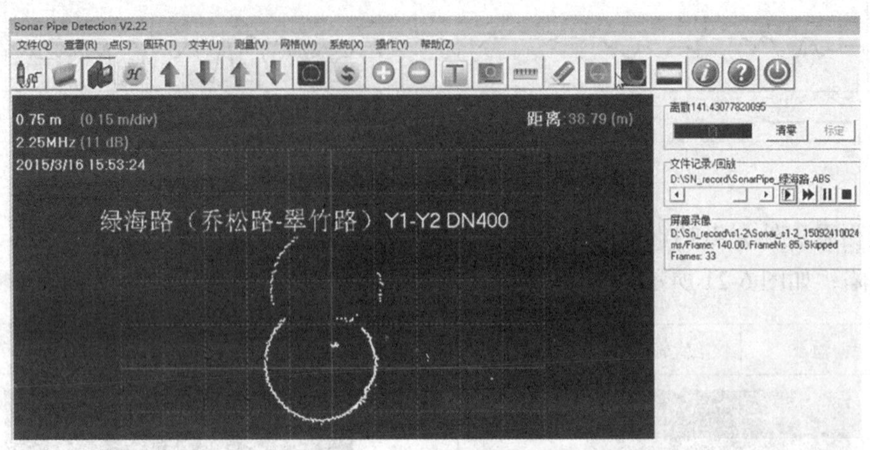

图 6-22　声呐 3D 操作菜单

在图 6-23 中，声呐检测 3D 显示画面中的沉积厚度包含两条曲线，即沉积物深度曲线（探头绘制曲线）和声呐反射面曲线（声呐头反射曲线）。在图 6-24 中，可以很清晰地看到污水和稀泥界面。

3D 声呐的干扰因素：当水面非常平静时，出现水面的镜像，如图 6-25 所示；当水质较浑浊时，在 3D 截面上出现许多杂点，如图 6-26、图 6-27 所示（数据来源：上海某区块的声呐检测数据）。

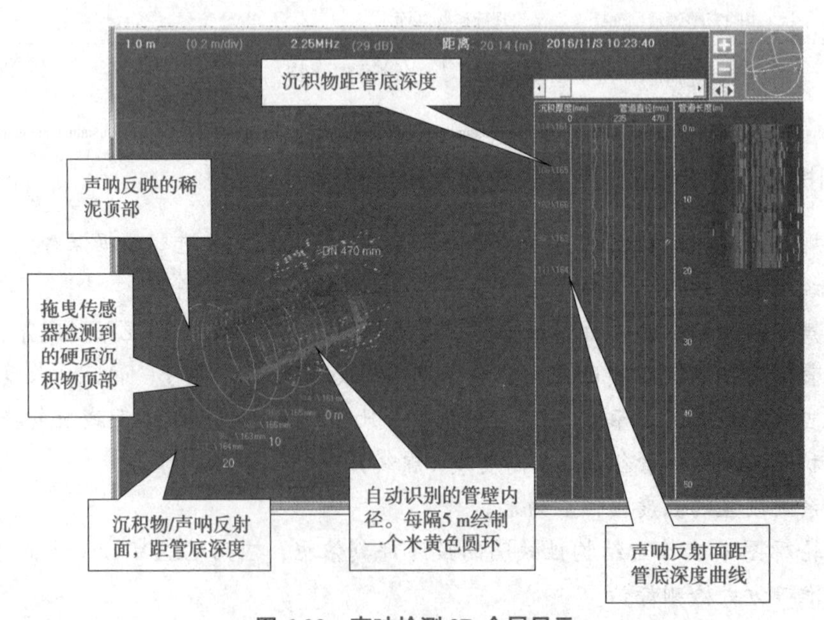

图 6-23　声呐检测 3D 全屏显示

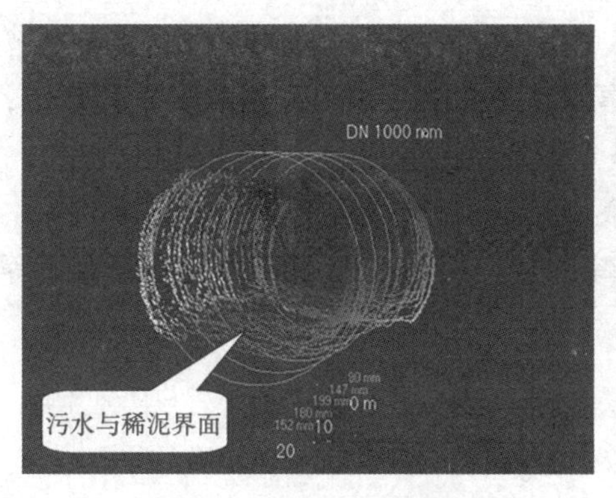

图 6-24　声呐 3D 图像

图 6-25　水面镜像

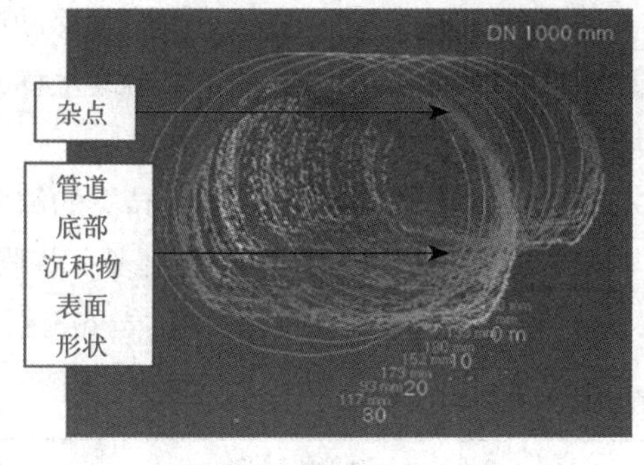

图 6-26　截面杂点（一）

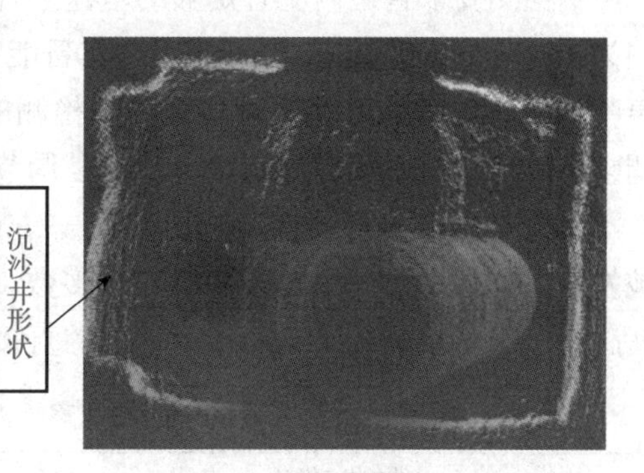

图 6-27　截面杂点（二）

在声呐数据的 3D 运算时，会对数据的有效性进行判断。去除无效的数据，保留有效的数据。3D 图形具有旋转任意角度、缩放、平移、透视的功能。通过调整任意角度观看，可以较直观地观察管道内的形态。

6.5　声呐系统主要技术要求与检测适用范围

6.5.1　主要技术要求

（1）声呐系统的主要技术参数应符合下列规定：

1）反射的最大范围不大于 6 m；

2）125 mm 范围的分辨率应小于等于 0.5 mm；

3）每密位均匀采样点数量应大于 250 个。

（2）设备滚动传感器应具备在 ±45° 内的自动补偿功能。

（3）设备结构应坚固，密封良好，防水等级不应低于 IP68，能在 0 ～ 45 ℃的温度条件下正常工作。

（4）工作水深不应小于 0.3 m。

（5）电缆长度计数最低计量单位应为 0.1 m，其精度不应大于电缆长度的 1%。当电缆

长度小于 10 m 时，精度不应大于 0.1 m。

（6）流动性稀泥的声呐检测设备除应符合上述的规定外，还应符合下列规定：

1）应具备二维图像显示功能，宜具备全景三维图像显示功能；

2）可提供管道的管径、管壁轮廓、稀泥高度、管底硬泥高度等信息；

3）应具备间距点定距离自动采样跟踪测量功能，采集点间距范围应大于等于 0.5 m，小于等于 2 m。

6.5.2　检测适用范围与典型案例

1. 检测应用范围

声呐检测要求管道内应有足够的水深，管道内水深不宜小于 300 mm；设备适用的管径范围为 300 ～ 6 000 mm；现场管道要具备能穿入一根绳索，它被用作牵引漂浮筏移动或悬挂声呐探头，绳索能够穿过管道是声呐检测的前提；检测前应从被检测管道中取水样，通过调整声波速度对系统进行调整，主要是调节信号的强弱。

不是所有的缺陷都能被声呐所发现。一般来说，垂直于轴向且外轮廓变异类的缺陷容易被发现，如淤积、变形等。声呐对大多数结构性缺陷没有反映，有时还会出现一些假象，这就决定了声呐检测结果不能作为评估的直接依据，只能用作粗略的判断，见表 6-3。

表 6-3　声呐检测缺陷对应表

结构性缺陷									功能性缺陷						
破裂	变形	错位	脱节	渗漏	腐蚀	胶圈	支管	异物	沉积	结垢	障碍	树根	洼水	坝头	浮渣
○	√	○	×	×	×	×	√	×	√	○	○	○	×	√	×
注：√适用；○部分适用；× 不适用															

从声呐所对应的缺陷可以看出，声呐对大多数结构性缺陷没有反映或不能最终确定，其应用范围就受到限制，它常用于以下几个方面：

（1）过水不畅时，断面损失位置的初步判断；

（2）淤积深度的测量；

（3）水面下管道连接位置的确认。

声呐检测一般适用于管道内积水较多，无法通过降水的方式降低水位的情形，一般要求管道内水深应大于 300 mm。

声呐检测具有能够检测水面以下的管道缺陷功能，能够辅助检测人员检测管道内淤积、变形等缺陷问题。同时，由于目前的声呐数据主要是通过纵断面图进行展示，无法有效地判读出缺陷详细信息，一般需要采用 CCTV 检测等方式进行核实或以其他方式检测评估。

2. 典型案例

1）漂浮筏声呐检测典型案例。

①地理位置。本次检测 ×× 市 ×× 区前海路与桃园路交会处排水管道。检测区域地理位置如图 6-28 所示。

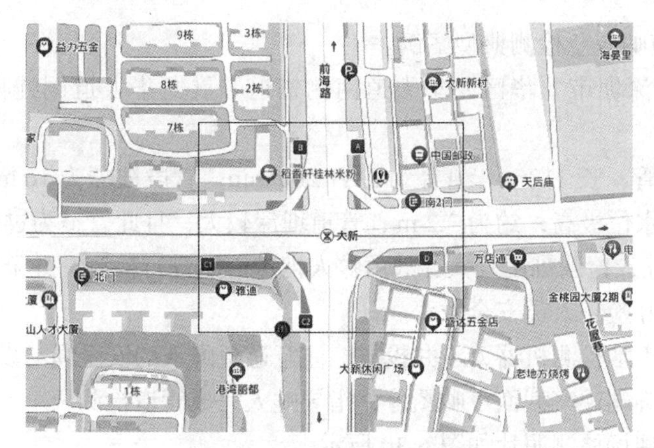

图 6-28　检测区域地理位置

②检测设备。本次检测由于管道内积水较多，无法采用普通视频手段进行检测，此次采用的声呐测设备如图 6-29 所示，通过高精度声呐传感器能够准确检测出管道内部缺陷的信息。

图 6-29　声呐漂浮筏检测设备

③工程作业。外业调查和检测工作完成后，将检测视频资料、管道施工设计图、调查和检测原始记录等移交内业组，内业组分区、分路段按照检测规程对视频进行逐个判读，结合外业的初步判读最终确定缺陷的类型。同时，对检测视频进行最清晰缺陷图片的抓取工作。通过比照管径确定缺陷的几何尺寸，并严格按照《城镇排水管道检测与评估技术规程》（CJJ 181—2012）相关规定确定该缺陷的级别。判读有疑问时将视频放大仔细观察分析，或与其他影像判读员共同讨论分析，或询问现场检测员具体情况。

④检测结果及建议。管道状况评估见表 6-4。

表 6-4　管道状况评估表（部分）

管道参数				结构性缺陷						功能性缺陷					
管段	管径/mm	长度/m	材质	平均值 S	最大值 S_{max}	缺陷等级	缺陷密度	修复指数 RI	综合状况评价	平均值 Y	最大值 Y_{max}	缺陷等级	缺陷密度	养护指数 MI	综合状况评价
W09～W10	1 500	20	混凝土管	10	10	4	2.5	7.3	缺陷等级[Ⅳ]修复等级[Ⅳ]	0	0	0	0	0	无缺陷
W10～W11	1 500	20	混凝土管	0	0	0	0	0	无缺陷	5	5	3	1.25	4.3	缺陷等级[Ⅲ]养护等级[Ⅲ]
W20～W21	1 500	30	混凝土管	0	0	0	0	0	无缺陷	10	10	4	8.33	8.3	缺陷等级[Ⅳ]养护等级[Ⅳ]

2）倒虹吸管声呐应急检测典型案例。

2023 年 6 月，深圳市龙华区龙华大道南侧辅道开展龙华大道倒虹吸管声呐应急检测项目。

检测管段为钢管，长 112 m，管径为 *DN*1 200 mm，管段埋深为 16 m，流速为 0.5 m/s。检测管段管道内的水位极高，约为 3.2 m；管道埋深较大；且此管道为过河倒虹吸管，单次检测距离超过 112 m，检测难度较大，故由蛙人携带声呐进行检测，并采取以下措施：

①下井前，做好检测人员安全教育。

②由蛙人携带声呐检测机器人下井投放，注意避免蛙人的安全绳与设备线缆发生缠绕。

③检测员操作终端观察截面声呐图像，指导蛙人完成管道检测。

蛙人携带声呐现场检测照片如图 6-30 所示。

图 6-30 蛙人携带声呐现场检测照片

6.6 动力声呐检测技术

目前，对于高水位及满水管网的水下检测，现有的检测方法主要有采用漂浮筏声呐或潜水员进入管道检测。这两种方式均存在一定的局限性，如漂浮筏声呐主要适合水流较慢，同时需要预先穿入牵引绳用于检测时拖拽漂浮筏，工作操作难度大；而采用潜水员进入管道检测，存在一定的作业风险，同时可获取的缺陷数据量较少。

通过采用动力声呐检测机器人，能够有效弥补常规漂浮式声呐检测设备的局限性，实现对高水位、逆流及满管水工况下管网的沉积、破裂、错口、支管暗接等情况的有效检测。

动力声呐检测机器人适用于 *DN*500 mm 以上的管道、箱涵、倒虹吸管、河道等高水位工况作业，检测过程无须使用牵引绳拉拽爬行器，使复杂的管道场景检测变得简单、高效，可实现单次 1 000 m 的长距离检测。

6.6.1 动力声呐检测机器人的技术原理

动力声呐检测是通过设备前端镂空搭载的声呐探头，在高水位或满水管道中进行声呐检测的一种方式。动力声呐检测机器人最大的特点是无须绳索牵引，可依靠自身主动式的推进力在管道中前行，扫描得到待测管道截面声呐数据，实现单次长距离全满水声呐检测。动力声呐检测目前主要应用于排水管道中降水困难导致的高水位或满水管段检测，另外，安装在动力声呐检测机器人顶部的摄像头可以拍摄水面以上部分的视频信息，为非满水位管道检测提供一种有效补充。

动力声呐检测机器人的水中推进方式采用水下推进器，包括前进推进器和潜水推进器。前进推进器用以推动声呐前进或后退，满水状态下可通过潜水推进器推动声呐下潜并保持一定深度。安装在动力声呐两侧的距离传感器可以使动力声呐在前进中始终保持居中状态，在浅水状态下还可以安装螺旋滚筒来辅助通过一些滩涂。

6.6.2 动力声呐检测机器人的组成

动力声呐检测机器人一般由机器人本体、线缆卷盘和控制终端三个部分构成，如图 6-31 所示。

视频：动力声呐检测机器人的组成

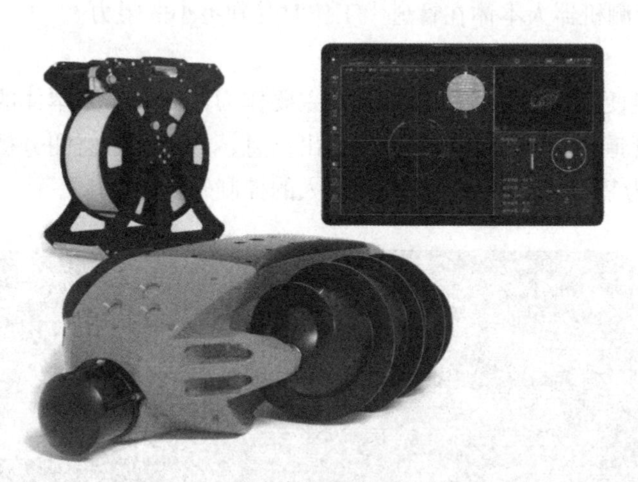

图 6-31 动力声呐检测机器人组成

机器人本体通过线缆与地面端的线缆卷盘连接，实时接收地面控制终端发出的指令，同时实时上传采集到的声呐数据；线缆卷盘主要使用存储连接线缆，同时可对放出的线缆长度进行记录，数据上传到控制终端；控制终端集成人机交互界面、声呐数据显示和声呐数据存储于一体。

1. 机器人本体

动力声呐检测机器人是声呐漂浮筏检测设备的升级，采用了专门针对管道检测设计的

双频声呐探头，可有效地检测管道沉积、变形、破裂、支管暗接、脱节、错口等缺陷。机身自带可拆卸电池，方便持续工作时更换电池，增加工作时长和效率。动力声呐检测机器人动力由两侧螺旋驱动轮旋转产生，螺旋驱动轮的动力方式有着更低的功耗和在管道中有着更强的生存能力。某型号动力声呐检测机器人本体结构示意如图 6-32 所示。

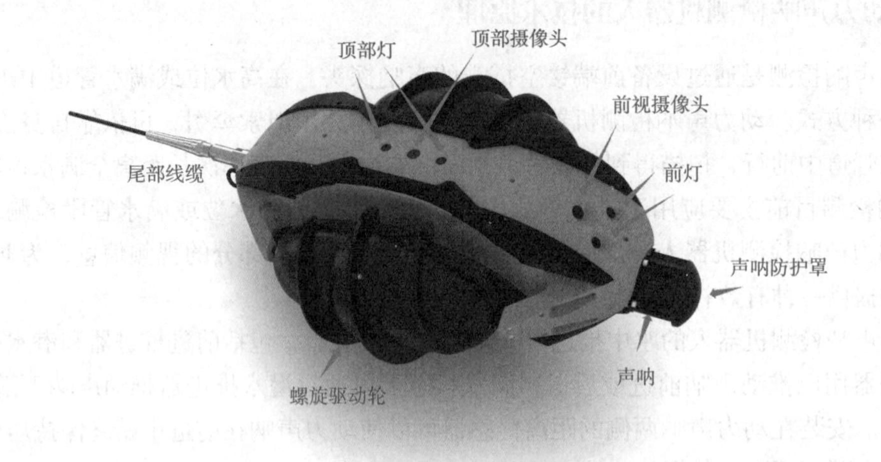

图 6-32　机器人本体结构

2. 线缆卷盘

线缆卷盘在满足工作条件下，更为轻便和稳定。线缆具有抗拉、抗腐蚀、零浮力的特性，使动力声呐检测机器人本体在管道中工作时受到更小的阻力。

3. 控制终端

控制终端为轻便稳定的触控平板电脑，主要作为控制机器人本体的人机交互入口。同时，以采集到的管道声呐截面图形为主要输出信息，方便实时监测分析管道内部结构的变化。图 6-33 所示为某型号动力声呐检测机器人的控制软件界面。

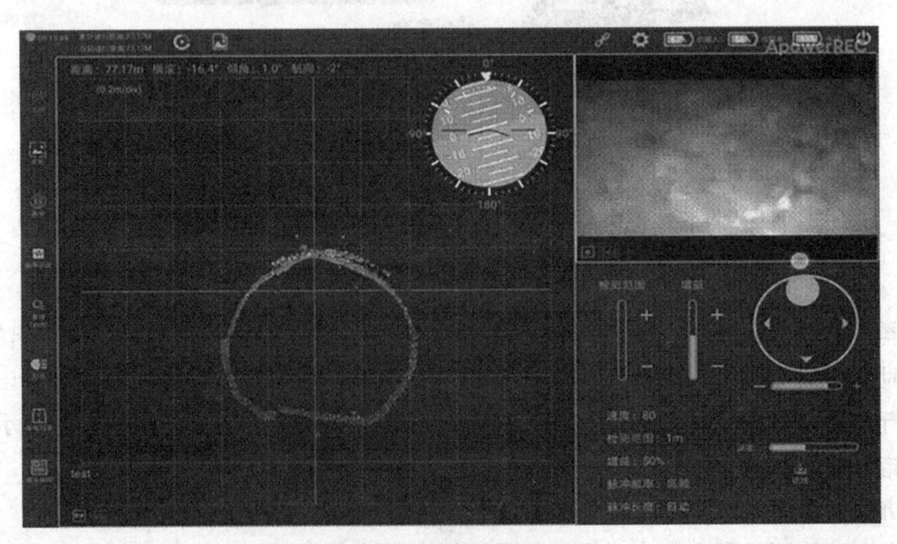

图 6-33　控制软件界面

动力声呐检测机器人作业示意如图 6-34 所示。

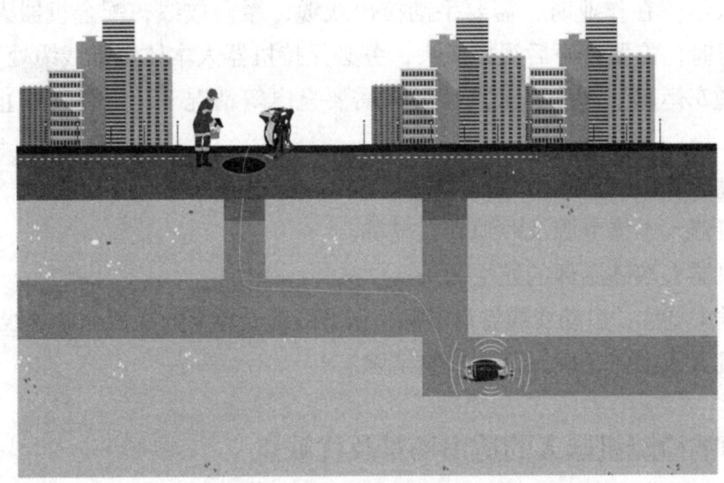

图 6-34　动力声呐检测机器人作业示意

6.6.3　动力声呐检测机器人的操作流程

视频：动力声呐检测机器人的操作流程

1. 检测前准备

（1）开箱确认设备配置完整性，检查声呐探头是否正确安装；

（2）安装机器人本体电池，确认电池周边密封圈安装到位，拧紧紧固螺栓；

（3）线缆车侧边线缆转盘解锁；

（4）将线缆车与机器人本体尾部进行连接；

（5）打开机器人本体开关保护盖，按下后有无灯光自检查，确认好后将开关键用密封盖上，防止进水。

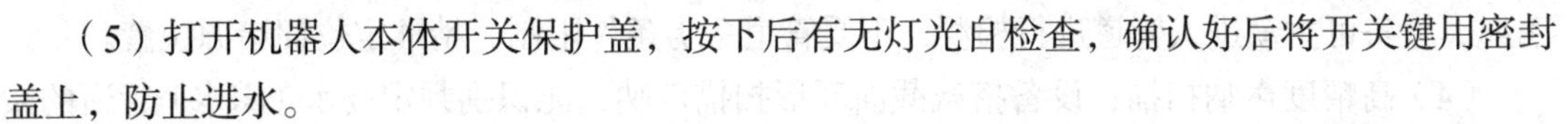

2. 设备开机

（1）连接好线缆卷盘、机器人本体及电源适配器（锂电池）后，开启线缆卷盘上的电源开关与急停开关；

（2）开启机器人本体上的电源开关，指示灯亮表示开机成功；

（3）按下控制平板上的电源开关，单击“设置”按钮，开启 WLAN，选择无线中继器 WiFi 名称进行连接；

（4）单击控制软件，即进入动力声呐检测机器人的操作控软件界面。观察控制终端软件中的“设备连接状态”，确认线缆与爬行器连接是否正常，确认机器人本体的电池电量。

3. 现场操作

（1）打开井盖通风 15 min 以上，检测气体是否安全；

（2）把管口直角滑轮保护器悬空放置在管道边缘处，调整好方向；

（3）用下井吊绳将机器人本体吊入井下，下井时注意保护声呐探头；

（4）线缆车收紧多余线缆，在平板电脑上单击计米归零；

（5）检测动力声呐检测机器人各项功能是否正常，然后单击录像功能，编辑版头信息，开启录像；

（6）机器人本体前进时，根据工况适当调整速度，声呐工作时，速度不宜大于 0.3 m/

s；必要时可打开前置摄像头，观察工况，确保操作安全；

（7）机器人本体在作业时，需要手动拉出线缆，缓慢放线，配合机器人本体行进；在机器人本体回退时，需要打开后视摄像头，务必保持机器人本体尾部线缆处于拉直的状态；

（8）在线缆车运输过程中，或者线缆车需要充电等情况下，需要使用止动锁住缆盘避免缆盘的转动。

4. 检测完成后操作

（1）关闭机器人本体电源及线缆卷盘电源。

（2）拔出机器人本体尾部的航空插头。

（3）航空插头复位，启动线缆卷盘电源，调节线缆卷盘上收线旋钮收紧线缆或手动收线。

（4）清洗机器人本体，确保其上异物清除。

6.6.4 动力声呐检测机器人的适用场景及优缺点

动力声呐检测机器人既可以悬浮在水面，也可以悬浮在管道中间位置工作，解决了管道检测过程中存在高水位及满水情况下检测的难题。该类型设备的主要优点如下：

（1）无须预处理：遇到高水位（满水，管道检测时，不做管道气囊封堵或降水位预处理的情况下，可直接将设备投放到管道内部，针对性地解决管网高水位（满水）工况的检测问题。

（2）无须预置牵引绳：在管道的高水位（满水）工况中，漂浮筏声呐检测需要提前预置牵引绳（为声呐检测设备提供动力牵引），限制了声呐可检测的管道工况，效率非常低下，动力声呐无须预置牵引绳，自带动力下潜，可直接进入污水中检测，操作简单，有着极高的检测效率。

（3）水下主动探测拥堵点：当高水位（满水）管道部分受堵（水流不通）时，无法置牵引绳，设备可主动进入管道进行检测，不受管道恶劣条件限制，精准定位拥堵源位置。

（4）高精度声呐扫描：设备搭载截面环形扫描声呐，能识别判定高水（满水）管道的淤积量、支管暗接（*DN*300 mm 以上）、大面积破损、异物穿入等主要缺陷情况，配合报告软件，可快速输出真实有效的管网检测报告文档。

该类型设备的缺点是工作在水下尤其是在污水管网中，满管水状态下较难获取清晰的视频数据。

6.6.5 动力声呐检测典型案例

1. 满水箱涵检测

（1）项目信息：表 6-5 所示为项目信息统计表，本次检测工作于 2020 年 10 月 16 日，用动力声呐检测机器人对 ×× 市 ×× 河某段满水箱涵进行检测，箱涵材质为钢筋混凝土管，箱涵的尺寸为 3 000 mm × 3 000 mm。

表 6-5 项目信息统计表

项目名称	×× 河满水箱涵检测
检测地点	×× 河
检测日期	2020 年 10 月 16 日
检测和评估标准	《城镇排水管道检测与评估技术规程》(CJJ 181—2012)

本次共检测长 25.3 m，水深约 1 m，出口已被水淹没，经用机器人检测后发现其中 1 段管道存在 4 级沉积缺陷，计算淤积量约为 92.24 m。图 6-35 所示为检测区域。

（2）检测仪器设备和检测依据：本项目采用动力声呐检测机器人，其由机器人本体、线缆车、控制终端组成。动力声呐检测机器人采用螺旋式推进结构，极大扩展了适用环境，能够适应满水管网检测作业需求。在有水的管道、箱涵、河流等环境下可带载声呐探头，回传管道截面数据。

（3）检测详情及措施建议：表 6-6 所示为检测信息统计表。

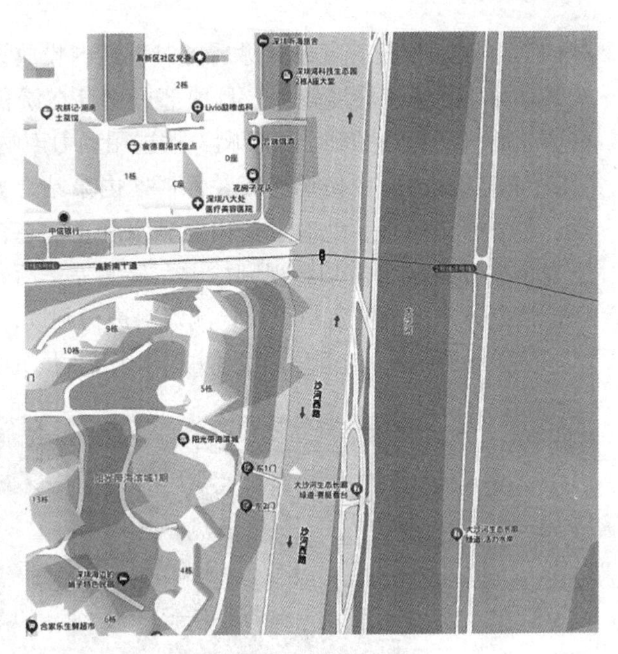

图 6-35　检测区域

表 6-6　检测信息统计表

管道编号	ZDDR1 ～ ZDDR2	管段直径 /mm	3 000 × 3 000	管段长度 /m	25
管段类型	雨水管道	截面形状	矩形	检测长度 /m	25
管段材质	钢筋混凝土管	建设日期		录像文件	
起点埋深 /m	0.00	终点埋深 /m	0.00	接口形式	橡胶圈接口
检测人员		检测日期	2020-10-16	检测方法	
检测地点	大沙河			修复指数	—
权属单位				养护指数	8.00
井口编号	ZDDR1			检测方向	逆流（NL）

距离 /m	类型	缺陷名称代码	分值	等级	环向位置	纵向长度 /m	照片	备注
0.00	功能性缺陷	（CJ）沉积	10	4	0210	25.30	图片	沉积物厚度大于管径的 50%

2. 倒虹吸管检测

2021 年 9 月，深圳市某公司在深圳市光明新区开展某化工压力排污专管检测。

（1）项目信息：检测管段为过路倒虹吸管，材质为双壁波纹管，长为 394 m，管径为 *DN*800 mm。管段为厂区排污专管，无其他任何支管，污水由厂区全程压力输送至污水处理厂。检测管段内常年为满管水，且为压力输水管道，无法通过 QV 检测等常规手段观察管道内的状况。管道内疑似存在淤积等局部功能性，使管道实际排污流量远小于设计流量，严重影响厂区的生产工作。

（2）检测任务：要求对淤积可能性最大的某段过路倒虹吸管进行检测，确定淤积厚度，为后续清淤等缺陷处理工作提供数据支撑。

（3）检测依据：待检管段为过路倒虹吸管，检测起点井、终点井分别位于道路两侧，

井内为可拆卸盲板，盲板拆除后可对管道内投放设备进行检测。两井之间管道的最大坡度为 30.6%。因管道坡度较大，且内部可能存在淤积，若抽干污水后使用 CCTV 检测，则可能因轮胎打滑无法顺利上下攀爬，故选用动力声呐检测机器人进行满水检测。

（4）检测方案：协调厂区关停厂区内泵站，关闭待检测管段上、下游阀门，截停进出水；打开管道盲板，此时管道内为满水静止状态；投入动力声呐检测机器人，在满水状态下对倒虹吸管进行声呐和视频检测；检测完毕后，收回设备，封闭盲板，打开阀门，通知厂区恢复排水；内业资料组对检测资料进行判读，给出合理的缺陷处理方式。

（5）检测结果：在管段内发现方形木块及大量沉积。现场检测影像与部分缺陷如图 6-36 所示。

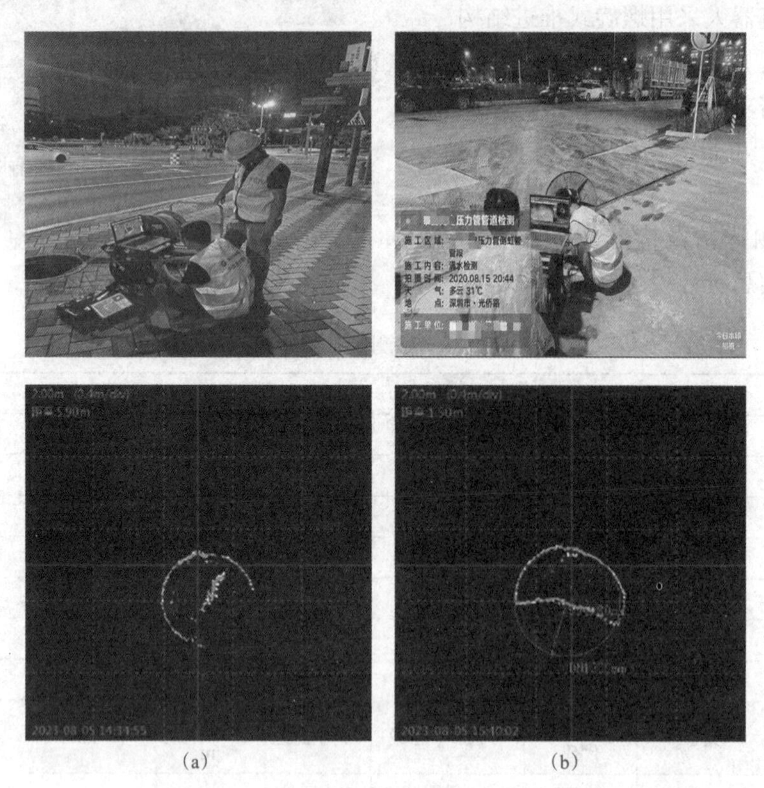

（a）　　（b）

图 6-36　倒虹吸管检测现场与管内缺陷

（a）障碍物 4 级；（b）沉积 3 级

3. 排水主干管全满水检测

（1）项目信息：某排水主干管检测管段为钢筋混凝土管，长为 112 m，管径为 *DN*2 400 mm，管段埋深为 12 m。检测管道疑似由于河道改造、轨道交通施工等原因，存在局部管道塌方情况，后续可能会发生水土流失导致路面塌方，为周边居民出行造成很大隐患。检测前，由于管道内全天为满水状态，无法观察管道内的状况。

（2）检测任务：由于本管道水流量较大，难以进行封堵、导排。故要求在满水状态下，对此管道进行检测，探明管道内缺陷情况，明确管道内塌方位置，为后续管道修复提供依据。

（3）检测方案：选择动力声呐检测机器人进行检测。采取检测方案如下：现场踏勘，并使用 QV 对管道进行初步检查，确定作业环境；采用动力声呐检测机器人对管道进行检测；检测完毕后，收回设备；内业资料组对检测资料进行判读，给出合理的缺陷处理方式。

（4）检测结果：通过此次检测，发现管道内存在长距离沉积，沉积厚度为管径的 30% ~ 40%，距离检测设备投放点 103 m 处有障碍物即本段管道淤堵点。现场检测与部分检测成果如图 6-37 所示。

使用 QV 进行初步检测

投放动力声呐进行检测

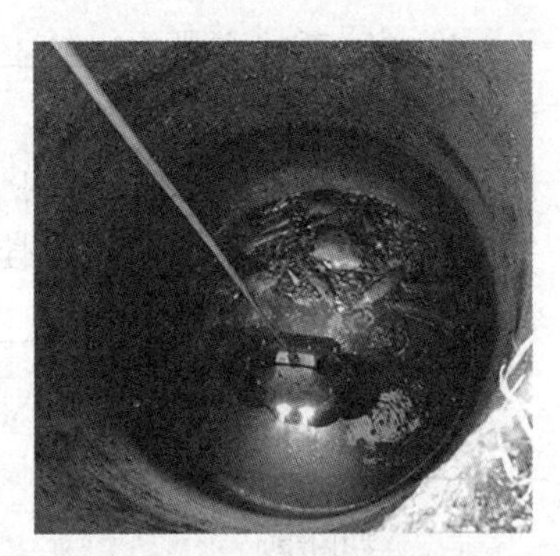

设备投放

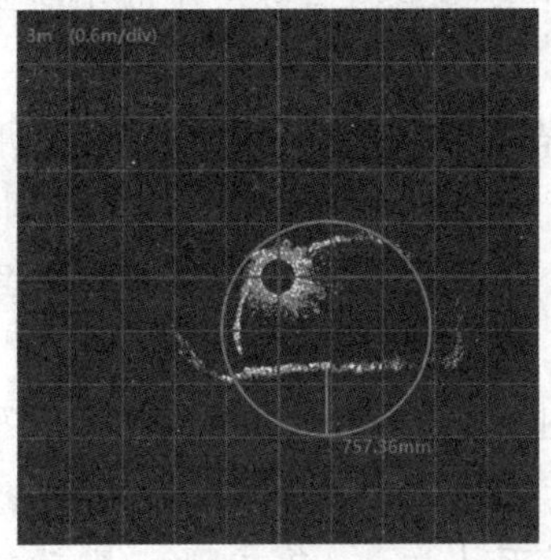

沉积 2 级

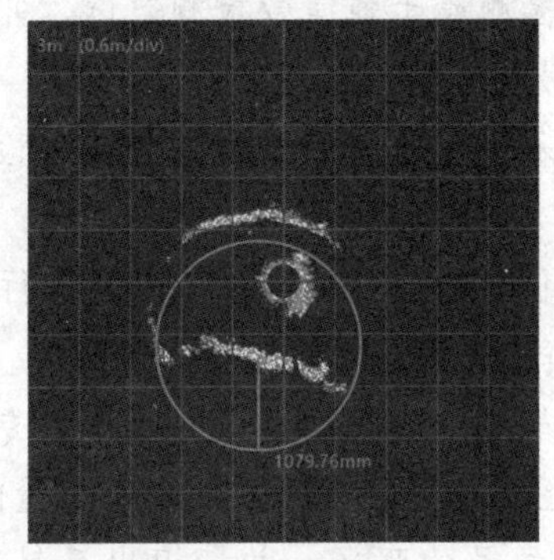

沉积 3 级

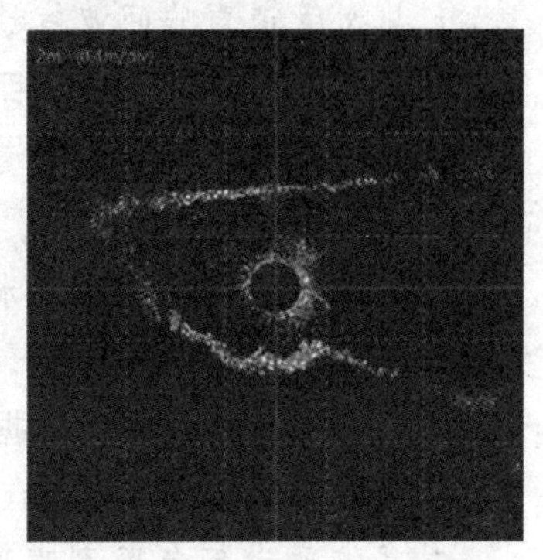

障碍物 4 级

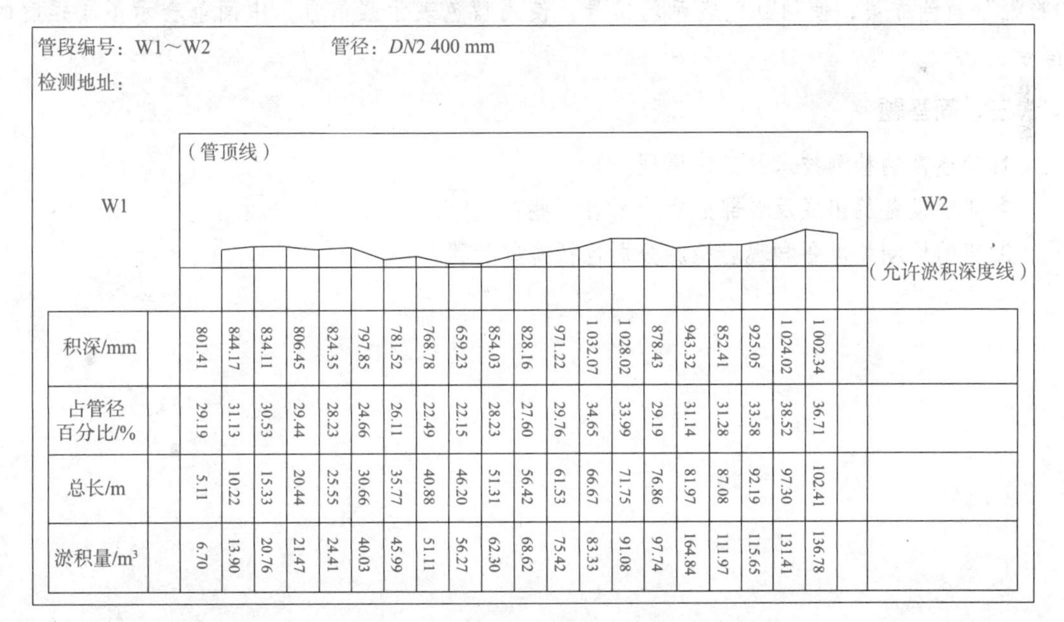

积深/mm	占管径百分比/%	总长/m	淤积量/m³
801.41	29.19	5.11	6.70
844.17	31.13	10.22	13.90
834.11	30.53	15.33	20.76
806.45	29.44	20.44	21.47
824.35	28.23	25.55	24.41
797.85	24.66	30.66	40.03
781.52	26.11	35.77	45.99
768.78	22.49	40.88	51.11
659.23	22.15	46.20	56.27
854.03	28.23	51.31	62.30
828.16	27.60	56.42	68.62
971.22	29.76	61.53	75.42
1 032.07	34.65	66.67	83.33
1 028.02	33.99	71.75	91.08
878.43	29.19	76.86	97.74
943.32	31.14	81.97	164.84
852.41	31.28	87.08	111.97
925.05	33.58	92.19	115.65
1 024.02	38.52	97.30	131.41
1 002.34	36.71	102.41	136.78

淤积纵断面图

图 6-37　排水主干管全满水检测

注：3 幅声呐影像中央圆形图像并非管道边界，而是声呐探测中央盲区。

课后习题

一、填空题

1. 主动声呐主要由________、________、________、________、________、________等几个部分组成。

2. 声呐检测排水管道一般可分为________和________。

3. 声呐能够显现的结构性缺陷种类主要有________、________、________、________等，功能性缺陷主要有________、________、________等。

4. 根据管道沉积状况纵断面图结合有关数据，能够较为准确地得出管道________、________、________。

二、判断题

1. 排水管道声呐回波信号检测属于强信号检测范围，并且随着管道口径大小的不同或管壁腐蚀破损程度的不同，回波信号的幅度差别很大。 (　　)

2. 声呐检测前需要对管道采取预处理的措施，尤其在检查养护质量时，穿绳不宜采用高压射水头引导方式。 (　　)

3. 声呐检测应在满水或水位不少于300 mm管道内进行。根据不同管径调整声呐信号的强度（脉冲宽度），以达到最佳反射画面。 (　　)

4. 三维评价所利用的数据与二维的相同，只是采用了专业的三维生成软件，将管道及管道内的淤积绘制成三维云点图像，并实现可量测和土方量的计算。 (　　)

5. 系统通过颜色区别声波信号的强弱，并标识出反射界面的类型（软或硬），默认的“彩虹”颜色方案，使用红色表示弱信号，使用蓝色表示强信号，中间色表示不同强度的信号。 (　　)

三、简答题

1. 简述声呐检测技术的工作原理。

2. 声呐设备的组成及各部分的作用有哪些？

3. 声呐检测的准备和现场检测分别包括哪些步骤？

项目 7 排水管道特殊场景检测与多数据融合检测技术

知识目标

1. 了解高水位、多淤泥场景下的检测技术。
2. 了解小管径管道检测技术。
3. 了解排水管道检测技术进展。

技能目标

1. 具备螺旋驱动检测机器人安装与操作的能力。
2. 具备推杆式内窥镜安装与操作的能力。

素质目标

1. 养成查阅资料、自主学习的习惯。
2. 具有良好的职业道德、较强的责任心和科学的工作态度。
3. 具备观察、分析和判断的能力。
4. 养成关注行业技术发展、科技进步的习惯。

案例导入

早期的智能管道检测设备由于技术缺陷，适用的检测范围具有局限性，如 CCTV 检测和 QV 检测主要应用于管道环境较好工况，或者管网容易清理降水的情况；声呐漂浮筏主要应用于顺流、短距离工况下的管网检测。这些设备只能满足一般场景的检测任务需求，特殊工况下的管网检测一直缺少相关技术手段。随着技术的发展，可适用于复杂或特殊工况下的排水管道智能检测设备相继研发成功，除针对高水位逆流及满水管网的动力声呐检测技术外，本项目将介绍应用于其他特殊工况下的检测技术，如适用于高水位、多淤泥情况下采用螺旋推进方式搭载 CCTV 的检测技术，适用于管径为 *DN*40 ～ 600 mm 的推杆式内窥镜检测技术，适用于对管道外部周边土壤情况进行检测，以探测管周土壤流失形成的空洞，以及土壤密实度较低造成的地面凹陷等问题的管中探地雷达检测技术等。

2019 年 9 月，深圳水务局从暗涵流量统计信息中捕捉到某河道暗涵上、下游水量相差较大，疑似存在雨污混接等情况，因此，需要查清楚暗涵内出现流量差的原因。深圳科通

工程技术有限公司经前期踏勘、摸排，发现暗涵内部尺寸较大，长约为 33 km，最大截面尺寸为 6 m×2.4 m；存在水位高、流速快、检查井间距最大 500 m 的情况。

根据以上情况，需要对暗涵进行全面排查。由于暗涵水位高、流速快、检查井间距大，单纯使用 CCTV、QV 与声呐检测设备不能完成此处检测要求，因此使用 QV 对箱涵内部进行初步检查，确定作业环境后，选择螺旋推进方式搭配适用大场景、检测角度更广的球机云台（CCTV）及 1 000 m 线长的线缆车完成本河道箱涵检测（本次设备名称为全地形机器人）。以确定暗涵内排放口位置、管径、排水信息，探查不明水体来源，纠正雨污混接、错接、暗接、漏接现象，实现“雨污分流”。暗涵检测总长度为 8 501.4 m。检测结果表明，排口 97 个，排口有水流出 51 个，无水流的 44 个，多处为不明来源的暗接支管；发现存在 1、2 级结构性缺陷 73 处，3、4 级结构性缺陷 0 处（图 7-1）。

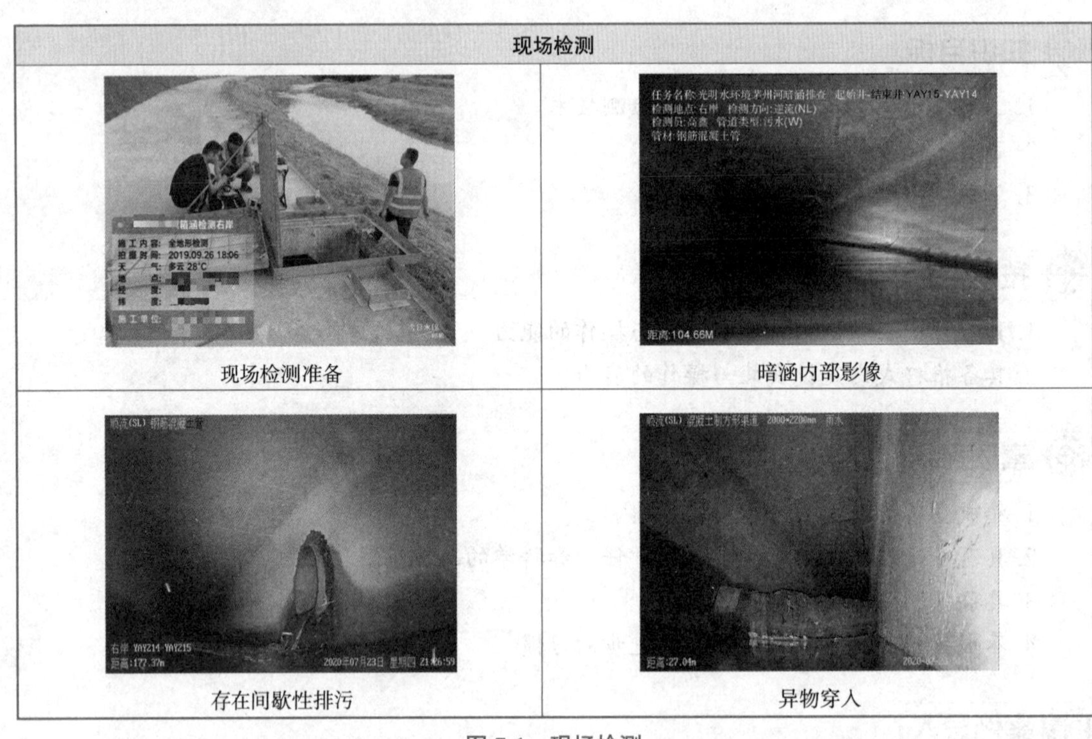

图 7-1　现场检测

7.1　高水位、多淤泥场景下排水管道检测技术

排水管道淤泥是城市排水系统中常见的问题，是指在下水道管道内部积累起来的淤泥物质，它主要由污泥、沙子、石块、树叶、纸屑、废弃物和化学药品等组成。排水管道高水位、多淤泥的形成原因常见有以下几种情况：

（1）城市排水管道是一个复杂的管道系统，现代城市发展快速，人口、工业和农业等发展带来了大量的废水排放，排水管道负荷过大，经常遭受过多的污水排放。如果长时间不进行清理或清理不彻底，就会导致管道内积聚大量污垢和废弃物质，最终形成淤泥。

（2）在下水道暂停运行或使用时，残留在管道中的水含有大量的沉淀物，随着时间的

推移，这些沉淀物会逐渐沉淀到管道底部，最终形成淤泥。

（3）排水管道内部结构复杂，如果设计不当，管道内部就容易出现缓冲区或波浪区等附着的问题，导致大量的固体和废水混合在一起，形成淤泥。

（4）如果下水道内的管道受到污染物质的堵塞，就会导致水流不畅，使管道内的废弃物质停留在管道内，这些废弃物质随着时间的推移也会堆积成为淤泥。

（5）对于城市来说，强降雨可能会导致从道路和建筑物排放的大量污水流入下水道，从而产生大量的淤泥。此外，降雨还可能冲走路面上的土壤和石头，再加上建筑物的施工，更容易导致下水道内充满淤泥。

对于高水位、多淤泥场景下的排水管道检测，传统的轮式机器人、潜望镜及声呐不再适用。针对此特殊场景，通常采用螺旋式推进搭载 CCTV 检测机器人技术。

7.1.1 技术原理

螺旋式推进搭载 CCTV 检测机器人（简称螺旋推进 CCTV 检测机器人）采用螺旋式推进方式作为动力轮，其特殊设计的推进方式，解决了管道检测领域中普通 CCTV 检测机器人由于自身重力及驱动轮结构的不足，使机器人在糟糕的工况中也能够出色地完成检测任务。通过零浮力线缆与终端连接，可实现单次长距离的水上检测，在淤泥环境中有效检测距离可达到 300 m，箱涵环境下最远可检测 1 000 m。机器人自带可以更换的电池，也可以实现不间断工作（图 7-2）。

图 7-2 螺旋式推进搭载 CCTV 检测机器人

螺旋推进 CCTV 检测机器人能够适应积水较多、淤泥较多的复杂环境下管道、长距离箱涵、河道等情形下的检测服务需求。对于高水位排水管道检测，还能够通过携带的高精度声呐检测模块，准确检测出管道水面以下存在的淤泥、沉积情况，并配合高清云台摄像头检测水面以上的管道中存在的各种缺陷信息，实现高水位管道声呐探测，以满足全方位、多角度检测的需求。但在遇到高速水流时，其浮力稳定性受到影响，适用性会降低。螺旋式推进搭载 CCTV 检测机器人作业示意如图 7-3 所示，其检测场景如图 7-4 所示。

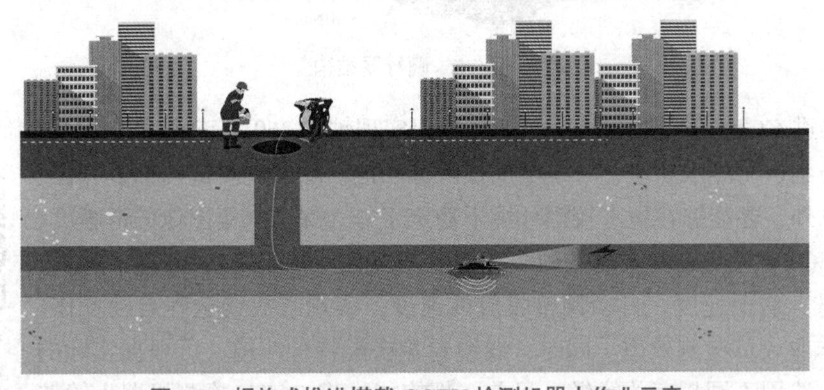

图 7-3 螺旋式推进搭载 CCTV 检测机器人作业示意

图 7-4　螺旋式推进搭载 CCTV 检测机器人检测场景

7.1.2　螺旋推进 CCTV 检测机器人组成

螺旋推进 CCTV 检测机器人由爬行器、线缆卷盘和平板控制终端三部分组成。检测机器人配备高清云台摄像机、可拆卸式声呐检测装置、后视摄像机、灯光辅助系统等。图 7-5 所示为某型号螺旋推进 CCTV 检测机器人的结构图。

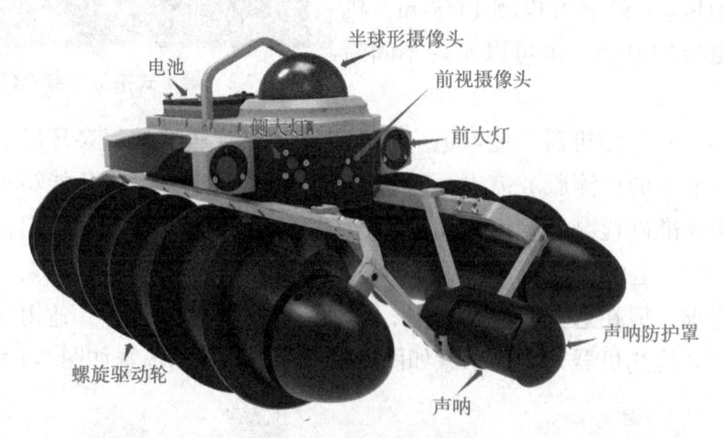

图 7-5　爬行器结构

螺旋推进 CCTV 检测机器人高清镜头可以实现轴向 360° 旋转，径向 ±90° 旋转；同时，镜头具有防刮、防凝水功能、一键电加热除雾功能。除实现管道内部多方位、多角度检测外，还能够在积水较深环境下稳定工作，保证采集图像的清晰度。螺旋推进 CCTV 检测机器人配备的线缆卷盘采用自动收放线功能，能够根据爬行器行进、后退速度，自动调整收放线速度，实现收放线全程自动操作，提高检测作业人员检测效率。同时，线缆卷盘搭配特种线缆，可根据实际的检测需求，选用不同长度的线缆。目前，螺旋式推进 CCTV 检测机器人续航

视频：螺旋推进 CCTV 检测机器人组成

时间为 2 ～ 3 h，可适应 –20 ～ +55 ℃的工作温度。不同型号的螺旋推进 CCTV 检测机器人适用的管径有所区别，要求的静水速度与逆水速度也不同。

7.1.3　螺旋推进 CCTV 检测机器人检测流程及方法

1. 检测前准备

螺旋推进 CCTV 检测机器人主要针对多淤泥、高水位复杂环境下的管道检测，以及长距离箱涵、暗渠的水上或水下检测。检测前准备工作与 CCTV 检测、QV 检测相一致，即需要进行资料收集（已有的排水管线图等技术资料、管道检测的历史资料、待检测管道区域内相关的管线资料、待检测管道区域内的工程地质、水文地质资料等）、现场踏勘（待检测管道区域内的地物、地貌、交通状况等周边环境条件，如管道上方路面沉降、裂缝和积水情况；检查管道口的水位、淤积和检查井内构造等情况；检查井冒溢和雨水口积水情况；井盖、盖框完好程度；核对检查井位置、管道埋深、管径、管材等资料，检查井和雨水口周围的异味及其他异常情况）与检测方案编制，并进行检测前设备准备与调试，包括开箱确认设备配置完整性；检查全景摄像头保护罩是否密封；电池固定情况检查；线缆车线缆转盘解锁；线缆车与爬行器连接；开启线缆电源、控制终端电源、WLAN 等；确认爬行器电池电量，确保设备进入完好工作状态。

2. 现场操作流程

视频：现场操作流程

（1）安装井上滑轮保护线缆。

（2）用下井吊绳将爬行器吊入井下，下井的时候应注意摄像头朝上，保护镜头。

（3）爬行器打开灯光，线缆卷盘收紧多余线缆，在平板电脑上单击计米归零。

（4）单击录像功能，编辑版头信息，开启录像录制。

（5）爬行器前进时，根据工况适当调整速度。如果爬行器安装前置摄像头，必要时可打开，以方便观察工况，确保操作安全。

（6）爬行器在作业时，需要手动拉出线缆，缓慢放线，配合爬行器行进。在爬行器回退时，需要打开后视摄像头，保证线缆不能被卷入螺旋轮，务必保持爬行器尾部线缆处于拉直的状态。爬行器回退，使用线缆卷盘电动收线，拉回线缆。

3. 检测完成后操作

视频：项目实施流程

（1）关闭爬行器电源及线缆卷盘电源。

（2）拔出爬行器尾部航插。

（3）航插复位，启动线缆卷盘电源，调节线缆卷盘上收线旋钮收紧线缆或手动收线。

（4）清洗爬行器，确保清除其上异物。

7.1.4　螺旋推进 CCTV 检测机器人检测案例

1. 污水提升泵站压力管道检测

深圳市宝安区某污水提升泵站压力管道为钢管，长为 931 m，管径为 *DN*1 650 mm，管道内污水为压力输送，流速快，紊流干扰强。此管道自2008年建成以来从未进行检修，因建设时间较久，资料缺失，无平面位置等图纸，且管道内疑似存在结构性缺陷。2021年8月，深圳科通工程技术有限公司承接此压力管道的检测任务，根据甲方要求，需要对管线进行地面定位，提供水下声呐检测图像、水上视频检测图像，并探查管道存在缺陷并明确相关缺陷信息。

经现场踏勘，但此管段为压力排水管，常态为满管水位。检测管道有两处地点可供投放设备，一处为 *DN*100 mm 闸阀，另一处为施工遗留封板。若在正常运营状态打开封板，管道内污水会在压力作用下喷涌、溢出，严重影响周边居民的日常生活，且无法顺利投放设备。因此，采用上游泵站临时停泵，待水位下降为半管水位后，用螺旋推进搭载 CCTV 检测机器人进行的检测。

采取的检测方案如下：

（1）打开检查井盖，查看井室及封板情况，确认具备检测条件。

（2）联系上游泵站，待本站上游水量减小后，将两台主泵中的其中一台关闭，使下游水流量减小。

（3）拆除施工遗留封板，使用快速检测设备 QV 查看管道内部情况。此时管道内已处于高水位状态，确定具备检测条件，开始准备设备投放工作。

（4）投放螺旋推进 CCTV 检测机器人搭载定位模块（管线示踪仪）和声呐模块进行检测。管线示踪仪定位原理如图 7-6 所示。

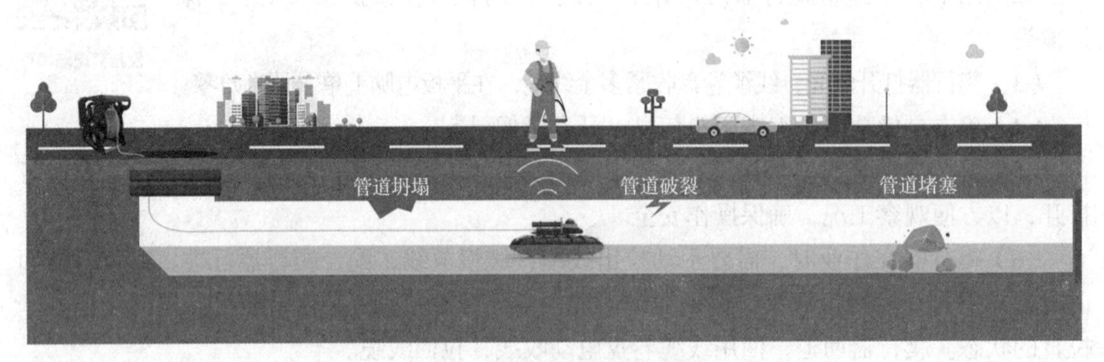

图 7-6　管线示踪仪定位原理

（5）在检测过程中，检测机器人上的定位示踪模块不停发射电磁信号，地面检测人员手持接收器对电磁信号进行跟踪，其跟踪的轨迹即管线的平面位置。

（6）在检测过程中发现缺陷，则记录缺陷位置，直到检测完毕。检测流程完成之后，收回设备。

检测结果：完成定位管线，共检测 931 m，发现该管道距离投放井 9 m 处存在钢管与钢筋混凝土管的接缝；16 m 处接口材料脱落；41 m 处、440 m 处发现拐弯并进行定位；111 m 处发现支管暗接。

现场检测如图 7-7 所示。提升泵站压力管道内缺陷如图 7-8 所示。

定位示踪模块及地面接收器

投放检测机器人

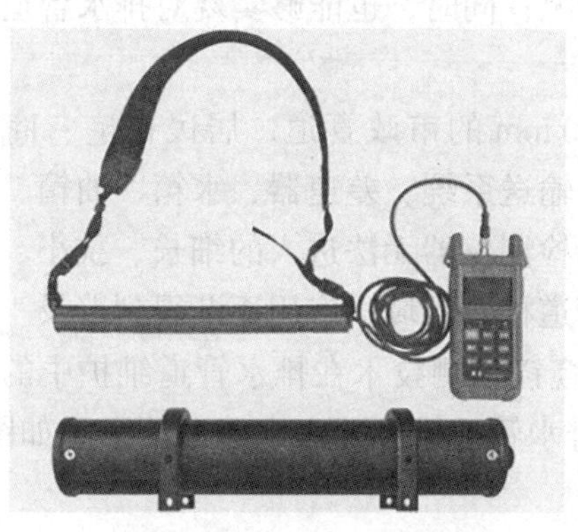

定位示踪模块及地面接收器

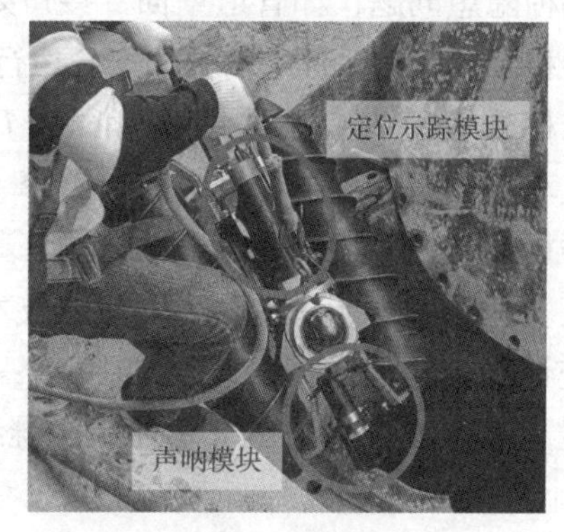

定位示踪模块及地面接收器

图 7-7　现场检测

钢管和钢筋混凝土管接缝处

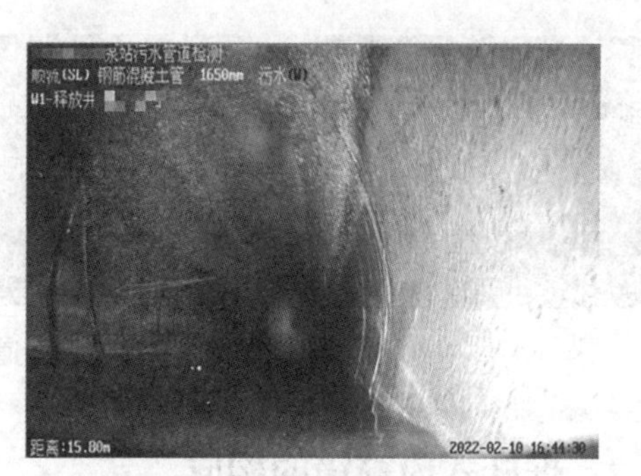

接口材料脱落

拐弯处

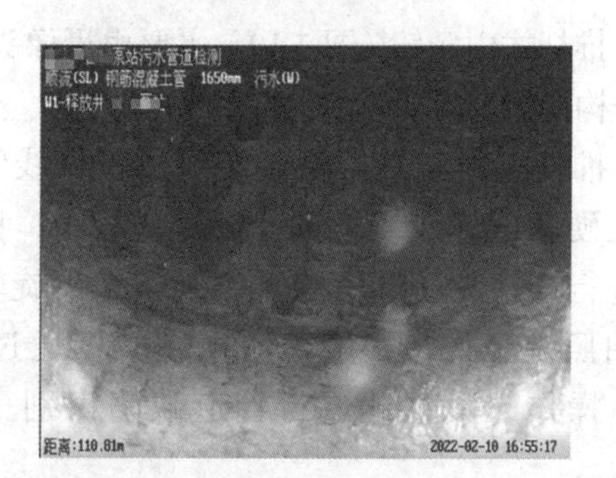

支管暗接无水流出

图 7-8　提升泵站压力管道内缺陷

7.2 小管径管道检测技术

7.2.1 推杆式内窥镜检测原理

推杆式内窥镜也是视频检测的一种。推杆式内窥镜集传统光学、人体工程学、精密机械、现代电子、数学、软件等于一体，按用途可分为工业内窥镜和医学内窥镜两大类。推杆式管道内窥镜属于工业内窥镜范畴，通过前端摄像采集装置采集图像数据经过线缆传输到后端显示设备上，实时获取目标对象内部情况，及时发现并解决小管径排水管道内部存在的各种隐患问题，如管道壁面、接口处开裂等情况；同时，也能够实现对排水管道的定期检测和维护，确保排水系统的安全运行。

推杆式管道内窥镜适用于管径为 *DN*40 ～ 600 mm 的市政管道，居民住宅、商业建筑、汽车发动机、汽缸、燃料管、引擎、消声器、输送系统、差速器、水箱、油箱、齿轮箱的磨损、积炭、堵塞等管道的检测。其包括其他检测仪器无法进入的细长、狭小、弯转型管道。近年来，推杆式内窥镜检测技术在排水管道检测领域的应用逐渐得到普及。根据国家统计局公布的数据，截至 2019 年，推杆式内窥镜检测技术在排水管道维护中的应用率已经超过 50%，预计在未来几年会继续增长。排水管道推杆式内窥镜检测示意如图 7-9 所示。

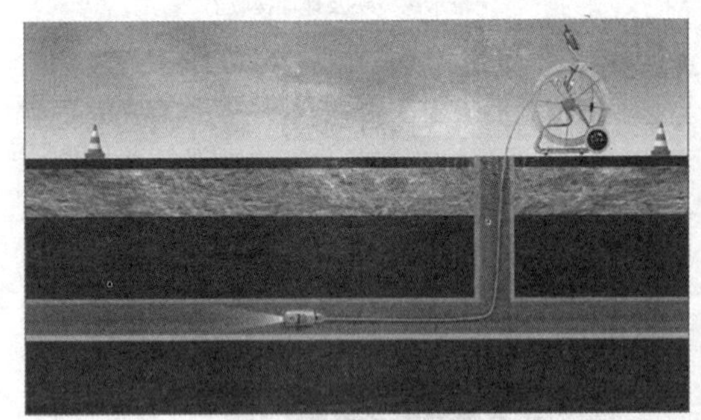
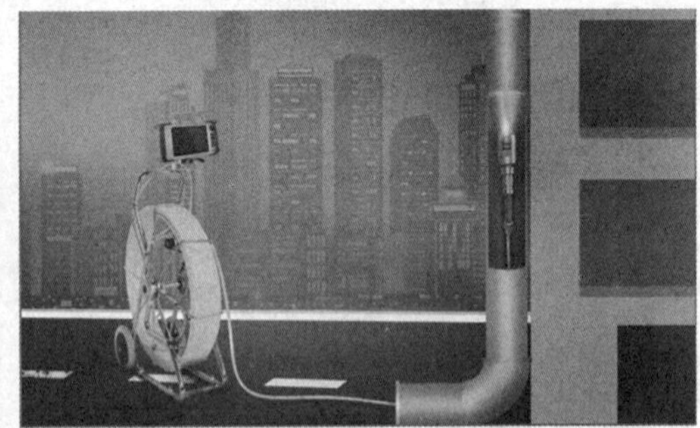

图 7-9　排水管道推杆式内窥镜检测示意

7.2.2 推杆式内窥镜的构成

推杆式内窥镜（图 7-10）主要由摄像头、线缆卷盘和控制器三部分构成（图 7-11）。

推杆式内窥镜摄像头与硬质推杆线缆连接，操作人员通过柔性硬质推杆线缆将摄像头送进管道；同时，控制器与硬质线缆进行连接，通过控制器控制摄像头旋转及灯光开关，并可进行拍照及录像，相关检测视频数据通过线缆传输到后端控制器，操作人员据此进行管道缺陷识别。其工作原理如图 7-12 所示。

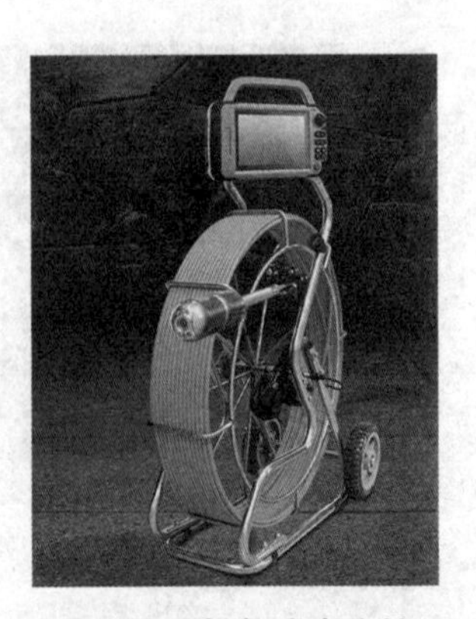

图 7-10　推杆式内窥镜

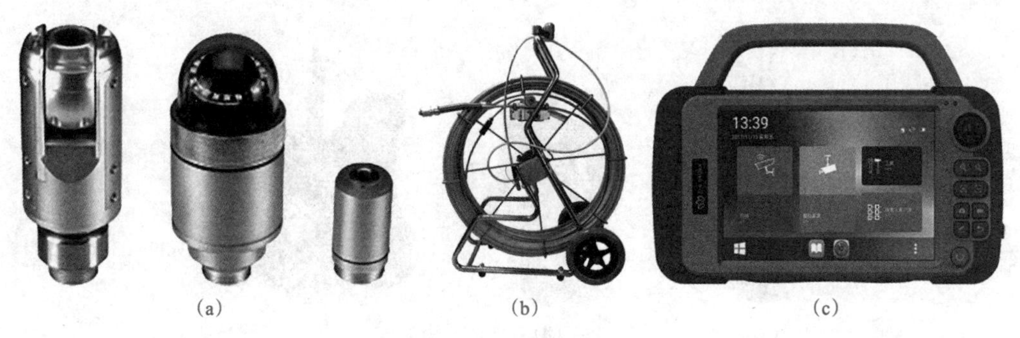

(a)　　　　(b)　　　　(c)

图 7-11　推杆式内窥镜构成

(a) 摄像头；(b) 线缆卷盘；(c) 控制器

根据检测场景需求可以选择不同直径大小的摄像头。直径最小可以做到 30 mm。此种镜头为固定镜头，不具备旋转功能。直径为 50 mm 以上镜头基本具备旋转功能（360° 轴向旋转 +180° 径向旋转），可以更加方便地观察管道内各角度的情况。

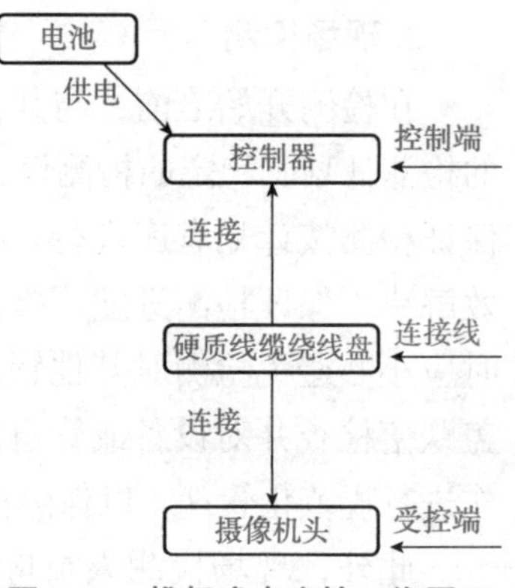

图 7-12　推杆式内窥镜工作原理

线缆卷盘主要由线架和硬质线缆组成。硬质线缆长度一般为 30 ～ 50 m，不超过 200 m，采用特质硬质线，耐磨、耐腐蚀。线缆卷盘包含计米装置和摄像头连接装置，另外一根软线缆用来连接控制器，线盘主架结构采用不锈钢材质，更加坚固、耐用。

内窥镜控制器包括视频处理系统、图像传输系统、电源保护系统及计算机数据处理系统等，一般采用 7 英寸（in）手持工业级控制器，分辨率为 1 280 × 720，具有小巧便携、触屏加物理按键、操作方便的特点。

视频：推杆式内窥镜的构成

7.2.3　推杆式内窥镜操作流程

1. 检测前准备

（1）选择适合的设备，包括管道内窥镜、照明设备、摄像设备等。

（2）对设备进行校准，检查探头的 LED 照明、仪器设备的图像、摇动遥控杆、检查探头转动是否正常。

（3）查看被检设备状况，清理管道内部的杂物和沉积物。

（4）安装内窥镜，将电池接口对准控制器接口插入，将两侧锁扣锁紧。

（5）连接线缆，把橙色线缆插头与控制器上接口对齐，将插头插到位，将线缆放入卡槽。

视频：推杆式内窥镜操作流程

（6）安装摄像头，需要根据不同管径大小搭配不同保护支架。图 7-13 所示为几种不同规格的支架。

（7）控制器开机。

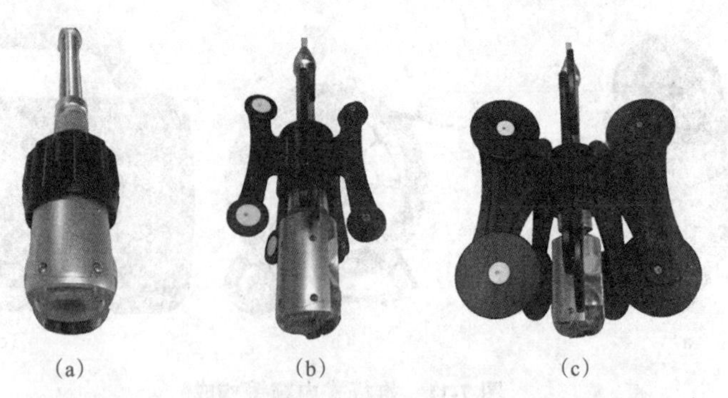

(a)　(b)　(c)

图 7-13　推杆式内窥镜不同型号摄像头保护支架

(a) 70 mm 保护支架；(b) 150 mm 保护支架；(c) 250 mm 保护支架

2. 现场检测

在检测开始之前，与其他检测方式一样，为确保检测过程的顺利和安全，应准备详尽的检测计划、稳定的检测设备和专业的检测人员。检测人员应根据需求合理安排检测任务，保证检测按计划有序进行。检测人员需制订应急预案，以备出现意外情况时能够及时、有效解决，保证检测进度。检测人员在进行检测任务时，应考虑地下管线的复杂性，在检测时应小心避免检测对其他管道造成损坏，同时应注意安全操作，防止发生意外事故，如井盖跌落检查井对设备或管道造成损坏。一般检测现场应配备一名监督人员，对现场安全操作进行规范化管理，以保障检测任务的顺利进行。

此外，现场检测人员应配齐个人防护装备，并且需要经过系统化的培训，能够正常使用防护设备，以保障检测人员的安全。打开管道检测段的起始井上游检查井进行通风 15 min 以上，并摆放安全标志防止人员踩空。使用气体检测仪检测井内有害气体的浓度，检测仪不发出警报说明井下无有害气体。若检测仪报警，需要继续等待通风，直到检测仪不发出警报（图 7-14）。

图 7-14　推杆式内窥镜现场检测

检测设备操作流程如下：

（1）打开控制器，单击“管道内窥镜”按钮，进入控制软件界面，如图 7-15 所示。

（2）打开井盖，将内窥镜放入检查井，并用推杆将内窥镜缓缓推进管道内部，同时计米器归零。

（3）打开控制软件界面“录像”功能，缓慢放线，配合线缆卷盘行进。

（4）单击“云台”按钮，查看管道内部问题和异常情况，根据实际情况，调整摄像头的方向、焦距等参数，以确保观察的清晰度和准确性。

图 7-15　控制软件界面

3. 检测完成后操作

（1）检测完毕后，用推杆将内窥镜缓缓拖出至地面。

（2）关闭控制器，先拆除保护罩，后拆除摄像头。

（3）对管道内窥镜进行清洁和消毒，确保清除内窥镜异物。

（4）清洗推杆，并将其复位。

7.2.4　推杆式内窥镜使用注意事项

（1）在录制视频时，注意在操作界面查看录像时间，如录像时间达到 25 min 后需要保存此段视频（录像），再重新开始录像下一段视频（循环往复）。如果录制视频时间超过 25 min 后继续录像，有可能会导致控制器死机（死机后所录视频不会自动保存）。

（2）现场检测工作结束后，可先用微湿软布将监视器及内窥镜主体清洁干净，再用干燥的毛巾擦干，随后放入指定包装箱，勿使摄像机及控制器受到挤压、碰撞或冲击，从而造成不必要的损伤。

（3）在不使用仪器时关闭电源，并存放在指定的包装箱内；同时，禁止在不符合设备规定的危险场所使用。

（4）显示控制器提示欠电时，请及时为电池充电。在充电过程中，当充电器指示灯亮为绿色时，充电结束后，断开充电电源。长时间不使用时，建议一个月给电池充一次电。

（5）长时间不使用仪器时，将其放在通风干燥处。超过六个月未使用，要对摄像组件的密封性进行检查，如有异常须返厂进行维护。

知识拓展

管道内窥镜可分为电子管道内窥镜与纤维内窥镜。其可用于高温、有毒、核辐射及人眼无法直接观察到的场所的检查和观察。这种方法主要用于汽车、航空发动机、管道、机械零件等，可在不需拆卸或破坏组装及设备停止运行的情况下实现无损检测，还可用于通风管道、空调管道、水管、工业管道内部焊缝、腐蚀、堵塞、差异、异物等情况的视频检测。管道专用视频内窥镜专用于管道检验，适用于钢管、管道内部质量检查，油田油杆检查，炮膛内部质量检查，主要检测细小的裂纹、膛线等。管道内窥镜具有图像清晰、操作简单、有效探测距离长、适用范围广，并且可以与计算机连接实现存储的优点。

7.3 地质雷达检测技术

7.3.1 地质雷达检测技术原理

我国城市地下管网建设多始于20世纪末，抗腐蚀性能差，由于没有得到有效维护，管道老化和超负荷运行引起的“跑、冒、滴、漏”，导致水体渗漏，侵蚀周边土体，形成脱空与空洞。特别是排水管道，由于其为自流管道，一般对管段接口、管材和安装质量要求不高，在地面荷载加大和其周围水土流失的条件下，更加容易出现接口错位、起伏、破裂等故障，进而引发周围土层移位，形成空洞，严重威胁公众的生命财产安全。目前，对于地下空洞检测主要依赖地质雷达检测技术，但是受管道埋深及土壤中介质对电磁波传输的影响，地面地质雷达检测技术并不能有效地检测地下存在的空洞缺陷。

地质雷达是利用电磁波在地下介质电磁性差异界面产生反射来确定地下目标体的一种探测技术。地质雷达上的发射天线向地下发射高频宽频短脉冲电磁波，电磁波在介质中传播时，遇到与周围介质电磁性差异较大的目标体将产生反射和透射，反射波的路径、电磁场强度与波形将随所通过介质的电磁性质及几何形态而变化。地质雷达通过接收天线接收来自地下介质界面的反射波，数据处理软件对所采集的数据进行相应的处理后，可根据反射波的旅行时间、幅度和波形，判断地下目标体的空间位置、结构及其分布。图7-16所示为地质雷达的基本原理。

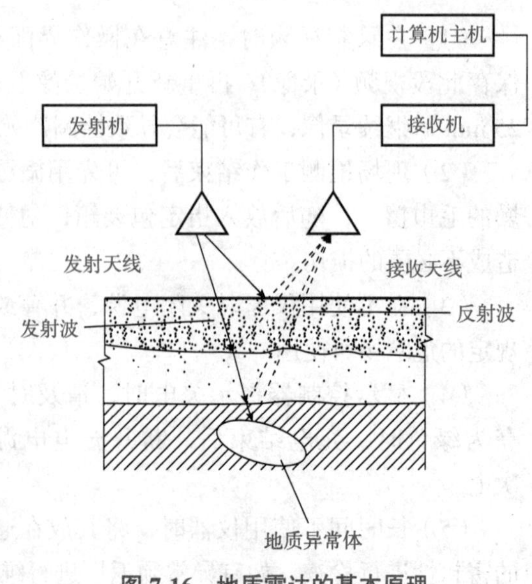

图7-16 地质雷达的基本原理

由于地质雷达是在对反射波形特性分析的基础上来判断地下目标体的，因此其探测效果主要取决于地下目标体与周围介质

的电性差异、电磁波的衰减程度、目标体的埋深及外部干扰的强弱等。其中，目标体与介质之间的电性差异越大，两者的界面就越清晰，表现在雷达剖面图上就是同相轴不连续。可以说，目标体与周围介质之间的电性差异是探地雷达探测的基本条件。随着微电子技术和信号处理技术的不断发展，地质雷达技术被广泛应用于工程地质勘察、建筑结构调查、公路工程质量检测、地下管线探测等众多领域。由于地下空洞的主要成因是由地下管网破损造成周边土壤流失而引起，因此通过管道内向管道周边进行空洞检测更加有效。

管道中地质雷达检测技术是将地质雷达与管网检测机器人技术相结合，进入非金属管道，向管道周边发射电磁波进行探测；同时，机器人搭载的摄像采集模块又可以对管道内部进行内窥式影像数据的采集，实现从管道内对管道周边空洞、土壤密实度及其他地下病害体的有效检测。管道中地质雷达检测技术可实现管道内管外数据的同步采集，有效、可靠地探测地下管道周边存在的空洞、脱空、疏松体、富水体等病害的大小与分布，以及管道周边土壤回填密实度或灌浆密实度，有效提升管网状况评估的综合效果。

7.3.2 管道中地质雷达检测机器人的组成与特点

管道中地质雷达检测机器人由机器人本体(爬行器)、线缆车和地面控制终端三部分组成。机器人本体通过线缆与地面线缆车进行通信，同时线缆车通过线缆给机器人供电。线缆车与地面控制终端进行通信，并将机器人采集的数据实时传送至控制终端进行显示，如图 7-17 所示。管道中地质雷达检测机器人具有以下特点：

图 7-17　管道中地质雷达检测机器人

（1）机器人采用多管径自适应设计。轮组支撑机构可自适应调整，根据管道直径来调整自身高度，保证地质雷达天线紧贴管道内壁，确保信号的质量，以满足机器人在管道内正常行进。

（2）管道内与管道外数据同时采集。机器人通过自身携带的摄像采集设备，对管道内部缺陷进行数据采集，同时通过携带的地质雷达对管道外部环境进行有效检测。

（3）管道外部多频率、全空间检测。机器人从管道中对管道周边进行探测，距离探测目标更近，其携带的地质雷达天线能够快速更换，实现对不同探测深度和探测分辨率的要求，可有效解决从地面探测时地质雷达探测深度与分辨率的取舍问题。同时，机器人可沿管道轴向及管道径向检测，借助后端处理软件，可对管道外部进行三维切片分析。

（4）管道中地质雷达检测机器人设备无须借助外力，可依靠自身动力，通过控制终端控制设备在道管中的行进状态。使用过程中可实时充放电，实现无限续航。

（5）管道中地质雷达检测机器人可适用于管道内部淤积较少，管径较大（*DN*600 ～ *DN*1 200 mm）的非金属管道进行检测。其缺点是操作复杂，对管道工况要求较高。

管道中地质雷达检测机器人应用场景如图 7-18 所示。

图 7-18 管道中地质雷达检测机器人应用场景

7.3.3 管道中地质雷达检测操作流程

1. 检测前准备

（1）开箱确认设备配置完整性，检查摄像头、地质雷达是否安装正确。

（2）安装机器人本体（爬行器）电池，确认电池周边密封圈安装到位，拧紧紧固螺栓。

（3）线缆车线缆转盘解锁。

（4）将线缆车与爬行器尾部进行连接。

（5）打开爬行器开关保护盖，按下后有无灯光自检查，确认好后将开关键用密封盖盖上，防止进水。

（6）打开线缆车电源。

（7）打开控制终端，等待设备 WiFi 出现后，使用控制终端连接上线缆车 WiFi。观察控制终端软件里的“设备连接状态”，确认线缆与爬行器连接正常，确认爬行器电池电量。

2. 现场操作流程

（1）将管口直角滑轮保护器悬空放置在管道边缘处，调整好方向。

（2）用下井吊绳将机器人本体吊入井下，如必要时可人工下井将设备放入管道，下井的时候注意摄像头朝上，保护镜头；同时，注意地质雷达及天线，防止损坏。

（3）机器人本体打开灯光，线缆车收紧多余线缆，在平板电脑上单击计米归零。

（4）单击“录像”功能按钮，编辑版头信息，开启录像。机器人本体前进时，根据工况适当调整速度，打开摄像头，观察工况，确保操作安全。

（5）机器人本体在作业时，需要手动拉出线缆，缓慢放线，配合机器人本体行进。在机器人本体回退时，需要打开后视摄像头，保证线缆不能被卷入轮中，务必保持机器人本体尾部线缆处于拉直的状态。机器人本体回退需要配合手动拉回线缆，或使用线缆车电动收线，拉回线缆。在线缆回收的过程中，需要关注线缆盘绕线情况，手动左右移动排线器，均匀排布线缆。

（6）根据检测需求对管道相关位置进行地质雷达检测，调整地质雷达支撑机构，保证地质雷达紧贴管道内壁，采集有效的地质雷达数据。

（7）在线缆车运输过程中，或者线缆车需要充电等情况下，需要使用止动锁住缆盘，避免缆盘的转动。

3. 检测完成后操作

（1）关闭灯光和爬行器电源。

（2）拔出机器人本体尾部航空插头。

（3）航空插头复位，启动缆车电源，按点动收线收紧后关闭线缆车电源。

（4）清洗机器人本体，确保其上异物得到清除。

7.3.4 管道中地质雷达机器人检测案例

1. 工程概况

2021 年 9 月，深圳科通工程技术有限公司对某城区 *DN*800 mm 雨水管道进行周边土体检测。该段管道为 *DN*800 mm 钢筋混凝土雨水管，检测长度为 10 m。QV 检测发现其管道内部出现局部破损，怀疑管道周边土体因雨水长期渗漏，发生水土流失，出现塌方空洞。

因周边管线密集，采用钻探等手段进行探测风险极大，故要求使用非开挖手段，对管道周边土体进行探测，确定是否存在空洞，并明确空洞位置。因管道埋深较大，最大埋深为 9 m，甲方前期采用常规探地雷达进行探测，未取得有效结果。故采用管道中地质雷达机器人对管道周边土体进行检测。

2. 检测方案

检测方式为使用管道中地质雷达检测机器人沿管道轴向行走，并使用可绕轴线旋转的地质雷达，对管道环向 360° 探测，高精准探测空洞、脱空、疏松体等病害的形状大小、分布和位置，如图 7-19 所示。

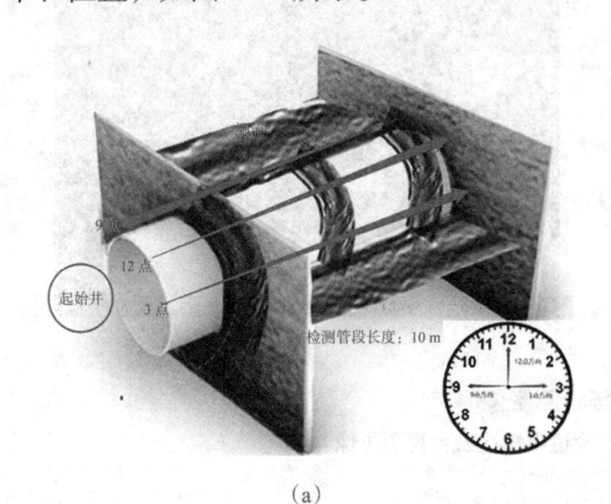

（a）

（b）

图 7-19　管道中地质雷达检测机器人检测方式

（a）轴向检测；（b）环绕检测

采取检测方案如下：

（1）确定施工条件。使用 CCTV 对管道进行全面检测，确保管道内无阻碍管中雷达的淤积、异物等。测量作业井尺寸，确保可顺利投放管道中雷达。

（2）将管道中雷达投放至管道内。

（3）轴向检测。将地质雷达固定在 12 点钟方向（管道正上方），操作管道中地质雷达机器人本体沿管道轴向行走，完成对整段管道 12 点钟方向土体进行检测。之后依次对 3 点钟、9 点钟

方向进行轴向检测。通过三遍管道内轴向检测，初步确定空洞或土体疏松区等异常区域的位置。

（4）环绕检测。将管道中雷达行驶至异常区域，开启环绕检测模式，地质雷达开始以管道轴线为轴，自动旋转，对管道周边土体进行 360° 检测。检测过程中移动管中雷达机器人本体，以确定异常区边界。

（5）完成检测，回收设备，通过检测雷达影像图谱，判定异常区性质及范围。

管道中地质雷达检测机器人现场检测如图 7-20 所示。

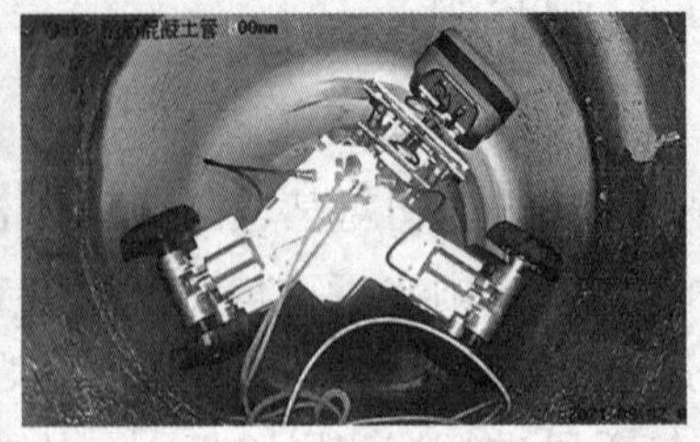
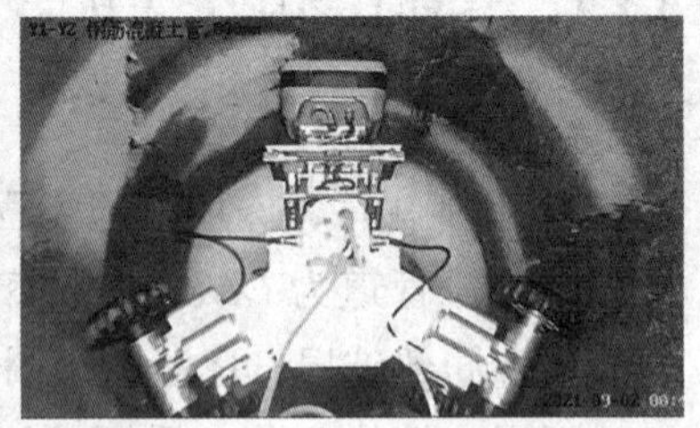

图 7-20　管道中地质雷达检测机器人现场检测

3. 检测结果

经管道中雷达检测发现管道外一处土体异常，判定为空洞。管道中雷达搭载云台可见部分破损。雷达影像剖面图及影像如图 7-21 所示。对该区域病害上方进行开挖验证，确定此处存在较大空洞，如图 7-22 所示。

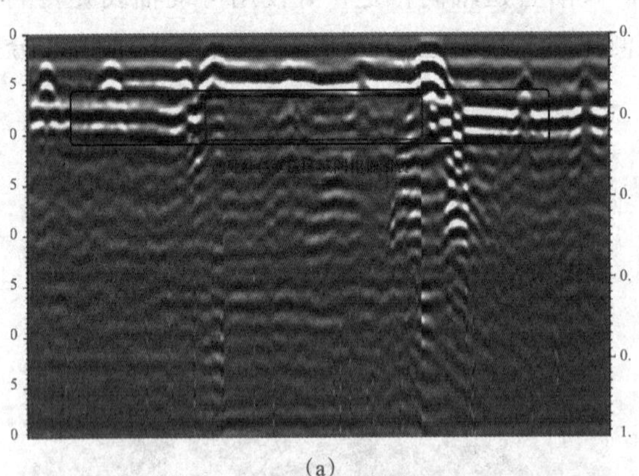
(a)

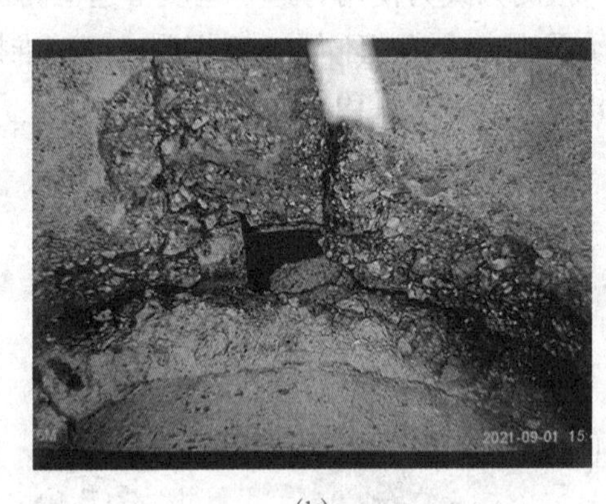

(b)

图 7-21　现场检测影像

(a) 雷达剖面图（空洞）；(b) 管道中雷达云台视图影像

图 7-22　现场开挖病害情况

7.4 排水管道检测多数据融合技术

现有排水管道检测的数据类型主要为视频、图像信息单一数据类型，同时随着技术的发展，视频结合激光扫描、SLAM 技术等多数据融合技术已经在多个领域进行应用。基于激光点云或视频序列实现的管道三维重建，能够将以往的排水管道检测结果从二维方式提升为三维，并结合 AR、VR 技术能够更加直观地展示管网现状。同时，基于三维重建的结果，能够为排水管道 BIM 系统的搭建提供可靠的数据支撑，为排水管道后期的运营管理、新建管网的设计提供技术支撑。

7.4.1 排水管道激光点云三维重建技术

随着技术的发展，对于管网内部的三维数据的需求也日益强烈，空间数据采集技术近几年也取得较快的发展。目前，三维信息采集技术可分为接触式和非接触式两类。三维信息采集方式如图 7-23 所示。

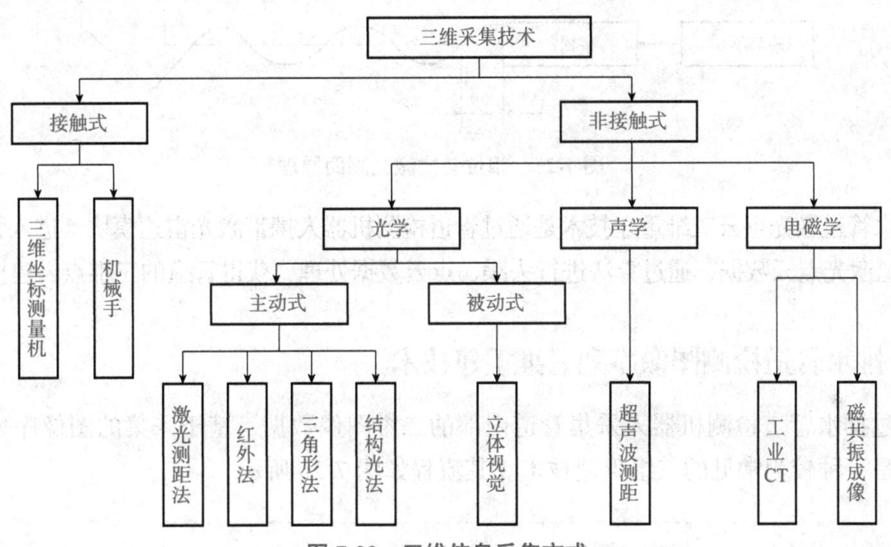

图 7-23 三维信息采集方式

其中，通过激光测距法采集的点云数据是一种主要的获得空间数据的方法。激光雷达扫描技术通过激光扫描获取物体表面离散点的三维坐标、强度和颜色等信息，可快速重建目标体的三维模型。按照测量原理的不同，激光雷达扫描技术通常有三角测距、脉冲式、相位差三种方式。

（1）基于三角测距原理的激光一般为高亮度的可见光（结构光），又称为主动式激光，如图 7-24 所示。

（2）基于脉冲式测距的激光一般是不可见光，其波长短且窄，所以，其角分辨率极高，可测距离相比其他类型的激光更远。其技术原理为通过激光波形的飞行时间差进行测距，也称作飞行时间法（TOF）。

（3）基于相位差式测距的激光需要经过幅度调制，通过采用频率更高、具有稳定周期的计时脉冲去填平高电平的时间，并测量调制后的激光往返一次的相位延迟，通过调制的波长进行换算，计算距离值，如图 7-25 所示。

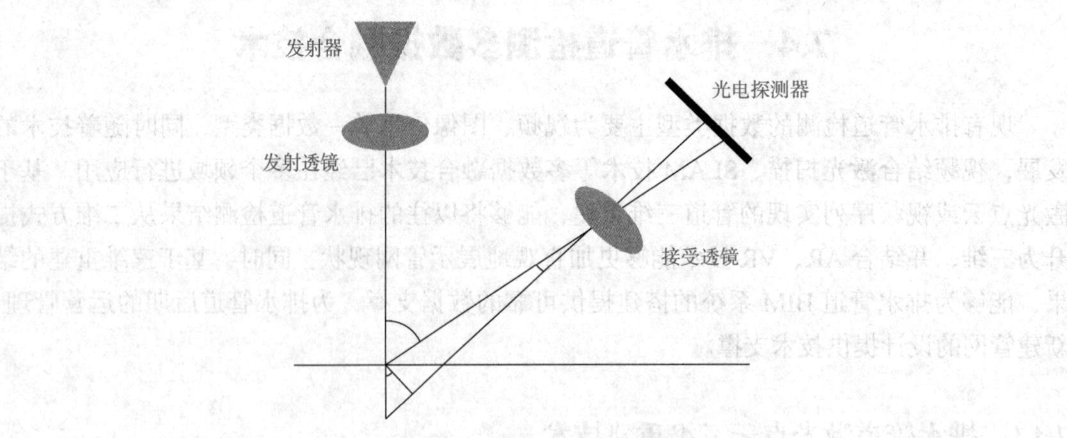

图 7-24 激光三角测距原理

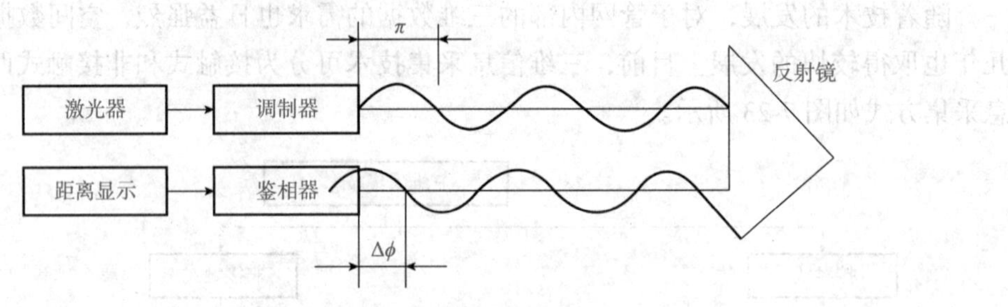

图 7-25 相位差式激光测距原理

排水管道激光点云三维重建技术是通过管道检测机器人携带激光雷达模块，进入管道内部采集管道激光点云数据，通过算法进行去躁、点云数据处理，获得管道的三维点云建模结果。

7.4.2 排水管道检测图像序列三维重建技术

通过排水管道检测机器人采集管道内部的二维图像数据，基于采集的图像序列进行三维重建是一种较为常见的三维重建技术。其流程如图 7-26 所示。

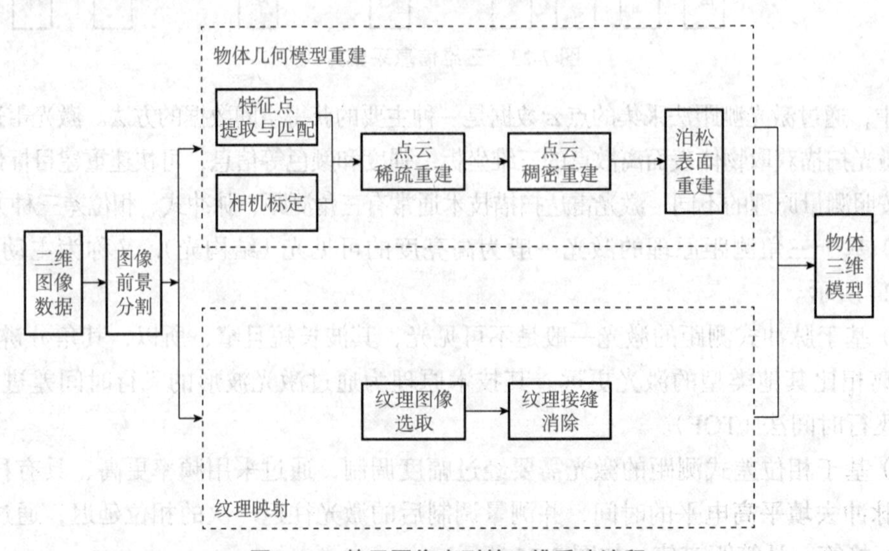

图 7-26 基于图像序列的三维重建流程

基于图像序列的三维重建流程图像特征点是指图像中的特定结构，如点、边缘或对象。其中，由于点特征的提取具有提取简单、匹配快等特点，应用最为广泛。图像特征点的提取是图像特征匹配的第一步，影响最终的匹配结果。经过特征点提取步骤后，通过 SFM（Structure From Motion）算法使用增量式迭代的方法进行重建，获得三维点云。然后应用目前较为常用的泊松表面重建算法对物体表面进行重建，使物体的几何模型更具有真实性。最后进行纹理映射恢复三维模型的纹理信息，从而使三维模型更加逼真、更具有真实感。

课后习题

一、填空题

1. 螺旋推进 CCTV 检测机器人由________、________、________三部分组成。

2. 推杆式管道内窥镜检测系统主要由________、________、________组成。

3. 一般检测现场应配备一名________，对现场安全操作进行规范化管理，以保证检测任务顺利进行。

4. 检测记录表应记录被检测管道的________。

5. 推杆式管道内窥镜检测范围一般是________。

6. 常规防护设备包括________、________、________、________等。

二、判断题

1. 螺旋推进 CCTV 检测机器人在淤泥环境中有效检测距离可达 300 m。（　）

2. 螺旋推进 CCTV 检测机器人对管网中水流速无要求。（　）

3. 推杆式管道的线缆是软质线缆。（　）

4. 推杆式管道的镜头都是可以旋转的镜头。（　）

5. 推杆式管道视频录制达到 25 min 后要进行重新录制。（　）

6. 推杆式管道控制器可用无线传输文件。（　）

7. 推杆式管道的镜头保护支架需要根据不同管道尺寸大小进行搭配。（　）

三、简答题

1. 简述螺旋推进 CCTV 检测机器人技术原理。

2. 简述推杆式管道内窥镜检测的原理。

3. 推杆式管道内窥镜包含哪些部分?

项目 8 排水管道检测评估

知识目标

1. 熟悉排水管道检测评估标准。
2. 熟悉检测项目名称、代码及等级内容。
3. 熟悉管段结构性缺陷参数计算、缺陷等级评定及修复等级评定。
4. 熟悉管段功能性缺陷与管运行状况参数计算、缺陷等级评定及养护等级评定。
5. 了解排水管道检测数据智能评估的发展历程。
6. 掌握编制排水管道缺陷评估报告的流程。

技能目标

1. 具备判读结构性缺陷和功能性缺陷的能力。
2. 具备结构性和功能性缺陷参数计算、缺陷等级评定的能力。
3. 具备修复等级和养护等级评定的能力。
4. 具备编制排水管道缺陷评估报告的能力。

素质目标

1. 具有法规意识、标准意识。
2. 具有良好的职业道德、实事求是的工作作风和客观公正的品质。
3. 养成不断学习、关注行业技术进步的习惯。

案例导入

为提高广州市主干道排水管道运行能力及使用寿命，避免安全事故发生。广州市排水公司采用 CCTV 管道检测技术对海珠区东晓南路东侧重要主干道排水管道（W1 ～ W25）开展检测、评估、修复工作，以最大限度地发挥管道过水能力、延长运行寿命，消除安全隐患。

污水管道起点为新港西路和东晓南路交叉口，终点为风景西路和东晓南路交叉口，管道全长约为 783 m，25 个管段，共有 26 座检查井；管道材质为钢筋混凝土，管道规格为 *DN*900 mm，检查井为砖砌式，配铸铁井盖；整体埋深为 3 ～ 5 m，管道役龄均超过 10 年。

因前期维护不足，部分管道存在淤积、渗水、腐蚀等不良状况，急需对管道进行全面检测、评估、修复、保障人民群众生命财产安全。

检测结果表明：问题管段共23段，涉及长度750.5 m。结构性缺陷管道20段，结构性与功能性缺陷共存管道3段，共有缺陷92处，结构性缺陷89处，功能性缺陷3处。24个检查井均存在抹面脱落，冲刷腐蚀缺陷，缺陷率为100%。管道缺陷类型分布如图8-1所示，管道及检查井缺陷检查结果见表8-1。

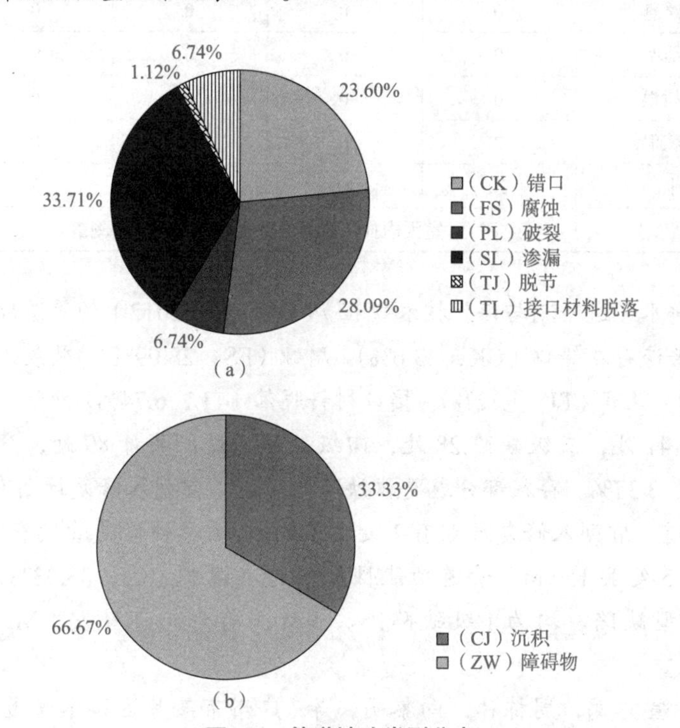

图8-1　管道缺陷类型分布

(a) 结构性缺陷类型；(b) 功能性缺陷类型

表8-1　管道及检查井缺陷检查结果

缺陷级别 / 缺陷数量 / 缺陷名称		1级（轻微）缺陷个数	2级（轻微）缺陷个数	3级（轻微）缺陷个数	4级（轻微）缺陷个数	小计
结构性缺陷	（AJ）支管暗接	0	0	0	0	0
	（BX）变形	0	0	0	0	0
	（CK）错口	3	9	8	1	21
	（CR）异物穿入	0	0	0	0	0
	（FS）腐蚀	1	9	15	0	25
	（PL）破裂	0	3	1	2	6
	（QF）起伏	0	0	0	0	0
	（SL）渗漏	11	16	3	0	30
	（TJ）脱节	0	0	1	0	1
	（TL）接口材料脱落	2	4	0	0	6

续表

缺陷级别 / 缺陷数量 / 缺陷名称		1 级（轻微）缺陷个数	2 级（轻微）缺陷个数	3 级（轻微）缺陷个数	4 级（轻微）缺陷个数	小计
功能性缺陷	（CJ）沉积	1	0	0	0	1
	（CQ）残墙、坝根	0	0	0	0	0
	（FZ）浮渣	0	0	0	0	0
	（JG）结垢	0	0	0	0	0
	（SG）树根	0	0	0	0	0
	（ZW）障碍物	2	0	0	0	2
	合计	20	41	28	3	92
检查井		井室因内抹灰存在严重腐蚀、冲刷严重剥落				24

依据《城镇排水管道检测与评估技术规程》（CJJ 181—2012）的管道评估方法，检测人员得出管道结构普遍存在错口（CK，23.6%）、腐蚀（FS，28.09%）、破裂（PL，6.74%）、渗漏（SL，33.71%）、脱节（TJ，1.12%）、接口材料脱落（TL，6.74%）缺陷。其中，一级缺陷17处，二级缺陷41处，三级缺陷28处，四级缺陷3处，共计89处，分别占比19.10%、46.07%、31.46%、3.37%。存在部分或整体缺陷的管道，宜列入修复计划有2处共46.5 m；需整体缺陷的管道，宜列入修复计划有1处共7.5 m，需尽快修复管段有14处共537.5 m，需立即修复管段5处共159 m。管道功能性缺陷存在沉积（CJ，33.33%）、障碍物（ZW，66.67%）两种类型缺陷。均为1级缺陷，共3处，均为局部缺陷，MI ≤ 1，暂不需要处理。

[资料来源：宣鑫鹏，周栋林，向黎明，等．广州市某片区排水管道检测评估与修复[J]. 给水排水，2022，48（S1）：418—424.]

8.1 排水管道检测评估标准

排水管道检测的目的是对管道进行客观准确的评估，为管道修复、管道维护提供依据。管道检测工作（外业）完成后需要进行管道评估工作（内业），即基于检测结果，对管道根据检测后所获取的资料，特别是影像资料进行分析，对缺陷进行定义、对缺陷严重程度进行打分、确定单个缺陷等级和管段缺陷等级，进行对管道状况进行评估，出具管道检测报告，形成管道检测最终成果，提出修复和养护建议。

检测评估标准是管道评估的依据。目前，管道评估采用的行业标准是《城镇排水管道检测与评估技术规程》（CJJ 181—2012）。标准一般规定如下：

（1）管道评估应根据检测资料进行。检测资料包括现场记录表、影像资料等。

（2）管道评估工作宜采用计算机软件进行。由于管道评估是根据检测资料对缺陷进行判读打分，填写相应的表格，计算相关的参数，工作烦琐。为了提高效率，提倡采用计算机软件进行管道的评估工作。

（3）当缺陷沿管道纵向的尺寸不大于 1 m 时，长度应按 1 m 计算。管道的很多缺陷是局部性缺陷，如孔洞、错口、脱节、支管暗接等。其纵向长度一般不足 1 m，为了方便计算，1 处缺陷的长度按 1 m 计算。

（4）当管道纵向 1 m 范围内两个以上缺陷同时出现时，分值应叠加计算；当叠加计算的结果超过 10 分时，应按 10 分计。

当缺陷是连续性缺陷（纵向破裂、变形、纵向腐蚀、起伏、纵向渗漏、沉积、结垢）且长度大于 1 m 时，按实际长度计算；当缺陷是局部性缺陷（环向破裂、环向腐蚀、错口、脱节、接口材料脱落、支管暗接、异物穿入、环向渗漏、障碍物、残墙、坝根、树根）且纵向长度不大于 1 m 时，长度按 1 m 计算。当在 1 m 长度内存在两个及两个以上的缺陷时，该 1 m 长度内各缺陷分值进行综合叠加，如果叠加值大于 10 分，按 10 分计算，叠加后该 1 m 长度的缺陷按一个缺陷计算（相当于一个综合性缺陷）。

（5）管道评估应以管段为最小评估单位。当对多个管段或区域管道进行检测时，应列出各评估等级管段数量占全部管段数量的比例。当连续检测长度超过 5 km 时，应做总体评估。

排水管道的评估应对每一管段进行。排水管道是由管节组成管段、管段组成管道系统。管节不是评估的最小单位，管段是评估的最小单位。在针对整个管道系统进行总体评估时，以各管段的评估结果进行加权平均计算后作为依据。

8.2 排水管道缺陷代码、等级

管道缺陷定义是管道评估的关键内容，《城镇排水管道检测与评估技术规程》（CJJ 181—2012）中规定了管道的结构性缺陷和功能性缺陷名称、代码、定义、等级、缺陷描述和分值，并对检测过程中涉及的特殊结构及附属设施、操作状态名称和代码表示方法做了说明。在项目 2 中已经对缺陷名称、定义与描述进行了阐述，本节将对缺陷的代码、等级和评估赋分，以及特殊结构、操作状态名称和代码进行详细介绍。

8.2.1 代码

排水管道检测评估缺陷及检测过程中涉及的特殊结构或附属设施、操作状态代码采用两个汉字拼音首字母组合表示，未规定的代码应采用与此相同的确定原则，但不得与已规定的代码重名。由于我国地域辽阔、情况复杂，当出现规程未包括的项目时，代码的确定原则应符合以上规定。代码主要用于国外进口仪器的操作软件不是中文显示时使用，软件采用中文显示时可不使用代码。

特殊结构及附属设施的代码主要用于检测记录表和影像资料录制时录像画面嵌入的内容表达，操作状态名称和代码用于影像资料录制时设备工作状态等关键点的位置记录。修复用来记录管道以前做过的维修，维修的管道和旧管道之间在管壁上有差距变径是指管径在直线方向上的改变，变径的判读需要根据专业知识，判断是属于管径改变还是管道转向。检查井和雨水口用来对管段中间的检查井和雨水口进行标示。特殊结构及附属设施代码和

定义见表 8-2。操作状态名称、代码和定义见表 8-3。

表 8-2　特殊结构及附属设施名称、代码和定义

名称	代码	定义
修复	XF	检测前已修复的位置
变径	BJ	两检查井之间不同直径管道相接处
倒虹管	DH	管道遇到河道、铁路等障碍物，不能按原有高程埋设，而从障碍物下面绕过时采用的一种倒虹吸型管段
检查井（窨井）	YJ	管道上连接其他管道以及供维护工人检查、清通和出入管道的附属设施
暗井	MJ	用于管道连接，有井室而无井筒的暗埋构筑物
井盖埋没	JM	检查井盖被埋没
雨水口	YK	用于收集地面雨水的设施

表 8-3　操作状态名称、代码和定义

名称	代码编号	定义
缺陷开始及编号	KS× ×	纵向缺陷长度大于 1 m 时的缺陷开始位置，其编号应与结束编号对应
缺陷结束及编号	JS× ×	纵向缺陷长度大于 1 m 时的缺陷结束位置，其编号应与开始编号对应
入水	RS	摄像镜头部分或全部被水淹
中止	ZZ	在两附属设施之间进行检测时，由于各种原因造成检测中止

对于 CCTV 检测时遇到特殊结构的常见描述方法及 CCTV 操作常用描述方法可参见规程中的规定。

8.2.2　排水管道检测缺陷等级

排水管道检测评估缺陷性质主要分为结构型缺陷和功能性缺陷两类。不同缺陷性质，又根据其危害程度分别划分为轻微缺陷、中等缺陷、严重缺陷和重大缺陷 4 级，并给予不同的分值。其确定原则是具有相同严重程度的缺陷具有相同的等级。缺陷等级分类见表 8-4。

表 8-4　排水管道检测缺陷等级分类表

等级 缺陷性质	1	2	3	4
结构性缺陷程度	轻微缺陷	中等缺陷	严重缺陷	重大缺陷
功能性缺陷程度	轻微缺陷	中等缺陷	严重缺陷	重大缺陷

1. 结构性缺陷等级划分

结构性缺陷的破裂、变形、错口、起伏、脱节、渗漏均分为 4 个缺陷等级，腐蚀、支管暗接、异物穿入分为 3 个缺陷等级，接口材料脱落则分为 2 个缺陷等级。结构性缺陷名称、代码、定义、等级、缺陷描述及分值见表 8-5。

表 8-5 结构性缺陷名称、代码、定义、等级、缺陷描述及分值表

缺陷名称	缺陷代码	定义	等级	缺陷描述	分值
破裂	PL	管道的外部压力超过自身的承受力致使管子发生破裂。其形式有纵向、环向和复合 3 种	1	裂痕—当下列一个或多个情况存在时： （1）在管壁上可见细裂痕； （2）在管壁上由细裂缝处冒出少量沉积物； （3）轻度剥落	0.5
			2	裂口—破裂处已形成明显间隙，但管道的形状未受影响且破裂无脱落	2
			3	破碎—管壁破裂或脱落处所剩碎片的环向覆盖范围不大于弧长 60°	5
			4	坍塌—当下列一个或多个情况存在时： （1）管道材料裂痕、裂口或破碎处边缘环向覆盖范围大于弧长 60°； （2）管壁材料发生脱落的环向范围大于弧长 60°	10
变形	BX	管道受外力挤压造成形状变异	1	变形不大于管道直径的 5%	1
			2	变形为管道直径的 5% ~ 15%	2
			3	变形为管道直径的 15% ~ 25%	5
			4	变形大于管道直径的 25%	10
腐蚀	FS	管道内壁受侵蚀而流失或剥落，出现麻面或露出钢筋	1	轻度腐蚀—表面轻微剥落，管壁出现凹凸面	0.5
			2	中度腐蚀—表面剥落显露粗集料或钢筋	2
			3	重度腐蚀—粗集料或钢筋完全显露	5
错口	CK	同一接口的两个管口产生横向偏差，未处于管道的正确位置	1	轻度错口—相接的两个管口偏差不大于管壁厚度的 1/2	0.5
			2	中度错口—相接的两个管口偏差为管壁厚度的 1/2 ~ 1	2
			3	重度错口—相接的两个管口偏差为管壁厚度的 1 ~ 2 倍	5
			4	严重错口—相接的两个管口偏差为管壁厚度的 2 倍以上	10
起伏	QF	接口位置偏移，管道竖向位置发生变化，在低处形成洼水	1	起伏高 / 管径≤ 20%	0.5
			2	20%< 起伏高 / 管径≤ 35%	2
			3	35%< 起伏高 / 管径≤ 50%	5
			4	起伏高 / 管径 >50%	10
脱节	TJ	两根管道的端部未充分接合或接口脱离	1	轻度脱节—管道端部有少量泥土挤入	1
			2	中度脱节—脱节距离不大于 20 mm	3
			3	重度脱节—脱节距离为 20 ~ 50 mm	5
			4	严重脱节—脱节距离为 50 mm 以上	10
接口材料脱落	TL	橡胶圈、沥青、水泥等类似的接口材料进入管道	1	接口材料在管道内水平方向中心线上部可见	1
			2	接口材料在管道内水平方向中心线下部可见	3
支管暗接	AJ	支管未通过检查井直接侧向接入主管	1	支管进入主管内的长度不大于主管直径 10%	0.5
			2	支管进入主管内的长度为主管直径的 10% ~ 20%	2
			3	支管进入主管内的长度大于主管直径 20%	5

续表

缺陷名称	缺陷代码	定义	等级	缺陷描述	分值
异物穿入	CR	非管道系统附属设施的物体穿透管壁进入管内	1	异物在管道内且占用过水断面面积不大于 10%	0.5
			2	异物在管道内且占用过水断面面积为 10% ～ 30%	2
			3	异物在管道内且占用过水断面面积大于 30%	5
渗漏	SL	管外的水流入管道	1	滴漏：水持续从缺陷点滴出，沿管壁流动	0.5
			2	线漏：水持续从缺陷点流出，并脱离管壁流动	2
			3	涌漏：水从缺陷点涌出，涌漏水面的面积不大于管道断面面积的 1/3	5
			4	喷漏：水从缺陷点大量涌出或喷出，涌漏水面的面积大于管道断面面积的 1/3	10
注：对结构性缺陷赋分值是为后续计算管段损坏状况参数					

2. 功能性缺陷等级划分

功能性缺陷的沉积、结垢、障碍物、残墙与坝根、树根均分为 4 个缺陷等级，浮渣分为 3 个缺陷等级。功能性缺陷名称、代码、定义、等级、缺陷描述及分值具体见表 8-6。

表 8-6　功能性缺陷名称、代码、定义等级、缺陷描述及分值

缺陷名称	缺陷代码	定义	等级	缺陷描述	分值
沉积	CJ	杂质在管道底部沉淀淤积	1	沉积物厚度为管径的 20% ～ 30%	0.5
			2	沉积物厚度为管径的 30% ～ 40%	2
			3	沉积物厚度为管径的 40% ～ 50%	5
			4	沉积物厚度大于管径的 50%	10
结垢	JG	管道内壁上的附着物	1	硬质结垢造成的过水断面损失不大于 15%； 软质结垢造成的过水断面损失为 15% ～ 25%	0.5
			2	硬质结垢造成的过水断面损失为 15% ～ 25%； 软质结垢造成的过水断面损失为 25% ～ 50%	2
			3	硬质结垢造成的过水断面损失为 25% ～ 50%； 软质结垢造成的过水断面损失为 50% ～ 80%	5
			4	硬质结垢造成的过水断面损失大于 50%； 软质结垢造成的过水断面损失大于 80%	10
障碍物	ZW	管道内影响过流的阻挡物	1	过水断面损失不大于 15%	0.1
			2	过水断面损失为 15% ～ 25%	2
			3	过水断面损失为 25% ～ 50%	5
			4	过水断面损失大于 50%	10
残墙、坝根	CQ	管道闭水试验时砌筑的临时砖墙封堵，试验后未拆除或拆除不彻底的遗留物	1	过水断面损失不大于 15%	1
			2	过水断面损失为 15% ～ 25%	3
			3	过水断面损失为 25% ～ 50%	5
			4	过水断面损失大于 50%	10

续表

缺陷名称	缺陷代码	定义	等级	缺陷描述	分值
树根	SG	单根树根或是树根群自然生长进入管道	1	过水断面损失不大于 15%	0.5
			2	过水断面损失为 15% ~ 25%	2
			3	过水断面损失为 25% ~ 50%	5
			4	过水断面损失大于 50%	10
浮渣	FZ	管道内水面上的漂浮物（该缺陷需记入检测记录表，不参与计算）	1	零星的漂浮物，漂浮物占水面面积不大于 30%	—
			2	较多的漂浮物，漂浮物占水面面积为 30% ~ 60%	—
			3	大量的漂浮物，漂浮物占水面面积大于 60%	—
注：对功能性缺陷赋分值是为后续计算管段运行状况参数					

8.3 结构性状况评估

8.3.1 管段结构性缺陷参数计算

管段结构性缺陷参数按式（8-1）和式（8-2）进行计算：

$$当 S_{max} \geqslant S 时，F = S_{max} \tag{8-1}$$

$$当 S_{max} < S 时，F = S \tag{8-2}$$

式中，F 为管段结构性缺陷参数；S_{max} 为管段损坏状况参数，管段结构性缺陷中损坏最严重处的分值；S 为管段损坏状况参数，按缺陷点数计算的平均分值。管段结构性缺陷参数 F 的确定，是对管段损坏状况参数经比较取大值而得。《城镇排水管道检测与评估技术规程》（CJJ 181—2012）中管段结构性参数的确定是依据排水管道缺陷的开关效应原理，即一处受阻，全线不通。因此，管段的损坏状况等级取决于该管段中最严重的缺陷。

8.3.2 管段损坏状况参数计算

管段损坏状况参数按式（8-3）计算：

$$S = \frac{1}{n}\left(\sum_{i_1=1}^{n_1} P_{i_1} + \alpha \sum_{i_2=1}^{n_2} P_{i_2}\right) \tag{8-3}$$

$$S_{max} = \max\{P_i\} \tag{8-4}$$

$$n = n_1 + n_2 \tag{8-5}$$

式中，S 为管段损坏状况参数；n 为管段的结构性缺陷数量；n_1 为纵向净距大于 1.5 m 的缺陷数量；n_2 为纵向净距大于 1.0 m 且不大于 1.5 m 的缺陷数量；P_{i_1} 为纵向净距大于 1.5 m 的缺陷分值；P_{i_2} 为纵向净距大于 1.0 m 且不大于 1.5 m 的缺陷分值；α 为结构性缺陷影响系数，与缺陷间距有关。P_i 为管段的结构性损伤参数；i_1，i_2 为管段检测出结构性缺陷的数

量。当缺陷的纵向净距大于 1.0 m 且不大于 1.5 m 时，$\alpha = 1.1$。当管段存在结构性缺陷时，结构性缺陷密度按式（8-6）计算：

$$S_{\mathrm{M}} = \frac{1}{SL}\left(\sum_{i_1=1}^{n_1} P_{i_1} L_{i_1} + \alpha \sum_{i_2=1}^{n_2} P_{i_2} L_{i_2}\right) \tag{8-6}$$

式中，S_{M} 为管段结构性缺陷密度；L 为管段长度；L_{i_1} 为纵向净距大于 1.5 m 的结构性缺陷长度（m）；L_{i_2} 为纵向净距大于 1.0 m 且不大于 1.5 m 的结构性缺陷长度（m）。式中其他符号意义同前。

管段损坏状况参数是缺陷分值的计算结构，S 是管段各缺陷分值的算术平均值，$S_{\max}$ 是管段各缺陷分值中的最高分值。管段结构性缺陷密度是基于管段缺陷平均值 S 时，对应 S 的缺陷总长度占管段长度的比值。该缺陷总长度是计算值，并不是管段的实际缺陷长度。缺陷密度值越大，表示该管段的缺陷数量越多。管段的缺陷密度与管段损坏状况参数的平均值 S 配套使用。平均值 S 表示缺陷的严重程度，缺陷密度表示缺陷量的程度。当出现两个尺寸相同的孔洞类局部结构性缺陷，两个孔洞的间距大于 1 m 并且小于 1.5 m 时，考虑到两个孔洞之间产生影响，会放大缺陷的严重程度，此时可取 $\alpha = 1.1$，其他情况下 $\alpha = 1.0$。

8.3.3　管段结构性缺陷等级评定

结构性缺陷参数 F 是比较管段缺陷最高分和平均分后的缺陷分值，因此，管段的结构性缺陷等级划分依据 F 值进行，见表 8-7。但需要注意的是，管段的结构性缺陷等级仅是管体结构本身的病害状况，没有结合外界环境的影响因素。

表 8-7　管段结构性缺陷等级评定对照表

等级	缺陷参数 F	损坏状况描述
Ⅰ	$F \leqslant 1$	无或有轻微缺陷，结构状况基本不受影响，但具有潜在变坏的可能
Ⅱ	$1 < F \leqslant 3$	管段缺陷明显超过一级，具有变坏的趋势
Ⅲ	$3 < F \leqslant 6$	管段缺陷严重，结构状况受到影响
Ⅳ	$F > 6$	管段存在重大缺陷，损坏严重或即将导致破坏

管段结构性缺陷类型指的是对管段评估给予局部缺陷还是整体缺陷的综合性定义的参考值。起划分依据的是缺陷密度 S_{M}，见表 8-8。

表 8-8　管段结构性缺陷类型评估参考

缺陷密度 S_{M}	< 0.1	0.1 ～ 0.5	> 0.5
管段结构性缺陷类型	局部缺陷	部分或整体缺陷	整体缺陷

8.3.4　管段修复等级评定

当前，在排水管道检测评估报告中需要初步评定管段修复等级。通过对管道的外观检查、内部检测和结构性评估，计算管段修复指数，得出管段的修复等级，根据修复等级的不同，为采取不同的修复措施提供参考，以确保管道的正常运行和安全性。

管段修复等级评定通过修复指数来体现。管段修复指数按式（8-7）计算：

$$RI = 0.7 \times F + 0.1 \times K + 0.05 \times E + 0.15 \times T \tag{8-7}$$

式中，RI 为管段修复指数；K 为地区重要性参数，按表 8-9 确定；E 为管道重要数，按表 8-10 确定；T 为土质影响参数，按表 8-11 确定。式中其他符号意义同前。

表 8-9　地区重要性参数 K

地区类别	K 值
中心商业、附近具有甲类民用建筑工程的区域	10
交通干道、附近具有乙类民用建筑工程的区域	6
其他行车道路、附近具有丙类民用建筑工程的区域	3
所有其他区域或 $F < 4$ 时	0

表 8-10　管段重要性参数 E

管径 D	E 值	管径 D	E 值
$D > 1\,500$ mm	10	$600 \text{ mm} \leqslant D \leqslant 1\,000$ mm	3
$1\,000 \text{ mm} < D \leqslant 1\,500$ mm	6	$D < 600$ mm 或 $F < 4$	0

表 8-11　土质影响参数 T

土质	一般土层或 $F=0$	粉砂层	湿陷性黄土			膨胀土			淤泥类土		红黏土
			Ⅳ级	Ⅲ级	Ⅰ，Ⅱ级	强	中	弱	淤泥	淤泥质土	
T 值	0	10	10	8	6	10	8	6	10	8	8

管段的修复指数是在确定管段本体结构缺陷等级后，再综合管道重要性与环境因素，表示管段修复紧迫性的指标。管道只要有缺陷，就需要修复。但是如果需要修复的管道多，在修复力量有限、修复队伍任务繁重的情况下，管道的修复计划就应该根据缺陷的严重程度、缺陷对周围的影响程度及缺陷的轻重缓急制订。修复指数是制订修复计划的依据。

地区重要性参数中考虑了管道敷设区域附近建筑物重要性，如果管道堵塞或管道破坏，建筑物的重要性不同，影响也不同。管段重要性参数主要以管径的大小进行划分，因为管径大小基本可以反映管道的重要性。目前，各国没有统一的大、中、小排水管道划分标准，在《城镇排水管渠与泵站运行、维护及安全技术规程》（CJJ 68—2016）中，排水管渠按管渠口径划分为小型管渠、中型管渠、大型管渠和特大型管渠。土质对管道修复指数的计算也不可忽视，例如，埋设于粉砂层、湿陷性黄土、膨胀土、淤泥类土、红黏土的管道，由于土层对水敏感，一旦管道出现缺陷，将会产生更大的危害。处于粉砂层的管道，如果其存在漏水，则在水流的作用下，产生流砂现象，掏空管道基础，加速管道破坏。

修复指数用以确定修复等级，等级越高，修复的紧迫性越大。管段修复等级划分见表 8-12。

表 8-12　管段修复等级划分

等级	修复指数 *RI*	修复建议及说明
Ⅰ	$RI \leqslant 1$	结构条件基本完好，不修复
Ⅱ	$1 < RI \leqslant 4$	结构在短期内不会发生破坏现象，但应做修复计划
Ⅲ	$4 < RI \leqslant 7$	结构在短期内可能会发生破坏，应尽快修复
Ⅳ	$RI > 7$	结构已经发生或即将发生破坏，应立即修复

8.4　功能性状况评估

8.4.1　管段功能性缺陷参数计算

管段功能性缺陷参数按式（8-8）和式（8-9）计算：

$$\text{当 } Y_{\max} \geqslant Y \text{ 时，} G = Y_{\max} \tag{8-8}$$

$$\text{当 } Y_{\max} < Y \text{ 时，} G = Y \tag{8-9}$$

式中，G 为管段功能性缺陷参数；$Y_{\max}$ 为管段运行状况参数，功能性缺陷中最严重处的分值；Y 为管段运行状况参数，按缺陷点数计算的功能性缺陷平均分值。

8.4.2　管段运行状况参数计算

管段运行状况参数按式（8-10）计算：

$$Y = \frac{1}{m}\left(\sum_{j_1=1}^{m_1} P_{j_1} + \beta \sum_{j_2=1}^{m_2} P_{j_2}\right) \tag{8-10}$$

$$Y_{\max} = \max\{P_j\} \tag{8-11}$$

$$m = m_1 + m_2 \tag{8-12}$$

式中，Y 为管段运行状况参数；m 为管段的功能性缺陷数量；m_1 为纵向净距大于 1.5 m 的缺陷数量；m_2 为纵向净距大于 1.0 m 且不大于 1.5 m 的缺陷数量；P_j 为管段的功能性损伤参数；j_1、j_2 为管段检测出功能性缺陷的数量；P_{j_1} 为纵向净距大于 1.5 m 的缺陷分值；P_{j_2} 为纵向净距大于 1.0 m 且不大于 1.5 m 的缺陷分值；β 为功能性缺陷影响系数，与缺陷间距有关；当缺陷的纵向净距大于 1.0 m 且不大于 1.5 m 时，β=1.1。式中其他符号意义同前。

当管段存在功能性缺陷时，功能性缺陷密度按式（8-13）计算：

$$Y_{\mathrm{M}} = \frac{1}{YL}\left(\sum_{j_1=1}^{m_1} P_{j_1} L_{j_1} + \beta \sum_{j_2=1}^{m_2} P_{j_2} L_{j_2}\right) \tag{8-13}$$

式中，Y_{M} 为管段功能性缺陷密度；L 为管段长度；L_{j_1} 为纵向净距大于 1.5 m 的功能性缺陷长度；L_{j_2} 为纵向净距大于 1.0 m 且不大于 1.5 m 的功能性缺陷长度。式中其他符号意义同前。

管段运行状况系统是缺陷分值的计算结果，Y 是管段各缺陷分值的算术平均值，$Y_{\max}$ 是

管段各缺陷分值中的最高分。管段功能性缺陷密度是基于管段平均缺陷值 Y 时的缺陷总长度占管段长度的比值，该缺陷密度是计算值，并不是管段缺陷的实际密度，缺陷密度值越大，表示该管段的缺陷数量越多。管段的缺陷密度与管段损坏状况参数的平均值 Y 配套使用。平均值 Y 表示缺陷的严重程度，缺陷密度表示缺陷量的程度。当出现 2 个尺寸相同的障碍物之类局部结构性缺陷，两个障碍物的间距大于 1 m 并且小于 1.5 m 时，考虑到两个障碍物之间产生影响，可能会放大缺陷的严重程度，此时可取 $\beta = 1.1$，其他情况下 $\beta = 1.0$。

8.4.3　管段功能性缺陷等级评定

管段功能性缺陷等级评估需符合表 8-13 的规定，管段功能性缺陷类型评估按表 8-14 确定。

表 8-13　功能性缺陷等级评定

等级	缺陷参数 F	运行状况描述
Ⅰ	$G \leqslant 1$	无或有轻微缺陷，管道运行基本不受影响
Ⅱ	$1 < G \leqslant 3$	管道过流有一定的受阻，运行受影响不大
Ⅲ	$3 < G \leqslant 6$	管道过流受阻比较严重，运行受到明显影响
Ⅳ	$G > 6$	管道过流受阻很严重，即将或已经导致运行瘫痪

表 8-14　管段功能性缺陷类型评估

缺陷密度 Y_M	< 0.1	$0.1 \sim 0.5$	> 0.5
管段功能性缺陷类型	局部缺陷	部分或整体缺陷	整体缺陷

8.4.4　管段养护等级评定

当前，在排水管道检测评估报告中需要初步评定管段养护等级。通过对管道的内部检测和功能性评估，计算管段养护指数，得出管段的养护等级。根据等级的不同，采取相应的养护措施，以确保管道的正常运行和安全性。

管段养护指数按式（8-14）计算：

$$MI = 0.8 \times G + 0.15 \times K + 0.05 \times E \tag{8-14}$$

式中，MI 为管段养护指数；K 为地区重要性参数；E 为管道重要性参数。在进行管段的功能性缺陷评估时应确定缺陷等级，功能性缺陷参数 G 是比较了管段缺陷最高分和平均分后的缺陷分值，该参数的等级与缺陷分值对应的等级一致。管段的功能性缺陷等级仅是管段内部运行状况的受影响程度，没有结合外界环境的影响因素。

管段的养护指数是在确定管段功能性缺陷等级后，再综合考虑管道重要性与环境因素，表示管段养护紧迫性的指标。由于管道功能性缺陷仅涉及管道内部运行状况的受影响程度，与管道埋设的土质条件无关，故养护指数的计算没有将土质影响参数考虑在内。如果管道存在缺陷，且需要养护的管道多，在养护力量有限、养护队伍任务繁重的情况下，制订管道的养护计划就应该根据缺陷的严重程度和缺陷发生后对服务区域内的影响程度，根据缺陷的轻重缓急制订养护计划。养护指数是制订养护计划的依据，管段养护等级应符合

表 8-15 的规定。

表 8-15　管段养护等级划分

等级	修复指数 *RI*	修复建议及说明
Ⅰ	$MI \leqslant 1$	没有明显需要处理的缺陷
Ⅱ	$1 < MI \leqslant 4$	没有立即进行处理的必要，但宜安排处理计划
Ⅲ	$4 < MI \leqslant 7$	根据基础数据进行全面的考虑，应尽快处理
Ⅳ	$MI > 7$	输水功能受到严重影响，应立即进行处理

8.5　管道检测评估流程

视频：电视检测图像判读流程

早期的管道评估完全基于人工完成，评估人基于个人经验，结合简单的检测结果（目测、巡检员描述等），定性地出具粗略评估报告。随着智能检测设备的普及，当前排水管道检测评估报告以基于专门针对管道检测数据进行综合评判的专业报告软件出具评估报告的形式为主。评估人员可通过专业的检测报告管理软件对检测设备（CCTV、QV 等）获取的管道视频检测数据进行处理，并依据行业及相关地区的检测标准进行评估，将评估的结果生成图文并茂的检测报告，并可以在地图上标注出缺陷的具体地理位置信息及管道相关信息。计算机判读软件一般具有以下功能：

（1）支持多种检测规程，包括行业标准和多个地方标准、中国香港标准和英国 WRC 编码体系，并在未来可以方便地将国内外其他标准导入。

（2）在检测现场可以提供现场判读、现场报告功能。

（3）可以在现场采集检测点的 GPS、管道基本信息、检测信息，以备后续数据的管理。

（4）提供电子地图结合检测管段的检测分布图和缺陷分布图。

（5）参照各种检测规程中附带的报告内容，制作相应的报告模板。一般包括检测基本信息、工程量汇总、管道缺陷汇总、管道缺陷汇总电子地图分布图（需 GPS 坐标）、管段缺陷状况评估表、管段树形缺陷分布图、功能缺陷分类饼图、功能缺陷分类柱状图、管道坡度图、管道沉积状况纵断面图，以及最终的排水管道检测成果（详图）表等内容。

（6）提供数据和 GIS 系统的对接。已考虑输出的数据接口，能将检测成果和数据结合 GIS 系统的数据结构，导入排水 GIS 系统。

8.5.1　电视检测图像判读流程

电视检测图像判读流程可分为项目管理、视频管理、检测信息录入、缺陷判读、生成报告等。管道潜望镜检测图像的分析判读流程与此基本相同。

1. 项目管理

打开评估软件界面，根据实际检测项目的名称，新建项目，输入项目名称、项目地址、项目负责人、检测单位、委托单位、设计单位、检测人员、排水方式、检测类型、封堵方式、清疏方式、移动方式及检测设备等相关信息，并进行保存。其中，施工单位、监理单位、设计单位、建设单位依据实际情况填写，如图 8-2 所示。

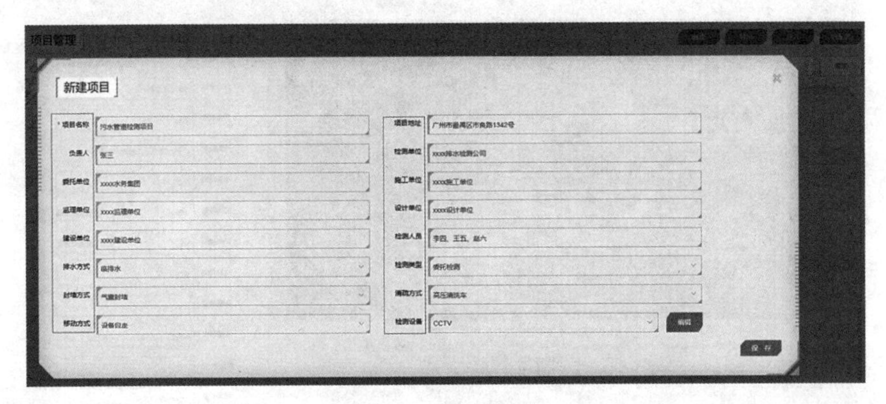

图 8-2　新建项目

2. 视频管理

在视频管理界面导入视频，单击选择文件，在 Windows 文件管理器中选定需要上传的文件，上传成功后，单击“保存”按钮，返回视频列表，如图 8-3 所示。

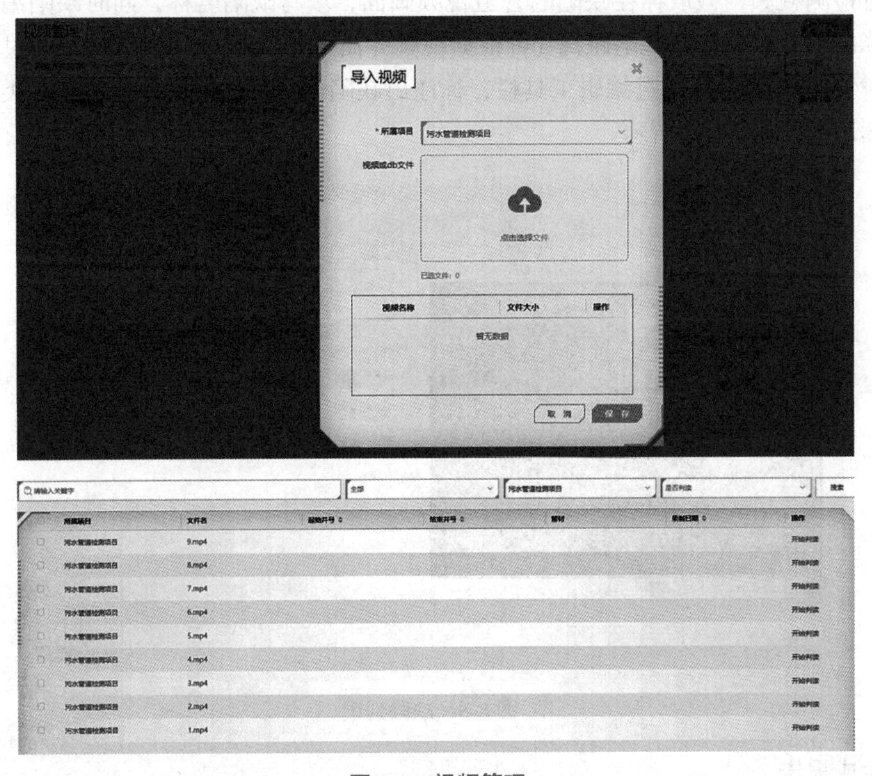

图 8-3　视频管理

3. 检测信息录入

双击视频列表中的某一行，即可打开视频，分别显示视频播放界面，视频信息，输入任务信息，包括任务名称、任务编号、检测地点、检测日期、起始井号、结束井号、检测方向、管道类型、管道材料、管径、检测单位，单击“保存”按钮，如图 8-4 所示。

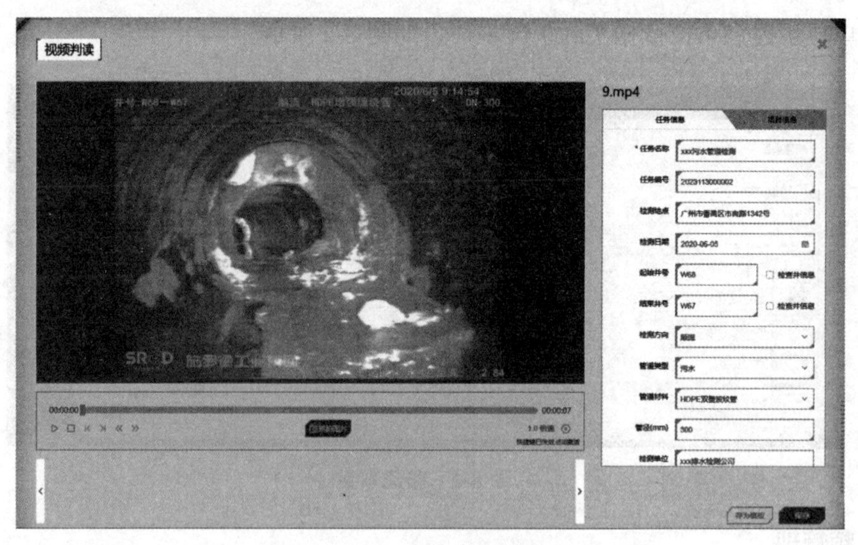

图 8-4　检测信息录入

4. 缺陷判读

观看检测视频，截取存在缺陷的管道视频画面，填写缺陷名称，同时缺陷编码自动填充，选择缺陷等级，输入缺陷距离（可根据视频界面信息判断）、缺陷长度（通过动画选取缺陷的时钟描述），同时通过编辑工具栏，标注出缺陷位置，通过箭头指示缺陷类型，完成缺陷判读记录，如图 8-5 所示。

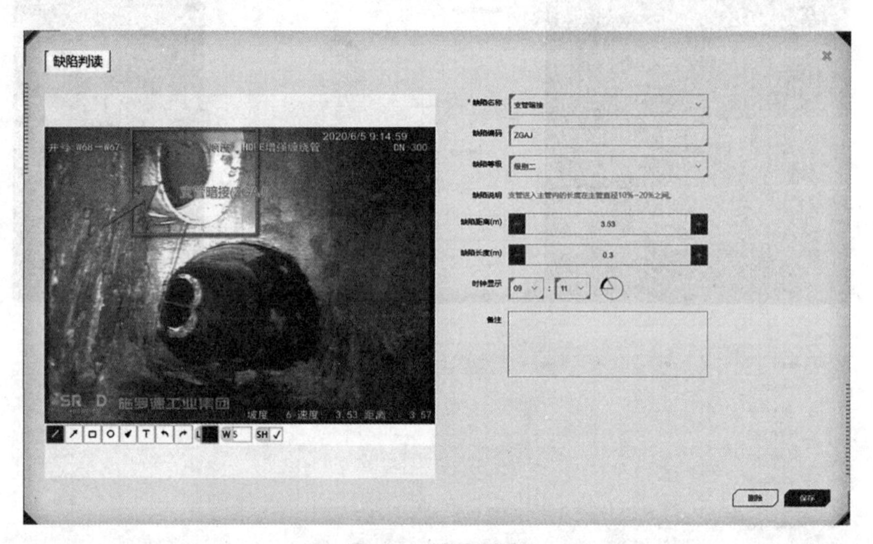

图 8-5　缺陷判读

5. 生成报告

选中已判读的视频资料，单击“生成报告”按钮，如果在“项目管理”中未输入项目信息，在生成报告的界面也可输入项目信息，单击“下一步”按钮，选择需要生成检测报告的文件，每个文件都可以生成独立的检测报告，也可以根据实际项目情况需要，把多个文件生成一份检测报告，单击“下一步”按钮，选择导出模板，进行报告导出，如图 8-6 所示。

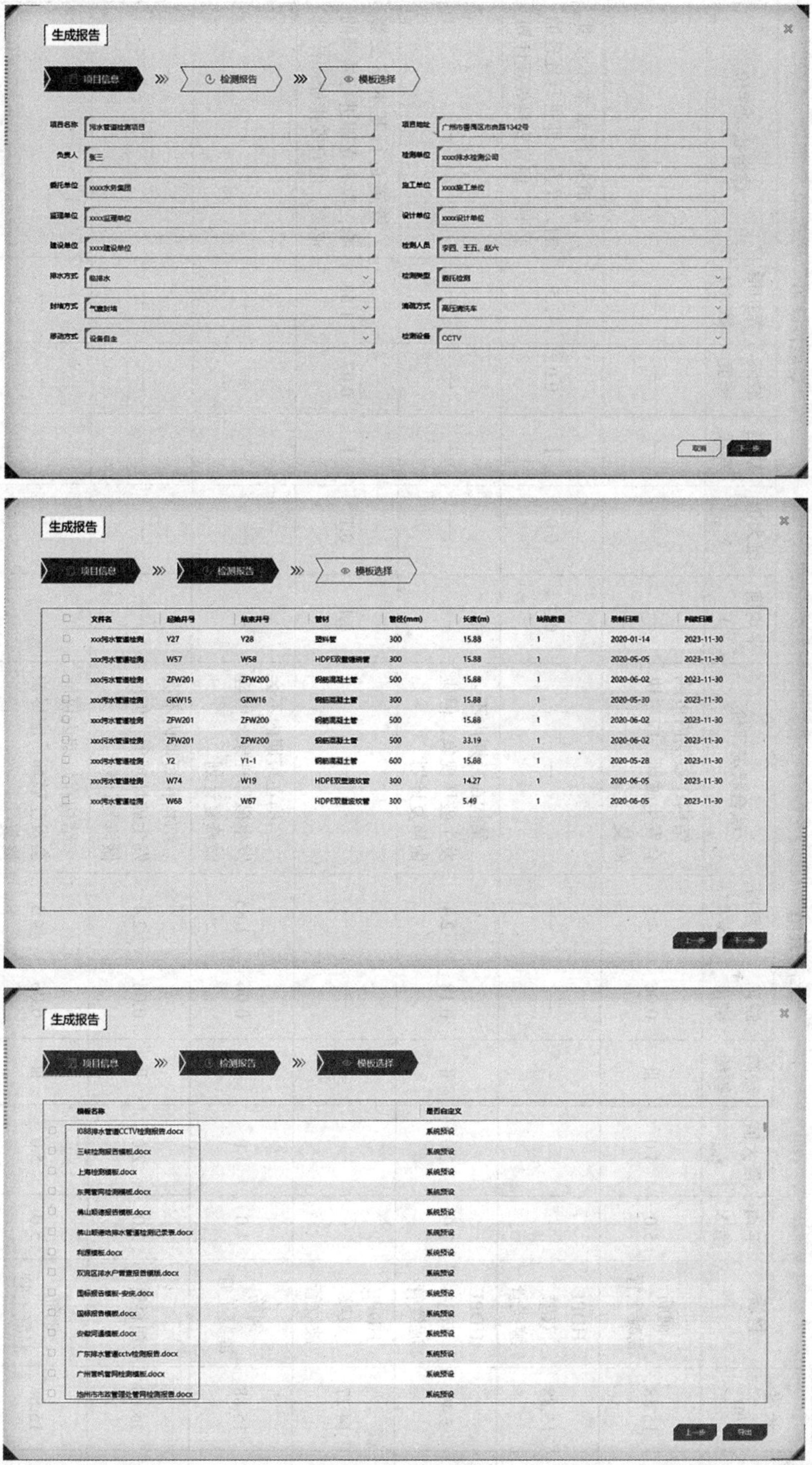

文件名	起始井号	结束井号	管材	管径(mm)	长度(m)	缺陷数量	录制日期	判读日期
xxx污水管道检测	Y27	Y28	塑料管	300	15.88	1	2020-01-14	2023-11-30
xxx污水管道检测	W57	W58	HDPE双壁缠绕管	300	15.88	1	2020-05-05	2023-11-30
xxx污水管道检测	ZFW201	ZFW200	钢筋混凝土管	500	15.88	1	2020-06-02	2023-11-30
xxx污水管道检测	GKW15	GKW16	钢筋混凝土管	300	15.88	1	2020-05-30	2023-11-30
xxx污水管道检测	ZFW201	ZFW200	钢筋混凝土管	500	15.88	1	2020-06-02	2023-11-30
xxx污水管道检测	ZFW201	ZFW200	钢筋混凝土管	500	33.19	1	2020-06-02	2023-11-30
xxx污水管道检测	Y2	Y1-1	钢筋混凝土管	600	15.88	1	2020-05-28	2023-11-30
xxx污水管道检测	W74	W19	HDPE双壁波纹管	300	14.27	1	2020-06-05	2023-11-30
xxx污水管道检测	W68	W67	HDPE双壁波纹管	300	5.49	1	2020-06-05	2023-11-30

模板名称	是否自定义
I088排水管道CCTV检测报告.docx	系统预设
三峡检测报告模板.docx	系统预设
上海检测模板.docx	系统预设
东莞管网检测模板.docx	系统预设
佛山顺德报告模板.docx	系统预设
佛山顺德线排水管道检测记录表.docx	系统预设
利源模板.docx	系统预设
双流区排水户管道报告模板.docx	系统预设
国标报告模板-安庆.docx	系统预设
国标报告模板.docx	系统预设
安徽同遥模板.docx	系统预设
广东排水管道cctv检测报告.docx	系统预设
广州管网管网检测模板.docx	系统预设
池州市市政管理处管网检测报告.docx	系统预设

图 8-6　生成报告

（1）xls 缺陷详表。将所有缺陷记录，包括管段编号、管径、长度、材质、结构性缺陷和功能性缺陷信息，全部导出到 xls 格式的表格，以便后续进一步处理（表 8-16）。

表 8-16 缺陷明细详表

管段编号	管径/mm	长度/m	材质	结构性缺陷						功能性缺陷					
				平均值 S	最大值 S_{max}	缺陷等级	缺陷密度	修复指数 RI	综合状况评价	平均值 Y	最大值 Y_{max}	缺陷等级	缺陷密度	养护指数 MI	综合状况评价
W15～W16	300	15.88	钢筋混凝土管	5.0	5.0	Ⅲ	0.06	4.5	结构在短期内可能会发生破坏，应尽快修复	—	—	—	—	—	—
W57～W58	300	15.88	HDPE双壁缠绕管	—	—	—	—	—	—	0.0	0.0	Ⅰ	0.0	1.5	管道运行基本不受影响，没有立即进行处理的必要，但宜安排处理计划
W68～W67	300	5.49	HDPE双壁波纹管	2.0	2.0	Ⅱ	0.18	2.4	结构在短期内不会发生破坏现象，但应做修复计划	—	—	—	—	—	—
W74～W19	300	14.27	HDPE双壁波纹管	—	—	—	—	—	—	0.1	0.1	Ⅰ	0.07	1.58	管道运行基本不受影响，没有立即进行处理的必要，但宜安排处理计划
Y2～Y1-1	600	15.88	钢筋混凝土管	1.0	1.0	Ⅰ	0.06	1.85	结构在短期内不会发生破坏现象，但应做修复计划	—	—	—	—	—	—
Y27～Y28	300	15.88	塑料管	2.0	2.0	Ⅱ	0.06	2.4	结构在短期内不会发生破坏现象，但应做修复计划	—	—	—	—	—	—
W201～W200	500	15.88	钢筋混凝土管	5.0	5.0	Ⅲ	0.06	4.5	结构在短期内可能会发生破坏，应尽快修复	—	—	—	—	—	—

（2）软件自动生成 Word 格式报表，报表中包括检测基本信息、工程量汇总表、管道缺陷汇总表、管段缺陷状况评估表、结构性和功能性缺陷分类饼状图（图 8-7）及管道缺陷数量统计表（表 8-17）等。

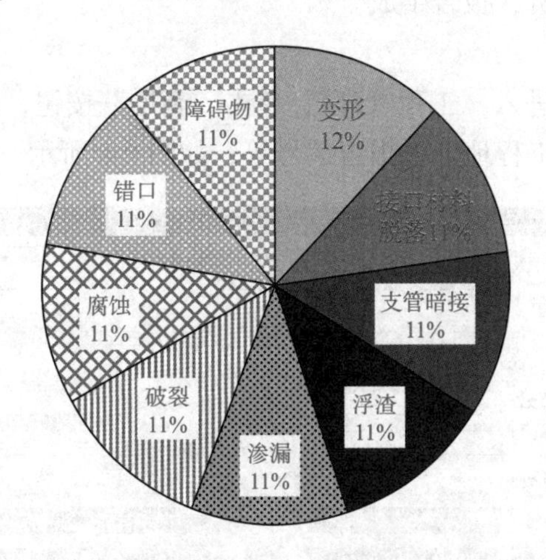

图 8-7　功能缺陷分类饼状图

表 8-17　管道缺陷数量统计表

缺陷名称 \ 缺陷数量 \ 缺陷级别		1 级（轻微）	2 级（中等）	3 级（严重）	4 级（重大）	小计
		缺陷个数	缺陷个数	缺陷个数	缺陷个数	
结构性缺陷	（AJ）支管暗接		1			1
	（BX）变形		1			1
	（CK）错口		1			1
	（CR）异物穿入					
	（FS）腐蚀	1				1
	（PL）破裂			1		1
	（QF）起伏					
	（SL）渗漏			1		1
	（TJ）脱节					
	（TL）接口材料脱落	1				1
功能性缺陷	（CJ）沉积					
	（CQ）残墙、坝根					
	（FZ）浮渣	1				1
	（JG）结垢					
	（SG）树根					
	（ZW）障碍物	1				1
合计		4	3	2		9

8.5.2 声呐检测图像判读流程

声呐（包括拖拽式声呐和动力声呐）检测图像的分析判读一般按照以下流程进行：工程管理、管道管理、缺陷分析、报告生成。

1. 工程管理

单击声呐报告软件，进入“工程管理”，单击“新增”按钮，输入工程信息的内容，包括工程名称、项目日期、工程地址、报告编号等，如图 8-8 所示。

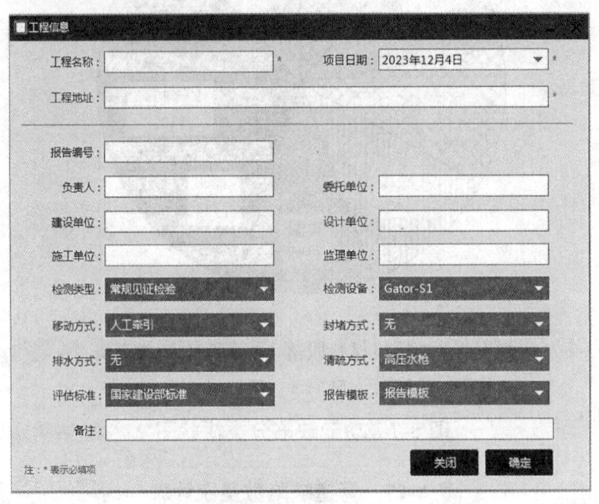

图 8-8　工程管理

2. 管道管理

（1）单击“管道管理”按钮，选择“工程”，单击“导入”按钮，选择导入类型，根据外业采集的数据进行导入声呐报告软件。

（2）缺陷判读。选中当前需要判读的管段信息，然后单击“编辑”按钮或直接双击需要判读的管段信息行，进入判读界面，如图 8-9 所示。输入管道信息，包括起始井编号、结束井编号、管段长度、管段宽度和管段高度，保存管段信息后，可使用判读按钮进行判读，如图 8-10 所示。

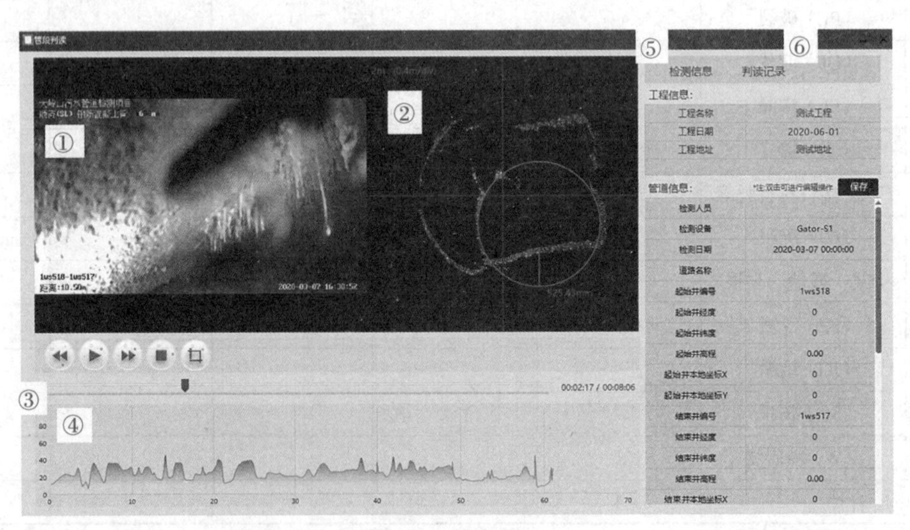

图 8-9　判读界面

1）视频图像；

2）声呐图像；

3）视频和声呐进度条；

4）淤积曲线图，X 轴表示机器人的行进距离，Y 轴表示当前米数下淤积占管道的百分比；

5）当前管段的工程和管段信息（可单击切换显示）；

6）手动判读记录（可单击切换显示）。

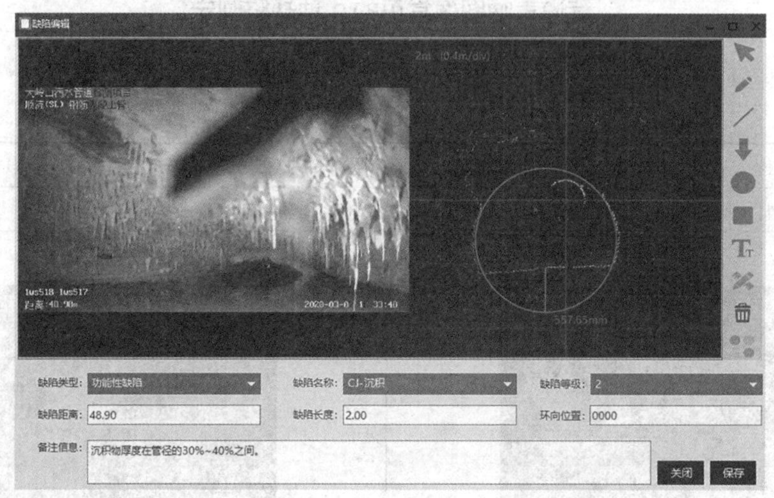

图 8-10　缺陷判读

3. 缺陷分析

缺陷分析包括缺陷查询和缺陷详情。缺陷查询使用关键字查询。根据关键字查询可快速得到定位缺陷，分析缺陷。选中缺陷信息，单击“详情”按钮或直接双击缺陷信息行可进入缺陷详情界面，如图 8-11 所示。

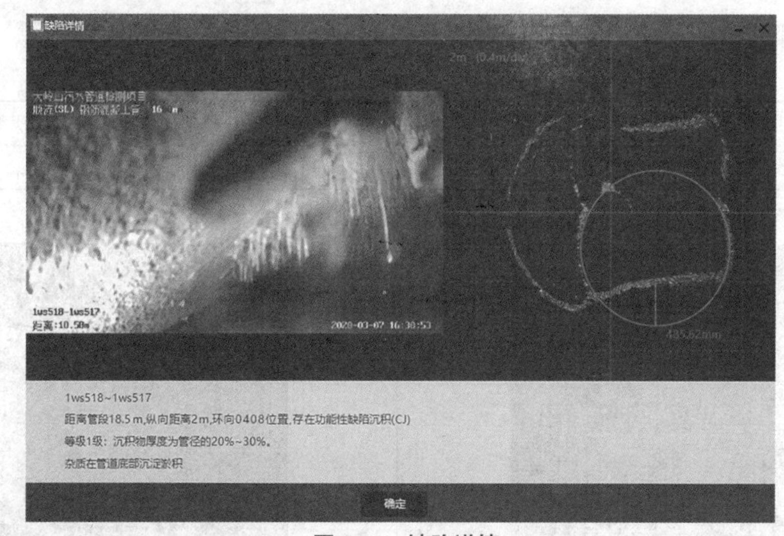

图 8-11　缺陷详情

4. 报告生成

（1）选择需要生成报告的管段信息，当前只显示已保存且已判读的管段信息，层级分为三层，

即第一层：工程信息（报告生成一次只支持生成一个工程下的报告）；第二层：道路信息（未在管段信息里面填写道路信息，则统一归类为未命名）；第三层：管段信息（可勾选多个管段信息）。

（2）选择需要生成的报告类型（暂时只生成报告文档，后续开放相应的表格和数据文件），单击“生成报告”按钮。

知识拓展

管道声呐图像常见的 9 种缺陷判定

（1）缺陷 1：沉积（CJ）。

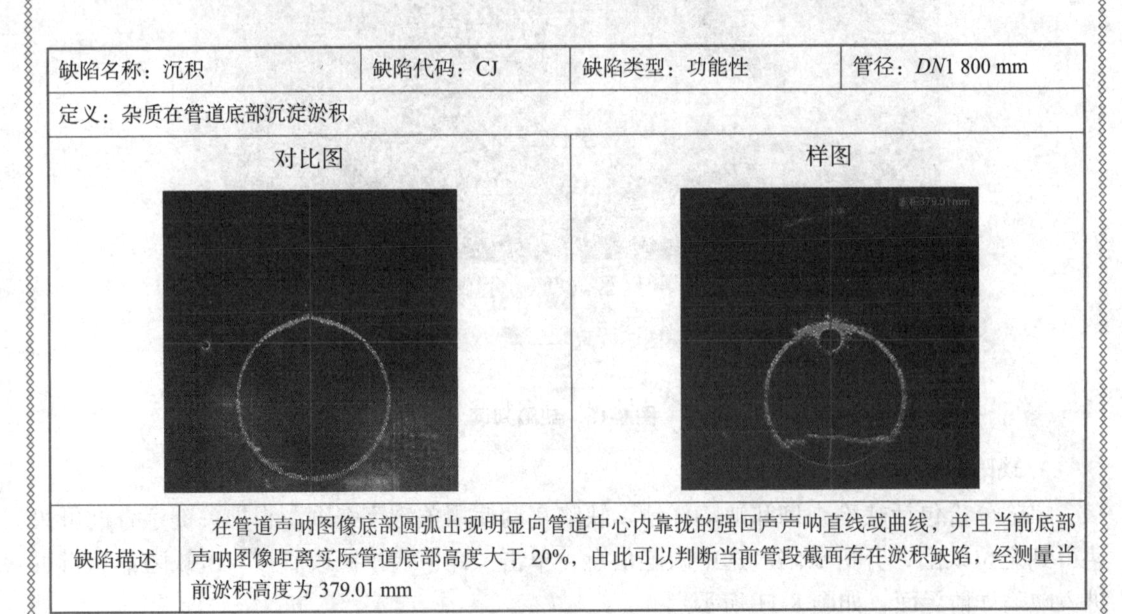

缺陷名称：沉积	缺陷代码：CJ	缺陷类型：功能性	管径：*DN*1 800 mm
定义：杂质在管道底部沉淀淤积			
对比图		样图	
缺陷描述	在管道声呐图像底部圆弧出现明显向管道中心内靠拢的强回声声呐直线或曲线，并且当前底部声呐图像距离实际管道底部高度大于 20%，由此可以判断当前管段截面存在淤积缺陷，经测量当前淤积高度为 379.01 mm		

（2）缺陷 2：变形（BX）。

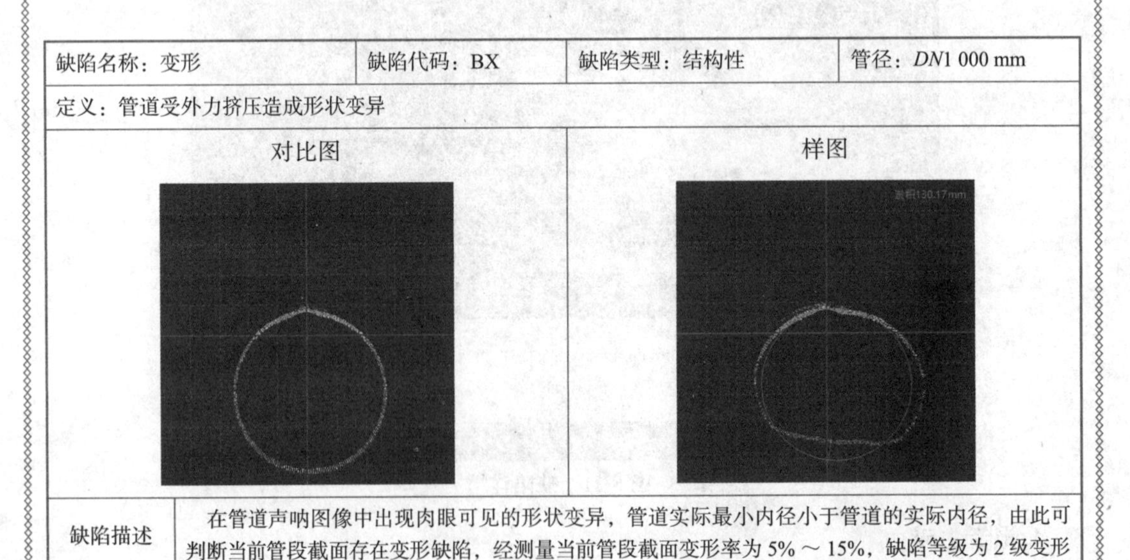

缺陷名称：变形	缺陷代码：BX	缺陷类型：结构性	管径：*DN*1 000 mm
定义：管道受外力挤压造成形状变异			
对比图		样图	
缺陷描述	在管道声呐图像中出现肉眼可见的形状变异，管道实际最小内径小于管道的实际内径，由此可判断当前管段截面存在变形缺陷，经测量当前管段截面变形率为 5% ～ 15%，缺陷等级为 2 级变形		

（3）缺陷 3：支管暗接（AJ）。

<table>
<tr><td>缺陷名称：支管暗接</td><td>缺陷代码：AJ</td><td>缺陷类型：结构性</td><td>管径：DN1 000 mm</td></tr>
<tr><td colspan="4">定义：支管未通过检查井直接侧向接入主管</td></tr>
<tr><td colspan="2">对比图
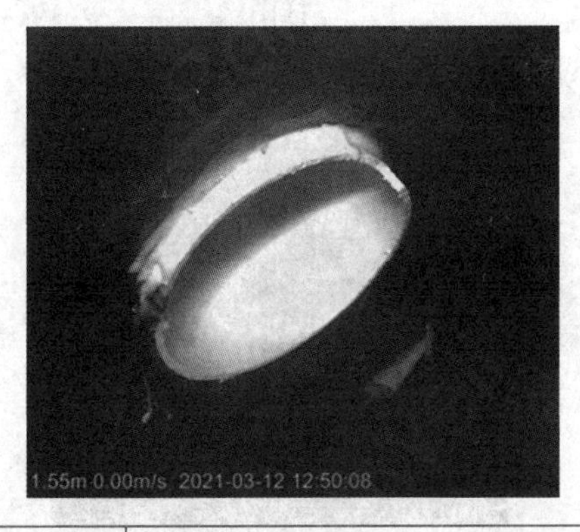
</td><td colspan="2">样图
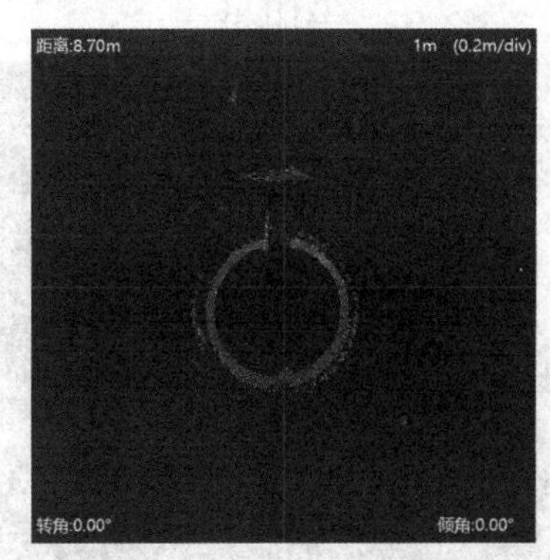
</td></tr>
<tr><td>缺陷描述</td><td colspan="3">在管道声呐图像圆弧上方出现肉眼可见的缺口，同时出现明显横向于当前管壁外侧的向外延伸的强回声声呐直线，由此可以判定当前管段截面存在支管暗接缺陷，经测量当前支管直径大小为 104.50 mm</td></tr>
</table>

（4）缺陷 4：破裂（PL）。

<table>
<tr><td>缺陷名称：破裂</td><td>缺陷代码：PL</td><td>缺陷类型：结构性</td><td>管径：DN600 mm</td></tr>
<tr><td colspan="4">定义：支管未通过检查井直接侧向接入主管</td></tr>
<tr><td colspan="2">对比图

</td><td colspan="2">样图
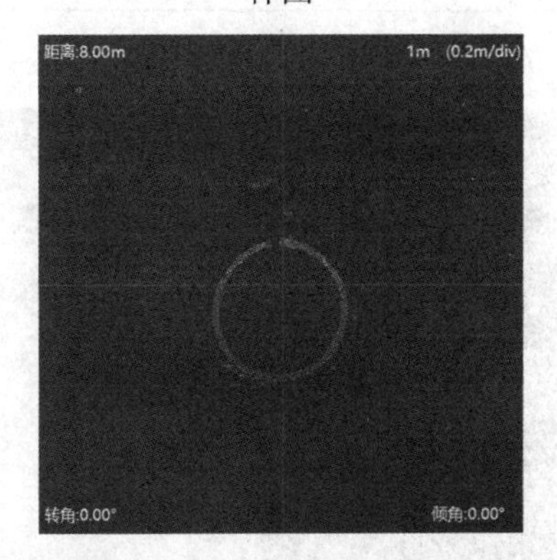
</td></tr>
<tr><td>缺陷描述</td><td colspan="3">声呐图像破裂的判断依据有两点：一是剖面图是否出现缺口；二是大于管径之外的某处是否出现强回声信号。通过破裂处的强回声信号与管道剖面的距离测量，还可以进一步判断管道后方是否已经形成空洞</td></tr>
</table>

（5）缺陷 5：错口（CK）。

<table>
<tr><td>缺陷名称：错口</td><td>缺陷代码：CK</td><td>缺陷类型：结构性</td><td>管径：DN800 mm</td></tr>
<tr><td colspan="4">定义：同一接口的两个管口产生横向偏差，未处于管道的正确位置</td></tr>
<tr><td colspan="2">对比图
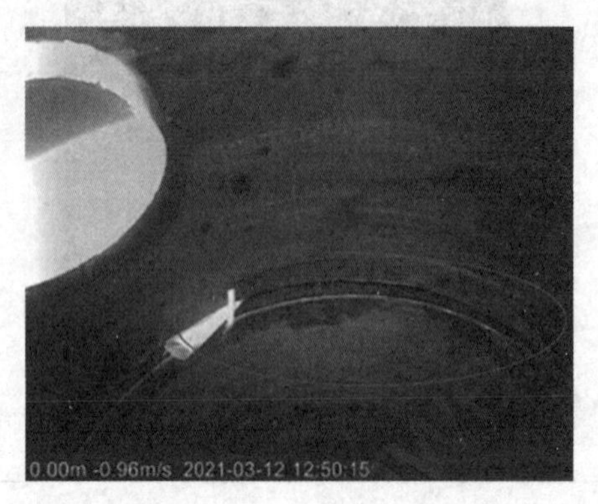
</td><td colspan="2">样图
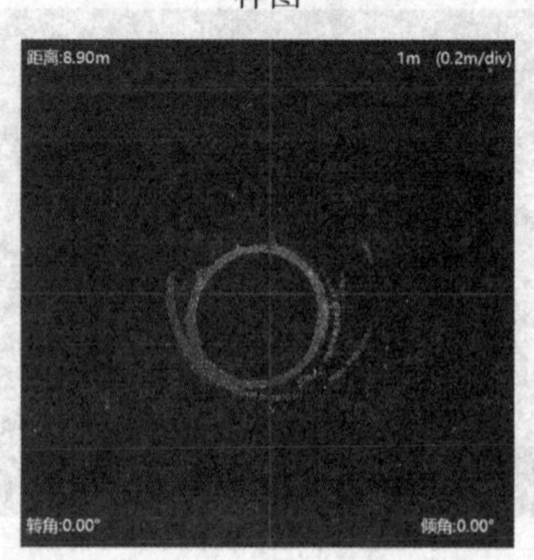
</td></tr>
<tr><td>缺陷描述</td><td colspan="3">在管道声呐图像底部，出现了明显的双重强度相当的波形回声，且能看到其中一个波形回声为完整的管道截面形状，另外一段则叠加在完整的管道截面上，并且左侧有明显的不封闭的声波回声</td></tr>
</table>

（6）缺陷 6：脱节（TJ）。

<table>
<tr><td>缺陷名称：脱节</td><td>缺陷代码：TJ</td><td>缺陷类型：结构性</td><td>管径：DN1 800 mm</td></tr>
<tr><td colspan="4">定义：两根管道的端部未充分接合或接口脱离。由于沉降，两根管道的套口接头未充分推进或接口脱离</td></tr>
<tr><td colspan="2">对比图
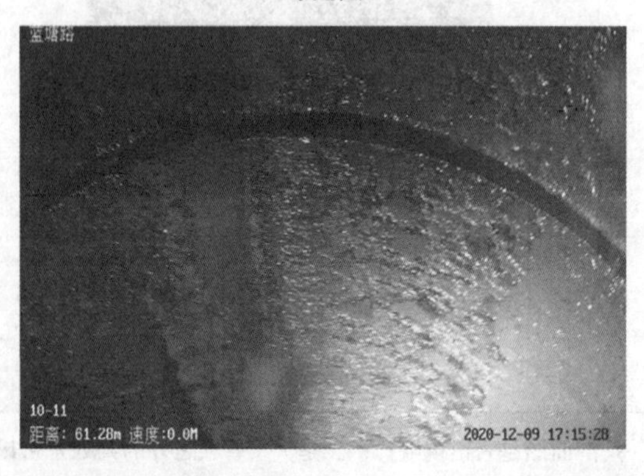
</td><td colspan="2">样图
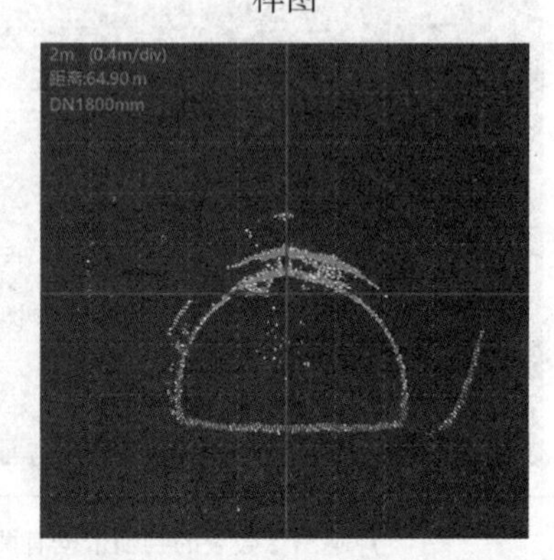
</td></tr>
<tr><td>缺陷描述</td><td colspan="3">在管道声呐图像中出现内外两道圆弧状的图像，由此可以判断当前管段截面存在脱节缺陷</td></tr>
</table>

（7）缺陷 7：异物穿入（CR）。

<table>
<tr><td>缺陷名称：异物穿入</td><td>缺陷代码：CR</td><td colspan="2">缺陷类型：结构性</td><td>管径：DN500 mm</td></tr>
<tr><td colspan="5">定义：非管道系统附属设施的物体穿透管壁进入管内</td></tr>
<tr><td colspan="2">对比图

</td><td colspan="3">样图
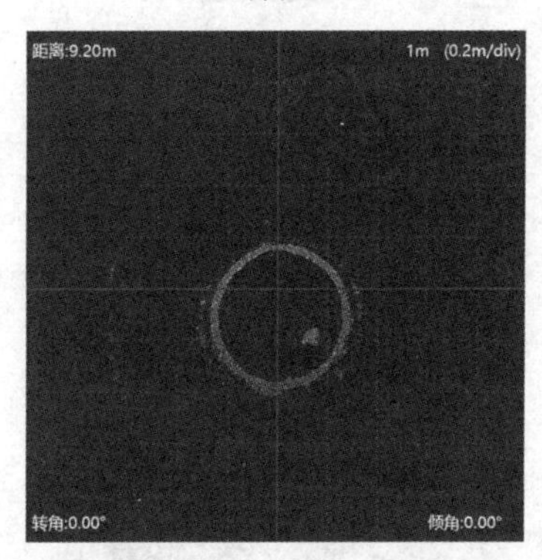
</td></tr>
<tr><td>缺陷描述</td><td colspan="4">此处异物为 20 mm 直径的钢筋，分别横向垂直于管道轴线和斜向于管道轴线分布。斜向分布的钢筋在声呐图像中为一块回声强烈的点，并随着声呐的前进，位置从左至右发生变化。横向分布的钢筋在声呐剖面图中直接形成一段平整的回声图形，因为其直径只有 20 mm，声波极其容易绕射，所以同时也形成了完整的管道剖面图</td></tr>
</table>

（8）缺陷 8：接口材料脱落（TL）。

<table>
<tr><td>缺陷名称：接口材料脱落</td><td>缺陷代码：TL</td><td colspan="2">缺陷类型：结构性</td><td>管径：DN500 mm</td></tr>
<tr><td colspan="5">定义：橡胶圈、沥青、水泥等类似的接口材料进入管道</td></tr>
<tr><td colspan="2">对比图
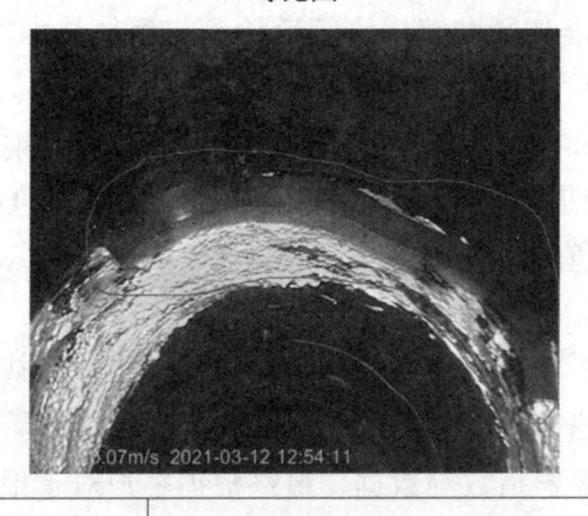
</td><td colspan="3">样图
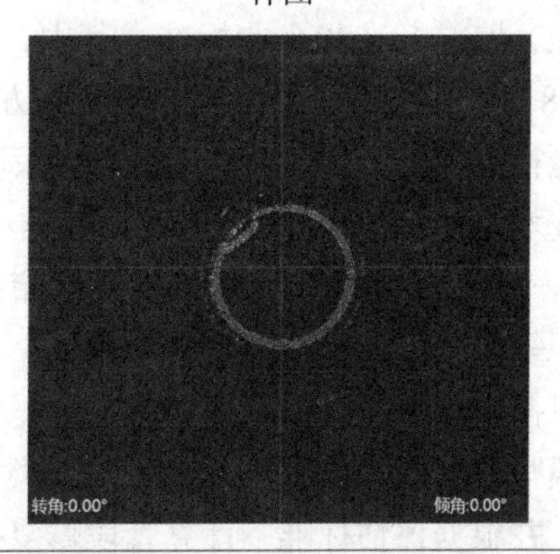
</td></tr>
<tr><td>缺陷描述</td><td colspan="4">接口材料的缺陷判断，是通过对比完整管道声呐剖面图。声呐图像中出现了往内侵入的一段声波图形</td></tr>
</table>

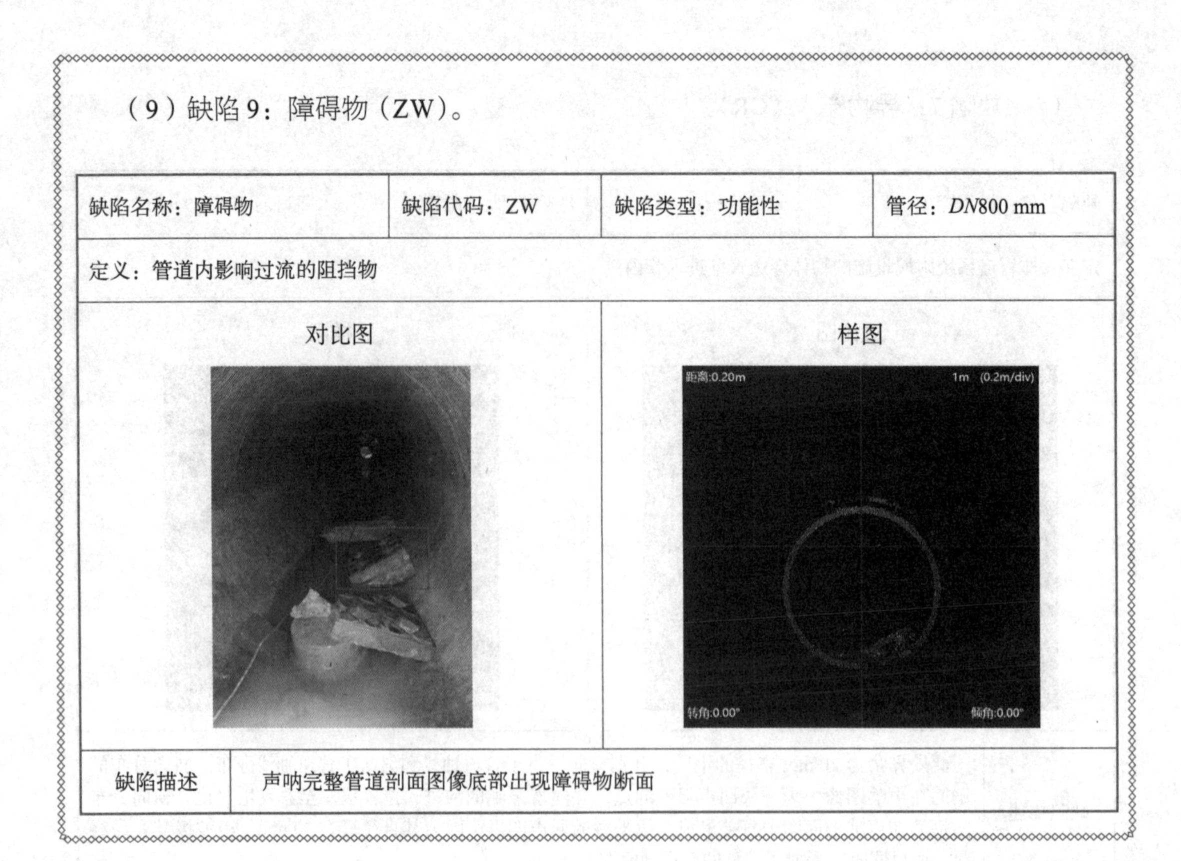

（9）缺陷 9：障碍物（ZW）。

缺陷名称：障碍物	缺陷代码：ZW	缺陷类型：功能性	管径：*DN*800 mm
定义：管道内影响过流的阻挡物			
对比图		样图	
缺陷描述	声呐完整管道剖面图像底部出现障碍物断面		

8.6 排水管道检测数据智能评估

8.6.1 排水管道检测数据评估发展现状

排水管道检测数据评估需要依据相关评估标准进行数据判读。目前，评估标准包括行业标准、地方标准和企业标准。其中，行业标准如《城镇排水管道检测与评估技术规程》（CJJ 181—2012）；地方标准如广州地方标准《广州市市政园林局公共排水管道电视、声纳和激光检测评估技术规程（试行）》、深圳地方标准《深圳市市政排水管道电视及声纳检测评估技术规程（试行）》、上海地方标准《排水管道电视和声纳检测评估技术规程》（DB31/T 444—2022）、武汉地方标准《武汉市排水管道检测与评估技术规范》（DB4201/T 647—2021）等。

但排水管道检测数据评估主要还是依赖人工判读，对视频进行播放，人工截取缺陷图片，填写缺陷的相关信息，包括缺陷类别、缺陷等级、缺陷大小、缺陷的时钟位置等相关数据，并根据评估标准，计算管段修复指数、养护指数等数据，最终根据客户对于报告格式需求，生成对应的检测报告文件。

传统管道数据分析存在以下缺点：

（1）识别错误率高。由于分析管道数据主要依靠的是人的技术经验，主观性较强，准

确性不能保证，容易出现漏判甚至错判的可能。

（2）时间效率低。由于采用人工判读方式，需要手动录入缺陷描述信息，耗时耗力，并且可能会遗漏相关信息。

（3）影响分析人员身心健康。由于采用人工目视判读分析，需要长时间观看管道检测视频，同时结合视频内容的特点，对人员的身心健康影响较大。

（4）人力成本高。排水管道检测业务的不断增加，对于内业人员的需求不断加大，导致企业人力成本过高。

人工智能技术通过深度学习等技术的应用，可以实现管道检测数据的智能化判读，从而大幅度提高内业人员的工作效率，降低成本。

8.6.2 管网数据智能分析技术

1. 人工智能的发展与现状

人工智能在20世纪50、60年代正式提出，1950年，马文·明斯基（人工智能之父）与邓恩·埃德蒙，制造了世界第一台神经网络计算机，这被称为人工智能的起点。人工智能的发展历程划分为以下6个阶段。

（1）起步发展期：1956年—20世纪60年代初。人工智能概念提出后，陆续取得了一些研究成果，如机器定理证明、跳棋程序等，带来了人工智能发展的第一个高潮。

（2）反思发展期：20世纪60年代—70年代初。很多人工智能研究遭遇了瓶颈，如无法用机器证明两个连续函数之和还是连续函数，这一时期人工智能的发展进入低谷。

（3）应用发展期：20世纪70年代初—80年代中。通过系统模拟人类的知识和经验用以解决特定领域的问题，人工智能进入应用发展的新高潮。

（4）低迷发展期：20世纪80年代中—90年代中。伴随着人工智能的应用规模不断扩大，系统存在的各种问题逐渐暴露出来，如应用领域狭窄、缺乏常识性知识、知识获取困难等。

（5）稳步发展期：20世纪90年代中—2010年。伴随着互联网技术的快速发展，人工智能技术进一步走向实用化。如1997年IBM的深蓝超级计算机战胜了国际象棋世界冠军卡斯帕罗夫。

（6）蓬勃发展期：2011年至今。伴随着大数据、云计算、互联网、物联网等信息技术的快速发展，图形处理器等硬件推动了以深度神经网络为代表的人工智能技术飞速发展，人工智能技术在图像分类、语音识别、无人驾驶等领域实现了技术突破，迎来爆发式增长的高潮。

人工智能可分为专用人工智能和通用人工智能。虽然专用人工智能领域进展迅速，但是在通用人工智能领域的研究与应用仍然存在挑战。人工智能总体发展水平仍处于起步阶段，在深层智能领域还很薄弱，与人类的智慧相比还有很长道路。

2. 管道检测图像自动分析处理

由于管道检测数据存在数据量大、分类种类多及对数据分析人员专业水平要求较高等特点，目前，对于海量的管网检测数据需要大量的专业人员进行数据分析，存在分析效率

低、容易出现误检及分析成本高等情况。

针对目前排水管道数据分析人工判读存在的问题，更加智能的管道数据分析技术也应运而生。将基于深度学习的图像智能分析技术应用于排水管道检测设备端，通过智能识别技术辅助现场检测人员对管道缺陷部分进行重点数据采集，可以有效地提升数据采集质量，同时，在检测端可以起到初步数据筛选的作用，为后续的数据从检测端至服务器云端传输及存储，降低数据量提供技术支撑，以解决目前管网检测数据分析存在的难点，实现更加准确的数据分析判读。

课后习题

一、填空题

1. 当缺陷沿管道纵向的尺寸不大于 1 m 时，长度应按________计算。

2. 当缺陷的纵向净距大于 1.0 m 且不大于 1.5 m 时，α =________。

3. 电视检测图像的分析判读一般按照以下流程进行：项目管理、________、________、________、________。

二、判断题

1. 根据《城镇排水管渠与泵站运行、维护及安全技术规程》（CJJ 68—2016）的规定，排水管道按管径可划分为小型管、中型管、大型管和特大型管。（ ）

2. 管道评估采用的行业标准是《城镇排水管道检测与评估技术规程》(CJJ 181—2012)。（ ）

3. 功能性缺陷等级仅是管段内部运行状况的受影响程度，结合了外界环境的影响因素。（ ）

三、简答题

1. 简述传统管道数据分析存在的缺点。

2. 简述电视检测图像的分析判读流程。

3. 简述声呐检测图像的分析判读流程。

项目 9

检查井、雨水口和排水口检查

知识目标

1. 熟悉检查井、雨水口、排水口的类型和基本构造。
2. 熟悉检查井缺陷的成因与问题类型。
3. 了解检查井检测与评估方法。
4. 掌握雨水口内部存在的各类问题、雨水口检查的内容和要求。
5. 了解排水口的类型和作用。
6. 掌握排水口检查的内容和要求。

技能目标

1. 具备开井调查与识别检查井构造设施的能力。
2. 具备使用人工调查、QV 等方法对检查井开展检测的能力。
3. 具备对检查井缺陷进行判读和评估的能力。
4. 具备识别各种型号雨水口的类型和特点的能力。
5. 具备雨水口清掏和检测能力。
6. 具备查找排水口的能力。
7. 具备排水口汇水区划分能力。

素质目标

1. 具有良好的职业道德和法规意识、标准意识。
2. 具备吃苦耐劳、实事求是的工作作风和团结协作的意识。
3. 具备观察、分析和判断的能力。

案例导入

检查井、雨水口和排水口都是城市地下排水管道系统中具有收纳、排放、检查和修理

等功能的重要附属设施，它们具有开放的特征，也是管道维护的重要工作入口。相对管道而言，这些设施的检查更加容易，且很多管道的问题是通过检查井表现出来的。因此，检查的频次一般都要高于管道。本项目所涉及的检查是指对这些设施自身结构性和功能性的检查。

宜兴市太华镇街道位于龙珠水库与横山水库之间，毗邻龙珠水库与横山水库连接河，河道常年水位较高。太华镇内原有污水管道为2004年铺设的管径为600 mm的混凝土管道，后因为管网运行及道路施工等原因，检查井结构出现较大的变化，内部出现腐蚀和破裂。由于管道位于砂卵石土壤，透水性较强，因此管道和检查井渗漏状况较为严重。当地下水水位高于污水管道时，地下水通过缝隙处进入污水管道，增加泵站运行负荷及污水处理厂的生产成本，当污水管道内的水位较高时，污水会通过缝隙进入地下土层，从而影响地下水质。存在问题的管段为宜兴市太华镇太华大道污水管道、振兴西路污水管道、振兴路污水主管道、主宇路污水主管道，共计47个检查井。同时，宜兴市湖滏镇老汤省路的7口污水主管井出现底板和井室严重渗水现象。急需对现有检查井开展检测，进而为后续的修复整改实施提供参考。

9.1 检查井检测

检查井通常在管道转弯、变径、接入、跌水等位置设置。排水管道中的检查井通常按照一定的距离设置，以便开展运维工作。在开展管网维护作业时，施工人员通过检查井进入检查井和管道内部或将各种疏通检测设备投放进入管道内部，借助于各种设备对排水管道进行维护作业。从国内开展管网运维工作以来，对排水管道开展疏通清洗和检测已经成为很多管网运维单位和管理单位日常的重要工作之一，但是过往的运维工作对检查井自身的问题缺乏足够的关注。

在过往的管线铺设施工过程中，检查井通常在管道铺设完成后修建，较多采用砖砌的方式将管道连接，然后在砌筑好的检查井内部涂抹上砂浆形成抹面。但是，随着管道投入运行，井室内部的砂浆抹面由于受到内部腐蚀性气体的影响而产生脱落，进而导致检查井井室内部出现腐蚀、破裂，进而引发渗漏等问题，严重时还会导致检查井井室结构损坏进而导致井室结构坍塌，引发路面沉降和塌陷，对管网系统和路面结构产生极大的影响。因此，需要对检查井内部和检查井自身开展检测作业，评估其存在的各类问题，进而开展问题整治与处理。

9.1.1 检查井缺陷

检查井是管道检测的出入口，在进行管道检测前，首先应对检查井进行检查，这不仅因为检查井是管道系统检查的内容之一，还因为检查井的现状条件直接关系到管道检测工作的安全和方法。

检查井的缺陷包括关联性缺陷与自身性缺陷两个方面。

（1）将检查井看作一个整体，它与道路及其他设施相互依存出现很多问题，产生市政整体设施服务功能的下降，有时还引发灾害，这种缺陷称为关联性缺陷。

（2）检查井自身的结构和功能方面出现问题，引起排水功能的丧失或下降，即检查井自身性缺陷。这两个方面的缺陷有时互相影响，检查井自身的缺陷会引起道路等设施损坏；反之，道路设施的缺陷也会引起检查井结构的破坏。

1. 关联性缺陷

由于检查井周围受到车辆行驶的影响，承受较多的冲击力作用，往往最先遭到破坏。调查发现，城市道路路面上各类检查井周边过早损坏的现象，在全国各个城市都很普遍，是排水养护工作中的“顽疾”。总体上主要存在以下问题：

（1）井圈周围沥青、混凝土路面出现开裂、起壳、脱落、下沉等；

（2）检查井井口倾斜、下陷甚至坍塌；

（3）检查井井口凸出而井口周围地面出现不同程度的凹陷；

（4）井与周边路面高差大或者与纵横坡不一致；

（5）井盖倾斜或塌陷，井周路面出现明显的不均匀沉降；

（6）井盖凸出路面；这种现象主要是检查井和道路的不均匀沉降，其中道路的沉降量大于检查井沉降量。

在所有病害中，以检查井沉降所造成的危害尤为严重，如图9-1所示。这些病害不仅影响道路的使用功能及外观形象，还严重影响了道路的平整度，降低了道路通行的舒适性和安全性，严重时影响行车安全甚至会引起交通事故，同时，也会缩短道路的使用寿命。

图9-1　检查井沉降

关联性缺陷的形成原因很复杂，既有路面结构性问题，也有检查井自身的问题，解决这类问题的方法常常是通过对路面设施的修理，来达到检查井与路面的“和谐相处”。

2. 自身性缺陷

若不考虑检查井对其他市政设施的影响，就检查井自身而言，其缺陷类型与管道缺陷分类相同，可分为结构性和功能性两大类型，即结构性缺陷需要采取工程措施予以消除或改善，功能性缺陷则需要养护或补救等措施。在结构性缺陷和功能性缺陷中，有些类型的缺陷是可以量化成等级的，即可以从缺陷的规模和严重程度来对缺陷需要修复与养护的紧急程度进行分级，这类缺陷简称为A类，而另一类不能量化表述，只能判断为“是”或“非”、“有”或“无”，即无所谓缺陷的轻重和大小，只需改正即可，简称B类，详见表9-1。B类缺陷一般不参与检查井的整体评估，它只作为问题记载。为便于管理，每种缺陷用四个英文字母组合成代码。第一个字母是“J”，代表是检查井的缺陷；第二个字母是“A”或“B”，表示属哪种类型，即划分等级类或判断是非类。最后两个字母代表缺陷类型，一般以汉语拼音的首字母来确定。

表 9-1 检查井缺陷类型

结构性缺陷			功能性缺陷		
名称	代码	解释	名称	代码	解释
异物穿入	JACR	非排水设施的物体、通过破坏井的结构而进入内部空间	结垢	JAJG	井壁结垢
井基脱开	JAJT	井基与井身脱开	盖框错台	JACT	盖框间隙或高差超限
错口	JACK	井壁与管道接口错口	树根	JASG	从井壁或接口处生长进入的树根
脱节	JATJ	井壁与管道接口脱节	沉积	JACJ	井底沉积
井框破损	JAKP	井框裂开等情形	障碍物	JAZW	在井底可移动的固体障碍物
井盖破损	JAGP	井盖裂开、透空等情形	浮渣	JAFZ	粗颗粒漂浮物
破裂	JAPL	井壁破裂	杂物覆盖	JBGZ	井盖上覆盖杂物
渗漏	JASL	井壁或接口处向井内漏水，有渗漏量大小之分	跳动	JBGT	井盖跳动和声响
井盖凹凸	JAAT	盖框整体与地面间的凸出或凹陷超限	井盖丢损	JBGS	井盖丢失或破损
槽破损	JACS	井底流槽破损	水流不畅	JBBC	水流不畅
腐蚀	JAFS	井壁腐蚀及材料脱落	盖标错误	JBGB	井盖标识错误
爬梯缺损	JBTS	爬梯松动、锈蚀或缺损	锁链缺损	JBLS	链条或锁具缺失或锈蚀
埋没	JBMM	井盖被路面材料、绿化带及构筑物等埋没	防坠丧失	JBZS	防坠网老化或丢失
下沉	JBXC	整座整体下沉，有时表现为井盖凹凸和错口	非重型盖	JBGC	道路上的井盖为非重型井盖
脱空	JBTK	井体外土体流失，形成脱空			

在实际检测中，常将有些缺陷直接纳入整个管道一起检测和评估。如井壁与管道接口处脱节、错口及渗漏等，这些缺陷多数是由于检查井的下沉、破损等引起的，解决这些问题往往也要从检查井下手，所以，只对管道进行检测评估，而忽视对检查井的独立检测评估，不利于对整个管道系统的运行状况进行全面了解。

检查井的缺陷和地下管道不同，有些缺陷直接或间接地暴露在人们的视线之内，易受到公众的监督。在检查井自身的一些缺陷中，有些对市政设施的总体运行造成不利影响，但同样类型的缺陷处在不同的位置，则不会造成影响或影响很小，关键要看检查井的部件是否影响其他市政设施的正常运行，是否给人们生活带来麻烦，同时，也要看是否存在安全隐患，检查井缺陷所引发的安全事故常常高于管道。

3. 缺陷位置的空间表达

检查井缺陷的空间位置表达方式与管道类似，用竖向和环向组合共同来表达，如图 9-2 所示。竖向表达是指缺陷位置离开地面的垂直距离；环向表达采用时钟表示法，时钟定位是 12 点指向正北。例如，从正东面到正南面有一环向裂口，那么该缺陷的环向位置则表达为 0306。若西北方向有一渗水，则表达为 0011。

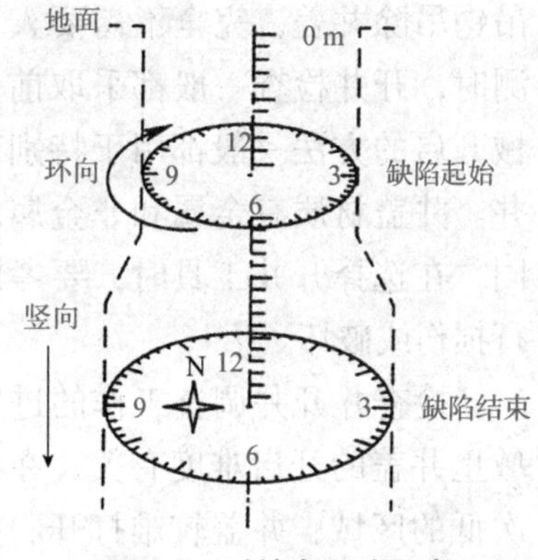

图 9-2　时钟表示法示意

检查井位置表达的精度无须像管道要求那么严格，环向位置不要出现明显的方位错误，竖向精度不要出现部件性的错误，如井筒的缺陷不要按照竖向错误的距离定位到了下井室，这会给修复方案和经费预算带来很大差异。

4. 缺陷成因

城市道路检查井在使用过程中，检查井及井周出现井盖失稳、破损、下沉、井周环裂、沉陷等多种形式的病害，交通荷载是导致检查井上述缺陷的直接因素。此外，还有检查井自身的老化、腐蚀、渗漏等因素和外力的混合作用。

（1）自然老化。排水检查井在施工完工后投入运营过程，检查井盖座长期受外力的冲击，造成不均匀沉降，加之井内部件受污水和气体的腐蚀，内外共同作用所形成的老化作用远比管道老化得快。在我国，城市交通流量的过快增长，排水的超负荷运行，水流的长期冲击，污水或硫化氢气体对管道和检查井的腐蚀，其他工程的影响，人为的损坏，都是加速检查井老化的原因。

（2）设计脱节。道路设计针对性不强，存在重线形、轻结构的现象，忽略道路与市政公用设施衔接处的特殊处理，往往只是按照常规设计对待，处理范围不足，用料不当。管线工程布设不合理，没有充分考虑检查井设置位置的合理性，致使检查井频繁受到外部车辆荷载冲击作用。检查井结构设计与实际应用脱节，普遍存在检查井设计标准偏低、结构设计欠妥等问题。

（3）施工质量差。检查井砌筑质量差主要表现：井周混凝土强度不足、检查井基础偏软、井圈安放坐浆不实、砌筑砂浆不饱满、砌筑用砖强度不足等。回填土的土料质量及回填质量达不到要求、检查井周边回填土及路面碾压不密实也是施工过程中经常发生的。

（4）运行养护不到位。检查井井周出现轻微病害未及时封闭或做加固路基处理，造成路面渗水，进一步加快井周道路结构破坏；传统人工修复质量欠缺，对井口边缘处凿挖不到位，铺筑沥青混合料时没能将路面与井口压实平整，就会造成井口标高低于周围路面，形成井口沉降的假象。运行中的管道维护欠缺，未能定期检查、疏通和维护，加上设施不完善，常有垃圾杂物流入管道，长期淤积，加大了管道的负荷，污水涨满外流造成检查井基底、路基浸泡，引起检查井病害。

（5）井盖、框材劣质。出厂井圈盖质量差，造成安装后检查井缺陷。我国现行井盖标准繁杂，有铸铁、复合材料、钢纤维混凝土等多种标准，其承载力标准参差不齐、各种检查井盖本身加工质量不达标，如井盖与井框缝隙过大、不平整、错台等，造成井盖“响、活、裂、沉”等现象。

9.1.2　检查井检测

1. 检查井开井

除地面巡视外，采取人工目测和仪器检测都需要打开井盖。目前，采用的开井方法主要有人工开启和机械开启。人工开启是检查人员借助撬棍（杆）、铁钩、洋镐、铁锤和开井器等开井工具来移除井盖，各种开井工具如图 9-3 所示；机械开启是利用工程车上的车载

吊钩吊除井盖，完全不需要人力。在管道检测时，开井检查一般都采取前一种方法，机械开启的方法一般都用于特别难打开的检查井。井盖材质有金属和非金属之分，强度不同，在选择开井工具时，要考虑是否对其进行损伤或破坏。

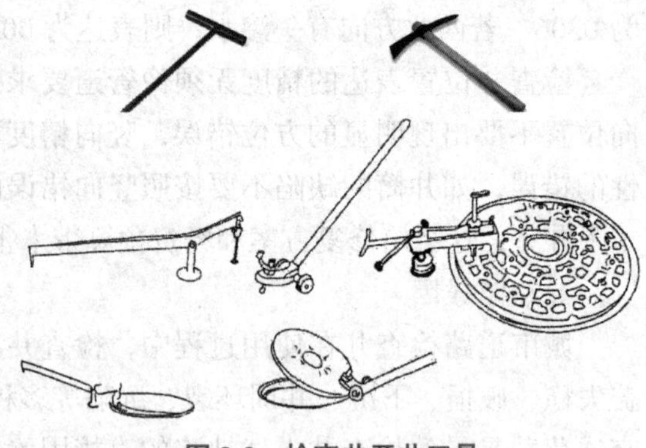

图 9-3　检查井开井工具

检查井开井调查工作的进度与被调查区域里井盖的开启难度有关，在检查井养护频次低的区域，井盖较难打开。据江南某城市统计，检查井井盖用铁钩能开启的占全部井盖的 25%，平均每个开启时间为 2 min。洋镐能开启的占 58%，时间为 3 min。大锤砸破开启的占 17%，两个工人需要 40 min。

在开启压力井盖、带锁井盖和排水泵站出水压力池盖板等井盖时，须采取防爆措施。由于压力井盖长年暴露在外或长期封闭地下，风吹日晒、潮湿，容易锈蚀，正常开启比较困难，又因为井内气体情况不便检测，无法确认其是否存在易燃易爆气体，因而无法保证安全作业环境，贸然动用电气焊等明火作业容易发生爆炸事故，造成人员伤亡。

2. 检查井检测内容

检查井检测的内容是根据业主的要求及检测方法而定的。检测的结果既要定性表达，也要定量。打开井盖后，检测人员在地面或进入井室，在可视范围内，能够检测到的内容通常如下：

（1）核实管道埋深、井底深度和管径大小；

（2）防坠设施的完好度；

（3）踏步（又名：爬梯）的完好度；

（4）井壁保护层和结构情况；

（5）管道与井壁接口完好度；

（6）外来水渗水情况；

（7）异物、淤积程度和淤积性质；

（8）井壁结垢情况；

（9）水位高度、水质观感；

（10）异常臭味。

人工下井检测虽具有较高的可行度，但成本和危险度也较高，若采用专用仪器检测，除上述内容的大多数项目外，还能进一步使其量化，获得影像、大小和范围等更广的数据信息，并且不易遗漏，内容如下：

（1）检查井内壁和井底全部视频或图片；

（2）检查井内室和井筒三维模型；

（3）检查井严密程度。

3. 检查井检测方法

（1）开井目测。开井目测是通过打开检查井井盖，检查人员站在井口地面上合适的位置，

观察井内部结构、积泥、垃圾、水位、水质和漂浮物等情况来判断管道运行状况。它是查清管道结构状况、过水现状、养护质量及雨污混接等情况的重要检查方法，可在更细致的检查前提供预判。开井目测是人工检测中最为常见的方法，尤其在井内水位不高时（水位在管口以下），可借用自然光或手电筒等照明装置，用肉眼清晰查看井内现状。例如，通过观察同条管道相邻检查井井内的水位，确定管道是否堵塞；观察检查井内的水质情况，如果上游检查井中为正常雨污水，下游检查井内为黄泥浆水，说明管道存在破裂或错位等结构性问题。

开井检查不同于井上地面巡视，需要打开井盖观测。开井检查有时和地面巡视同步进行，尤其是在巡视过程中发现检查井周围出现塌陷、冒溢、积水等情形时，打开井盖检查往往是必须要做的工作。

打开井盖后，由于井的结构不同，井内的水位和淤积情况也不尽相同，可视范围千差万别。根据开井检查的目的确定本次观察的结果能否符合要求，若不能满足，应思考下一步使被检部位暴露的方法，也可提出使用其他检测方法的建议。一般来说，地下水水位低的城市或地区，实施开井调查的效果较好。检查井开井的作业流程如图 9-4 所示。

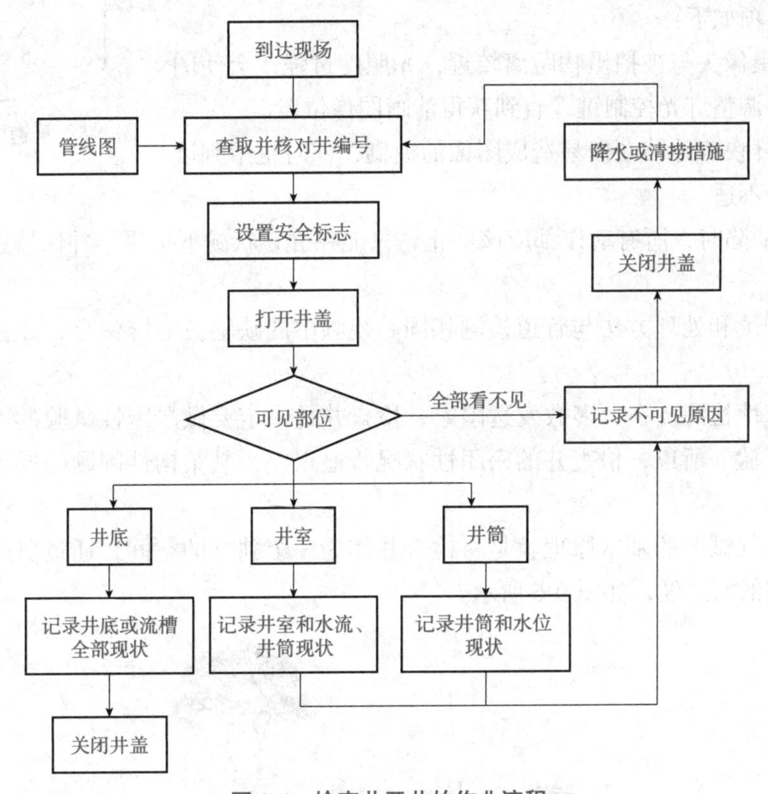

图 9-4　检查井开井的作业流程

检查井一般都分布在城市道路上，检查人员人身安全至关重要，必须身着带有反光条的安全服装，头戴安全头盔，脚穿钢包头劳保鞋方能到现场开展工作。到达现场后，对照排水管线图找到检查井编号，查看检查井周边环境，主要包括交通、井盖压盖等情况。在设置临时性警示标志后，再实施开井作业。打开井盖后，应在适当时间透气后再进行观察，观察时不要使面部紧贴井口，应保持适度的距离，若感觉身体不适，应该立即停止观察，远离井口。观察时严禁吸烟或使用明火。开井检查作业时，一般以两个人一组，一个人负

责开井，一个人负责记录和安全。

检查人员站在地面目测时，常常出现“死角”，不能直接观察到井内所有的部位。或者观察到了疑似缺陷，需要进一步接近确认。这时就需要检测人员进入井内进行贴近观察，完善整座井的检查内容。检查人员下井检测的有关事项与人员进管的要求相同。

（2）管道潜望镜检测。管道潜望镜设备是当今最广泛地用于检查井检测的仪器，它具有便于携带、易于操作、反映直观、图像留存、人身安全及经济实惠等优点。但由于是视频采集，只能拍摄井内没被淹没的井内部件，所以存在着很大的局限性。

管道潜望镜的拍摄方式与检测管道不同。拍摄完井口附近的参照物以后，须不间断继续拍摄，同时，将摄像头移至井口内。在井内拍摄的方式是手持杆从上至下移动，每移动一固定间距，旋转 360°，顺时针和逆时针交错进行，如图 9-5 所示。拍摄井底时，需要调整摄像头的姿态，以平扫方式拍摄。拍摄的基本原则是保证井内所有暴露部位无一遗漏地被拍摄到。拍摄时的注意事项如下：

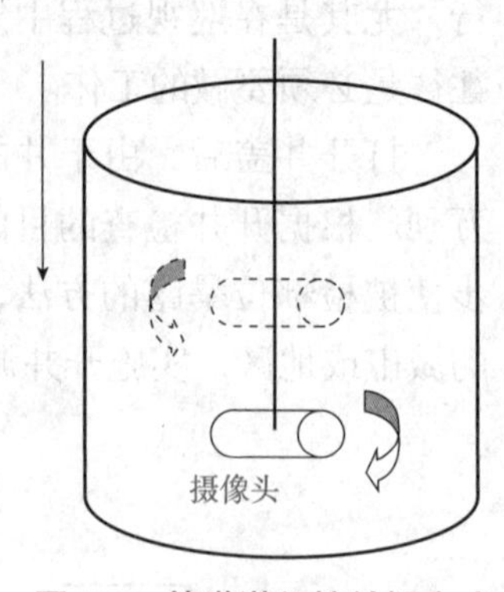

图 9-5　管道潜望镜拍摄方式

1）由于摄像头与被拍摄物距离较近，光照度过强，会使图像发白。缓慢调整灯光控制键，直到获得清晰图像位置。

2）手持杆快速地移动极易造成图像的模糊，同时也给判读人员观看带来不适。

3）发现缺陷时，所有动作都应该停止，只能在静止状况下拍摄，并保持连续拍摄时间超过 10 s。

图像的判读和处理方法与管道检测相同。视频中的缺陷应截屏保存，并标注点号及缺陷类型。

（3）严密性检测。在大多数发达国家，检查井是一定要做严密性试验的，而我国基本不进行该项试验。所以，检查井的密闭性状况普遍很差，其结构性问题的严重程度远远高于管道。

检查井闭气试验的基本原理就是将检查井作为一个独立的空间，通过负压的方式，来检测这个空间的密封度，如图 9-6 所示。

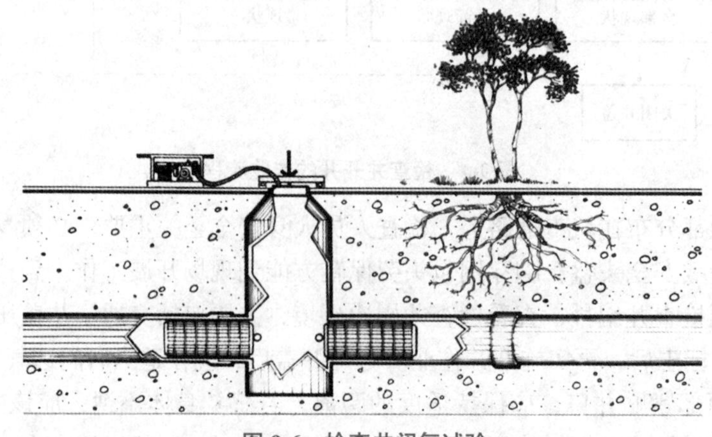
图 9-6　检查井闭气试验

实施检查井闭气试验的工作并不复杂，它只需要有专门用于检查井闭气试验的器具即可，该器具只是在一般用于管段闭气试验的设备基础上增加一个井筒封堵气囊或封堵井盖。井筒封堵气囊和井盖封堵器如图 9-7、图 9-8 所示。

图 9-7　井筒封堵气囊　　　　图 9-8　井盖封堵器

检查井严密性检测作业的主要流程如下：

1）用橡胶气囊封堵检查井里所有管道的进出口。

2）清洁需要安装封堵器位置的井筒或井盖座。

3）选择规格合适的封堵器，将检测气囊安装到井中。在井口处，安放支架杆，调节气囊最佳密封点的位置高度，距离检查井顶部越近越好。对气囊加压充气至 40 psi，切勿超出该压力值。

4）气囊位置固定后，连接真空泵和气喉软管装置。

5）启动真空泵，开始抽气，打开吸气阀。当气压表读数为 10 in 汞柱（254 min 汞柱，相当于负压 5 psi）时，关闭阀门，停止抽吸。

6）连接封堵器的气嘴，空压机实施充气或抽吸。

7）按照美国 ASTM 测试时间要求进行测试，具体要求见表 9-2。例如，井口 Φ48 in（Φ1 200 mm），深 8 ft（2 400 mm），测试时间为 20 s。当气压表读数从 10 in 汞柱下降到 9 in 汞柱，说明检查井通过严密性检测。如果泄漏试验不通过，或者真空泵抽吸后，气压达不到 10 in（254 min 汞柱），则采取以下步骤：

①中止测试；

②气囊放气，从井中取出；

③使用 8 L 容积手动泵，混合肥皂和水，喷射到井室内每个进水管接口处；

④等 30 s 后，检查入井内表面，出现肥皂泡区域，就是渗漏部位所在的位置；

⑤泄漏被修复后，按以上步骤重新测试。

表 9-2　美国 ASTM 检查井真空负压测试表

人井深度（Depth）		人井口径（Diameter）		
英尺	≈（mm）	48″（Φ1 200 mm）/s	60″（Φ1 500 mm）/s	72″（Φ1 800 mm）/s
4	1 200	10	13	16
8	2 400	20	26	32

续表

人井深度（Depth）		人井口径（Diameter）		
英尺	≈（mm）	48″（Φ1 200 mm）/s	60″（Φ1 500 mm）/s	72″（Φ1 800 mm）/s
12	3 600	30	39	48
16	4 800	40	52	64
20	6 000	50	65	80
24	7 200	60	78	96
*		5.0	6.5	8.0
* 井深每增加 2 英尺（600 mm），时间增加秒数。 以上数据根据 ASTM designation C924 ～ 85				

4. 评估

检查井评估的主要目的是根据评估的结果数据，准确地反映检查井的现状，分出需要整治的轻重缓急，制订最优的修复、养护和资源配置方案，为未来设计、施工、工程预算和管理活动、研究提供基础而大量的标准数据。

目前，在我国的相关技术标准中，只提及检查井需要检查的项目、缺陷类型及部分缺陷的限制性数据，缺少对检查井的结构和功能进行整体评估。根据国外的做法及国内部分学者研究的成果，提出简单分值法和权重法。

（1）简单分值法。简单分值法评估的最小单元为单一检查井，是将 A 类缺陷按其种类及程度，对照事先专家和经验赋予的分值，分值区间 M 是 0 ～ 10，最后检查井的总体评分取该井所有缺陷的最大值。其原则是将缺陷的危害程度和影响范围结合起来，分值越大表明缺陷需要整治的紧迫程度越高。检查井整体评价等级划分见表 9-3。

表 9-3　检查井整体评价等级划分表

评估类型	评价和建议		
	$M<4$（1 级）	$4 \leqslant M<7$（2 级）	$M \geqslant 7$（3 级）
结构性	无或有轻微损坏，结构状况总体较好	有较多损坏或个别处出现中等或严重的缺陷，结构状况总体一般	大部分检查井结构已损坏或个别处出现重大缺陷、检查井功能基本丧失
	建议：不修复或局部修复	建议：尽快安排计划，局部修复	建议：紧急修复或翻新
功能性	过水断面损失很小，水流畅通，功能状况总体较好	过水断面损失较大，水流不够畅通，功能状况总体一般	过水断面很小或阻塞，水流严重不畅，功能状况总体较差
	建议：无须养护	建议：须安排计划，尽快养护	建议：须紧急养护

对于一个检查井而言，会存在多个不同分值的缺陷，最大分值的缺陷需要放在第一位，其他缺陷就不重要了。因为在实际整治工作中，一旦最大分值的缺陷得以修复了，其他的缺陷会随之消除，或得以减轻。另外，检查井不像管道，其空间范围较小，各种缺陷的叠合度较高，可以不考虑其延展性，所以找出问题最严重缺陷的分值作为最终评估结果给出检查井整体结论是合理的。M 按照下列公式进行取值：

$$M_m = \max (F_1, F_2, \cdots, F_n) \quad (9\text{-}1)$$

$$M_r = \max (S_1, S_2, \cdots, S_n) \quad (9\text{-}2)$$

式中 M_m——检查井功能性总体分值；

M_r——检查井结构性总体分值；

F_n——功能性缺陷分值，查表 9-4；

S_n——结构性缺陷分值，查表 9-5。

列入功能性评估的缺陷一共有 6 种，结构性缺陷一共有 10 种，每种缺陷的等级分为 2 ～ 4 级，每一级授予不同的分值。F 与 S 分值详见表 9-4、表 9-5。

表 9-4 功能性缺陷分值表

类型	等级	描述	特征和指标	分值 F
沉积 JACJ	1	轻微：少量软质沉积	＜20%	0
	2	中度：硬质沉积深度小于管径 1/5 或软质沉积较多	20% ～ 40%	5
	3	重度：硬质沉积深度大于管径 1/5 或软质沉积很多	40% ～ 90%	7
	4	堵塞：大量沉积，已形成淤塞	＞90%	10
结垢 JAJG	1	软质：软质泥垢等附着在井壁，易清除	含水率高	1
	2	硬质：长期未清洗形成的硬质污垢附着在井壁	形成板结	5
障碍物 JAZW	1	轻微：过水断面损失不大、能方便移除	＜5%	1
	2	中度：过水断面损失较大、但水流基本保持畅通	5% ～ 20%	3
	3	重度：过水断面损失 1/5 以上	＞20%	7
树根 JASG	1	轻微：影响水流轻微，过水断面损失较小	＜20%	1
	2	中度：过水断面损失较大，但水流基本保持畅通	20% ～ 40%	6
	3	重度：过水断面损失 2/5 以上	＞40%	8
浮渣 JAFZ	1	轻度：零星漂浮物，占水面面积很小	＜30%	1
	2	中度：较多漂浮物，占水面面积较大	30% ～ 60%	3
	3	重度：大量漂浮物，占水面面积很大	＞60%	5
盖框错台 JACT	1	间隙小于 8 mm，盖框垂直错开距离未超限	+5 ～ −10 mm	0
	2	间隙大于 8 mm，盖框垂直错开超限	>+5 mm，<−10 mm	5

表 9-5 结构性缺陷分值表

类型	等级	描述	特征和指标	分值 S
破裂 JAPL	1	裂纹：没有明显缝隙，井体结构完好	单向	1
	2	裂口：缝隙处能看到空间，无脱落，井体构件未明显移位	单向	3
	3	破碎：单处或多处裂口，且井体构件产生明显移位	复合向	7
	4	坍塌：井身垮塌或整体结构变形	复合向	10
渗漏 JASL	1	渗水：井内壁上有明显水印，未见水流出	湿润	1
	2	滴漏：有少量水流出，但不连续	现状	3
	3	线漏：少量连续流出	少量有压	5
	4	涌漏：大量涌出	大量有压	8

续表

类型	等级	描述	特征和指标	分值 *S*
错口 JACK	1	轻度：错位距离较小，少于管壁厚度 1/2	50%	3
	2	中度：错位距离较大，接近 1 个管壁厚度	50%～100%	5
	3	重度：错位距离很大，产生空间距离接近 2 个管壁厚度	1.0～2.0 倍	8
	4	严重：错位距离非常大	2.0 倍以上	9
脱节 JATJ	1	轻度：脱开距离较小，少于井身厚度 1/2	50%	3
	2	中度：脱开距离较大，接近 1 个井身厚度	50%～100%	5
	3	重度：脱开距离很大，产生空间距离接近 2 个井身厚度	1.0～2.0 倍	8
	4	严重：脱开距离非常大	2.0 倍以上	9
井基脱开 JAJT	1	轻度：没有明显缝隙	裂纹	1
	2	中度：有明显缝隙，一般有地下水或土体流入	裂口	8
	3	重度；从脱开的缝隙处可见周边土体，或土体大量进入	结构严重分离	10
异物侵入 JAQR	1	轻度：在水流穿越井内空间的上方，基本不影响养护作业	上井室、井筒侧	1
	2	中度；处在水流穿越井内空间的上方，影响养护作业	上井室、井筒中	3
	3	重度：处在井内流域空间以内，影响过水断面较少	断面损失≤10%	6
	4	严重：处在井内流域空间以内，影响过水断面较大	顿面损失＞10%	8
流槽破损 JACS	1	裂纹：没有明显缝隙，槽体结构完好	单向	1
	2	裂口：缝隙处能看到空间，槽体未明显移位	单向	2
	3	破碎：单处或多处裂口，且槽体产生明显移位	复合向	5
	4	坍塌：槽体垮塌或整体结构变形	复合向	7
腐蚀 JAFS	1	轻微：表面形成凸凹面，抹面材料未见剥落		1
	2	中度：抹面材料脱落，但井身主体结构材料未见剥落		3
	3	重度：井身主体材料小面积剥落，结构强度明显降低	＜25%	6
	4	严重：井身主体材料大面积剥落	＞25%	7
井盖凸凹 JATA	1	高差不超限：路面井小于 5 mm，非路面井小于 20 mm	≤5 mm，≤20 mm	0
	2	高差超限：路面井大于 5 mm，非路面井大于 20 mm	＞5 mm，＞20 mm	5
井框破损 JAKP	1	井宽轮廓完整，表面有裂纹，能完全固定井盖		1
	2	破损部分小于等于井框周长 10%	≤10%	2
	3	破损部分大于井框周长 10%	＞10%	4
井盖破损 JAGP	1	井盖轮廓完整，表面有裂纹，不影响承重		1
	2	破损呈面状，不超过整个井盖面积的 10%	≤10%	5
	3	破损呈面状，超过整个井盖面积的 10%	＞10%	8

（2）权重法。与管道评估权重法思路相类似，以单一检查井为评估对象，依据各种缺陷所给定的权重，乘以缺陷的体量，综合后得到缺陷的强度参数。再添加管道重要性、地区重要性及土质差异性等其他要素的影响，最终获得检查井的修复指数 RI_M 和养护指数 MI_M。以 0～10 来表达，其数值的含义见表 9-6。

表 9-6　检查井状况评定

评估类型	评价与建议		
	$RI_M<4$（1 级）	$4\leqslant RI_M<7$（2 级）	$RI_M\geqslant 7$（3 级）
结构性	无或有轻微损坏，结构状况总体较好	有较多损坏或个别处出现中等或严重的缺陷，结构状况总体一般	大部分检查井结构已损坏或个别处出现重大缺陷、检查井功能基本丧失
	建议：不修复或局部修复	建议：尽快安排计划，局部修复	建议：紧急修复或翻新
功能性	$MI_M<4$（1 级）	$4\leqslant MI_M<7$（2 级）	$MI_M\geqslant 7$（3 级）
	过水断面损失很小，水流畅通，功能状况总体较好	过水断面损失较大，水流不够畅通，功能状况总体一般	过水断面很小或阻塞，水流严重不畅，功能状况总体较差
	建议：无须养护	建议：须安排计划，尽快养护	建议：须紧急养护

知识拓展

检查井是市政排水管网系统的重要组成部分，针对目前国内检查井健康检测评估的落后现状，天津市政工程设计研究总院有限公司提出了基于三维扫描和成像技术的检查井健康检测评估方法，实现了缺陷的识别归类、缺陷等级划分和健康状态的量化计算评估。

依托某排水管网检测项目，采用三维成像扫描仪及新的检查井检测评估技术对大量检查井开展检测评估工作，主要检测成果见表 9-7。通过对检查井内壁图像展开，可清晰地发现 1 处 4 级腐蚀，2 处 3 级渗漏，且可以明确缺陷位置，通过病害参数可进行评估计算，修复指数为 14 和养护指数为 0，从而判定该检查井存在重大缺陷，需要立即修复。

表 9-7　三维成像扫描仪检测成果

井类型	污水井	检查井号		WSRML150	
修复指数	14	养护指数		0	
序号	位置	名称	代码	情况描述	照片
缺陷 1	（0～12），（0～0.9）	腐蚀	FS	腐蚀 4 级，井壁砂浆大面积脱落	2
缺陷 2	（5～5），（3.5～3.5）	渗漏	SL	渗漏 3 级，涌漏水面的面积不大于检查井断面的 1/3	3
缺陷 3	（1～2），（4.5～4.5）	渗漏	SL	渗漏 3 级，涌漏水面的面积不大于检查井断面的 1/3	4
备注信息	照片 1（展开图）　照片 2（缺陷 1）　照片 3（缺陷 2）　照片 4（缺陷 3）				

通过实际工程的应用，证实了新技术的可行性和优越性，新的检测评估方法的推广应用能够从根本上改变国内排水管网健康检测领域重“管道”轻“检查井”的情况，能够为检查井运维和修复提供依据，助力排水管网系统的安全高效运行。

案例来源：吕耀志，李子明，郭帅 . 基于三维视觉的排水检查井检测评估研究 [J]. 环境工程，2023，41（S2）：844—847。

9.2 雨水口检查

雨水口是排水管网系统的重要构筑之一，由于其开放的设置，在旱天的时候，极易受到各种因素的影响，如垃圾倾倒、污水管接入、泥浆水的倾倒等，导致雨水口被堵塞，难以发挥排除路面积水的作用。因此，在每年汛期来临前，急需对雨水口开展检测，并对淤积堵塞的雨水口开展检测与疏通工作。

典型案例

2023 年 7 月 28 日，受到台风“杜苏芮”影响，福州降雨明显，城区多条道路出现路面积水问题，车辆抛锚，行人出行受到极大影响。为了快速清除路面积水，市政养护人员冒雨打开道路沿线的雨水口，并清掏出雨水口内部的垃圾和阻塞物，恢复雨水口的正常通水功能，经过一段时间的排水，路面积水问题得到明显改善，车辆和行人可以顺利通行。

城市积水内涝问题是很多城市面临的现实问题，为此各地都组建了专门的管网养护队伍，在汛期来临之前对辖区内的雨水口进行检测和清掏（图 9-9），通过人工清捞和机械辅助清捞的方法清除雨水口内部的垃圾，确保汛期时雨水可以顺利排放。

图 9-9　雨水口进行检测和清掏

雨水口是雨水管道或合流管道上收集地面雨水的构筑物。路面上的雨水经雨水口通过连接管流入排水管渠。雨水口可以收集道路径流雨水到排水管渠，能够截留一部分杂物避免进入排水系统。

雨水口的缺陷也可分为功能性和结构性，由于基本分布在道路两侧，且深度普遍较浅，井室空间也很小，因此，其所造成的危害远远低于检查井。它的最大危害就是雨天时，收集范围的地面会造成积水。通常雨水口的检查也比较简单，只需按照相关标准对照项目进行检查便可。

雨水口检查方法较为简单，通常采取巡视和打开雨箅子目测，也可以利用QV、反光镜等简易设备协助取景观察。现场检查时一般都需要进行影像采集，便于信息管理和后期整改措施的计划制订。雨水口检查的基本项目见表9-8。

表9-8 雨水口检查的基本项目

外观检查		内部检查	
项目	结论格式	项目	结论格式
雨水箅丢失	□有 □无	铰或链条损坏	□完好 □损坏 □缺失
雨水箅破损	□有 □无	破裂	□无 □有 □倒塌
雨水口框破损	□有 □无	抹面剥落	□有 □无
盖框间隙超限	□有 □无	积泥或杂物	□无 □少量 □大量
盖框高差超限	□有 □无	水流受阻	□无 □轻微 □阻塞
孔眼堵塞	□全堵 □部分 □无	私接连管	□有 □无
雨水口框突出超限	□有 □无	渗漏	□有 □无
异臭	□有 □无	连管异常	□有 □无
路面沉降或积水	□有 □无	防坠网	□完好 □损坏 □缺失
其他	文字叙述	其他	文字叙述

除按照表9-8的项目对照检查外，检查时还应注意以下事项：

（1）旱天时，注意地面是否有径流污水进入雨水口，特别是不间断的情况；

（2）发现雨水口部件损坏，应该备注其损坏范围尺寸及规格；

（3）表9-8中孔眼堵塞是指树叶、垃圾等容易清扫的情形，若遇其他难以去除的堵塞形式，应该专门加以说明。

9.3 排水口检查

排水口是将管道或各类设施中的水直接排放进入自然水体中的设施。近些年，各地开展水环境整治时，为了减少污染物排放进入河道，会在排水口前端设置截污设施，将雨水管道中流出的污水截流送入污水收集系统，甚至部分城市直接将存在污水直排的排水口直接封堵，虽然杜绝了河道污染的问题，但也会因为排水口排水不畅，给城市的正常排水带来影响。

“黑臭在水里，根源在岸上，关键在排口，核心在管网”。在水环境整治工作中，需要强化对排水口的排查与检测，以排水口为基础开展管网问题的综合治理工作。

典型案例

2019年，广州市增城区新塘镇东江流域水体质量不达标，影响整个流域水环境综合质量，为了查明河道沿线范围内污染物的来源，广州市增城区水务设施管理所委托专门的排查单位对河道沿线的排水口开展全面的排查工作，查明排水口内部存在的各类问题，通过各种手段和方法对排水口进行定位，并对存在污水出流的排水口上游管网开展溯源排查工作。共计查明排水口25个，其中晴天无出流排水口22个，涉及管网长度2 000 m。

9.3.1 排水口检查

排水口检查通常采取岸边步行巡视和乘船巡视两种形式，以直接目测为主，辅以反光镜、QV 等简单仪器工具。检测时必须要做书面记录，同时现场获取影像资料。排水口的检查项目一般包括表 9-9 中所列的内容。

表 9-9 排水口巡视检查内容

巡视检查内容			
项目	结论格式	项目	结论格式
单向设施丢失	□有 □无	止回堰损坏	□完好 □损坏 □缺失
拍门破损	□有 □无	出水口结构破裂	□无 □有 □倒塌
鸭嘴阀破损	□有 □无	出水口封堵	□有 □无
间隙	□有 □无	积泥或杂物	□无 □少量 □大量
淤泥、垃圾等遮蔽	□有 □无	口内水流受阻	□无 □轻微 □阻塞
其他	文字叙述	其他	文字叙述

为便于现场记录和管理，每种排水口都赋予一个代码，详见表 9-10。

表 9-10 排水口代码和类型一览表

代码	排水口类型	代码	排水口类型
FW	分流制污水排水口	HJ	合流制截流溢流排水口
FY	分流制雨水排水口	JM	沿河居民排水口
FH	分流制雨污混接雨水排水口	B	泵站排水口
FJ	分流制雨污混接截流溢流排水口	YJ	设施应急排水口
HZ	合流制直排排水口	X	暂无法判明类别排水口

由于排水口未经批准擅自设置等原因，从城市地图中经常难以知道足够的排水口位置信息，因此需要通过实地考察来核查及更新排水口信息。即使对于新开发区域而言，虽然对管网和排水口位置分布的掌握是准确与详细的，但是这些排水口坐标可能还没有被转换到城市地图上。一些城市建立了城市排放管网 GIS，但是缺乏旱流混接排水口与排水系统服务区域之间的关联关系。

排水口的调查通常要采取沿河流人工排查的方式。当一个排水口被定位后，应喷漆或用其他手段进行标记。如果受纳水体是一条小河，沿河蹚水调查相对容易；如果受纳水体难以蹚过，则需要借助小船或独木舟。水面下的排水口较难发现，一般需要仔细观察河岸附近的雨水管道检修孔。对潮汐水体或者受洪水影响涨水河流，应当在退潮或低水位时进行观察，这时排水口容易暴露出来。很多城市有滨河步道。可以在步道上骑自行车排查，也可以使用无人机从空中进行调查，其好处是相对地面而言，比较容易发现排水口的溢流出流现象。排水口调查过程中应尽可能多地记录排水口的特征信息。通常需要两个人作为一组进行调查，而非一个人单独行动。

由于自然水系涨落的变化，排水口常常位于水面以下，这给排水口的定位工作带来困

难，简单的方法是人工手持竹竿沿堤岸捣捅，凭手感得知排水口的存在。其缺点是人员劳动强度比较大，常需要船、舟、筏等载人漂浮设施协助，且容易遗漏排水口。虽然可以通过地面检查井或管道引导，但在偌大面积的堤岸侧面无一遗漏地找到排水口非常困难。声呐可以有效地解决这一难题，沿堤岸线每隔一定的距离（可根据声呐探测到的有效距离决定）设置一探测点，在此点将探头沿垂直于水平面自上向下缓慢移动，同时探头保持和堤岸一定的距离（1 ～ 3 m），当轮廓线出现断开情形时，基本可断定排水口的存在，再加大采集密度予以最终确认。

9.3.2 排水口入流调查

排水口入流调查工作常常不是调查排水口自身的缺陷，而是透过排水所产生的一些现象，来评估与排水口相关联的排水系统的缺陷。一个排水口，对于受纳水体来说，往往就是一个污染源，所以，排水口调查是雨污混接调查和外来水调查工作的一部分。在我国，排水口常出现的情况为分流制污水直排、分流制雨水直排、分流制雨污混接雨水直排、分流制雨污混接截流溢流排水、合流制直排、合流制截流溢流排水及强制排水（泵排）。

（1）分流制污水直排：污水管道直接或就近排入河道。

（2）分流制雨水直排：直接将雨水直接或就近排入河道。由于雨水受大气及城市地表污染等因素，大量成分复杂的污染物通过雨水淋洗进入水体，造成地表水环境污染，雨水直排造成受纳水体水质污染。此外，由于地下水渗入管道或检查井，该类排水口也可能存在旱天排水。

（3）分流制雨污混接雨水直排：雨水直接排水口出水中混入污水，地下水渗入造成旱天排水。

（4）分流制雨污混接截流溢流排水：混合污水经截流井溢流后通过排水口直接进入受纳水体或河水通过截流设施倒灌进入截流管道。

（5）合流制直排：多见于老城区的合流制排水体制。旱天污水直排给河道、雨天雨污合流水夹带着管道中的淤泥排入河道。

（6）合流制截流溢流排水：在雨天，部分混合污水不经处理直接排入水体。

（7）强制排水（泵排）：一般由进水总管、格栅、进出水闸门井、吸水井、水泵机组、出水管道排水口及附属设施等组成。其排水系统也称为泵排系统、强排系统。

通过调查摸清排水口的类型、污水来源和存在的具体问题，掌握排水口排放的水量与水质特征，为提供治理措施提供第一手资料，调查的主要流程如下。

1. 资料收集和分析

前期调查需要收集的资料包括设计资料、现状设施资料、维护管理档案等。设计资料包括规划文件、管线和设施设计文件等；现状设施资料包括管线竣工档案、管线勘测资料、地形图等；维护管理档案包括有关单位对排水口的相关监测资料。

通过对存档资料的分析与整理，可初步掌握调查区域的排水口地理位置、排水体积、排水口出水形式等。结合现场初步调查，形成排水口前期调查记录表。有多种问题并存时，应予以顺排，以说明存在的问题类型。

2. 现场调查

（1）复核前期：调查所收集的排水口资料；排查在前期调查中遗漏的排水口；细化溢流排水口污水来源、溢流污染、水体水倒灌等调查和分类；完善前期调查记录表，作为调查报告的主要组成部分。

（2）调查内容：排水口基本参数调查、排水口附属设施调查、排水口出水流量测量、排水口出水水质检测、污水来源调查、溢流频次调查。

（3）调查方法：降低受纳水体水位、调查岸上检查井、人工检测、潜水检测、QV 摄像。

3. 成果编制

（1）调查成果：由调查图纸、调查记录表及调查报告组成。

（2）调查图纸：应使用与当地基础绘制相同的平面坐标和高程系统；调查成果底图比例尺不应小于 1∶1 000，宜采用 1∶500。

（3）调查报告：包括排水口调查的项目背景、调查范围、调查时段、调查时气候和气象情况、调查方法及调查结果。

（4）调查成果：要能够反映排水口数量、尺寸、类别、排出水（溢流水）类别、时间和相应的水质、水量及存在的主要问题等，分类提出治理对策。对于因客观原因无法调查的排水口或存在特殊情况的排水口应予以说明。

课后习题

一、填空题

1. 检查井按照形状可分为________、________、________三种形式。
2. 从正东面到正南面有一环向裂口，那么该缺陷的环向位置表达为________。
3. 井盖与井框缝隙过大、不平整、错台等，造成井盖________等现象。
4. 雨水口一般由________、________、________三部分组成。
5. 根据排水体制的分类，排水口可分为________、________、________。

二、判断题

1. 在开启压力井盖、带锁井盖等时，须采取防爆措施。（ ）
2. 检查井缺陷的空间位置表达方式是用竖向和环向组合共同来表达。（ ）

三、简答题

1. 检查井按照其应用功能可分为哪几种？每种的作用是什么？
2. 破裂和井基脱开两种缺陷如何划分？它们各自的危害性是什么？
3. 利用 QV 进行检查井检测时，应该注意哪些事项？
4. 简述分值评估法的基本原则。
5. 在采取权重法进行评估时，修复指数和养护指数的计算包含哪些要素？
6. 雨水口的外部和内部检查分别包含哪些项目？
7. 广义的排水口定义是什么？通常包括哪些？

项目 10

外来水调查和雨污混接调查与评估

知识目标

1. 熟悉外来水调查和雨污混接的基本概念。
2. 了解外来水调查和雨污混接调查的目的和意义。
3. 了解雨污混接的类型。
4. 熟悉雨污混接的成因和形式。
5. 了解外来水调查和雨污混接调查的实施流程和方法。
6. 掌握雨污混接评估与报告编写内容。

技能目标

1. 具备对外来水进行定性定量描述的能力。
2. 具备对污染源进行定性定量描述的能力。
3. 具备开井调查与雨污混接问题判断识别能力。
4. 具备水质水量测试的能力。

素质目标

1. 具有良好的职业道德和较高的政治思想品德；
2. 养成吃苦耐劳、实事求是的工作作风；
3. 具备团队合作意识，能够进行有效的沟通和交流。

10.1 外来水调查

案例导入

2019 年，江西省某市新区污水处理厂由于进厂 COD 浓度过低、污水收集率偏低而受到环保督察，要求对污水处理厂范围内管网开展全面的排查与整治，将污水处理厂的进厂 COD 浓度提高到 200 mg/L 以上。

项目实施前，对该污水处理厂已有数据进行发现，该污水处理厂汛期时进厂 COD 浓度下降明显，COD 浓度为 106 mg/L，进水量增多导致污水处理厂溢流。污水处理厂范围内的各个自然湖泊也出现了不同程度的污染，急需对该区域开展全面的排查与整治。

经过排查，共计的发现各类问题点近 59 000 个，有效地解释了污水系统运行异常的原因。

10.1.1 基本概念

广义的外来水是指非本管道应该收纳和输送的水。无论是污水还是清水，只要其进入不该流的管道，都称为外来水。例如，在合流制地区，地下水渗入排水管道，河流水倒灌进入管道。在分流制地区，对于污水系统而言，地下水和雨水等就是外来水；而对雨水系统而言，污水和地下水等都是外来水。狭义的外来水是指未被预料的流入污水（合流）管道的水。德国给水、污水、固体废弃物协会（简称 DWA）给出的定义：外来水是由于房屋、商业、农业或其他使用方式流入污水处理厂而产生属性改变的水，或者雨水在建筑物及固体表面累积而成的水。针对合流管和污水管，日本下水道协会编辑的《排水管道及设施防水措施准则》中外来水只包含地下水和雨水。本项目讨论的外来水也是流进污水系统或合流系统的不应该收纳和输送的水。

外来水的来源包括源于地下水的外来水和源于雨水的外来水。前者是指直接从管道或附属设施缝隙、缺陷处流入、渗入的地下水、经渗透进地层的雨水。其不会伴随着降雨的发生而出现，往往比地面径流雨水迟缓地流入管道。后者是指直接从地面随机累积的水源，以及错误流入分流制系统污水管道的水源。其包括从井盖孔眼入流的雨水和防汛排涝期间，从污水井直接流入的径流雨水。这部分水伴随着降雨事件的发生而很快产生。同时，也有不易被清晰地归类的涉透水成分，如溪水或泉水。此外，倒灌流入污水管道自然水体的水也被称作外来水。在分流制系统中，除管道结构性缺陷造成的不严密外，雨水管道错接到污水管道上是另一个常见的外来水来源。在合流制系统中，受洪水、涨潮等因素影响，排水口单向阀门的失效，会短暂性或持续性地形成自然水体倒灌而形成外来水。

根据德国 DWA 的问卷调查，与外来水相关的损坏管道份额约占总确定损坏份额的 68%，在检查井设施里约占 30%。在检测时段内，针对某一汇水面积，外来水的多少通常以外来水占总流量的百分比或外来水量占污水水量的百分比通过下式进行计算：

$$FWA=\frac{Q_{\mathrm{F}}}{Q_{\mathrm{T}}}\times 100\%=\frac{Q_{\mathrm{F}}}{Q_{\mathrm{S}}+Q_{\mathrm{T}}}\times 100\% \tag{10-1}$$

$$FWZ=\frac{Q_{\mathrm{F}}}{Q_{\mathrm{S}}}\times 100\% \tag{10-2}$$

式中 FWA——外来水占总流量的百分比，即外来水所占份额；

FWZ——外来水占污水水量的百分比；

Q_{F}——外来水量；

Q_{S}——污水水量；

Q_{T}——旱天总流量。

FWA 和 FWZ 之间的换算公式如下：

$$FWA = 1 - \frac{1}{FWZ + 1} \tag{10-3}$$

$$FWZ = \frac{1}{1 - FWA} - 1 \tag{10-4}$$

外来水对管网和泵站产生不利影响主要体现在以下几个方面：

（1）大量外来水增加了管网的水力负荷；

（2）大量外来水导致泵站长时间工作，增加泵启动频次，备用泵启用并连续工作，增加了维护和修理工作；

（3）地下水渗入管道的外来水，对管道周边土体冲刷，易形成空洞，最终造成路面塌陷，威胁管道自身安全及周围其他建（构）筑物的安全；

（4）矿物质高含量的地下水渗入流量小的污水管，由于氧化作用产生盐分沉淀（铁和锰结合），可能导致管道堵塞；

（5）流入管道的外来水携带砂、砾等颗粒物进入管网，增加了管网的运行清理费用。

外来水对整个排水系统运行也有好的影响，主要体现在以下几个方面：

（1）较大的外来水量有利于水中垃圾的运移，减少沉积量，有利于管道疏通养护；

（2）外来水的稀释作用，特别是雨水中高溶解氧含量，能缓解污水发臭；

（3）外来水的稀释作用可有效降低管道中的硫化氢浓度，同时，也减缓了管道内壁的腐蚀速度和程度，保障了管道维护和运行工作的安全。

完全杜绝外来水是不可能的，外来水的比例需要得到控制，目前我国尚无明确的规定。但通过调查查清外来水入渗情况，对于制订避免外来水的预防措施和整治计划，降低污水处理厂、泵站的运行费用，提升污水处理效率，减少合流制污水管道截流干管的水量负荷等大有裨益。

10.1.2 外来水调查

1. 调查模式

外来水调查的模式根据污水处理厂、管道或泵站等设施中运行水产生异常的具体情况来决定。外来水调查工作没有统一的明确划分，一般根据排水管道的运行所表现出来的问题及客户的要求来决定采取何种调查。常见的调查模式为渗入量调查和雨污混接调查，如图 10-1 所示。

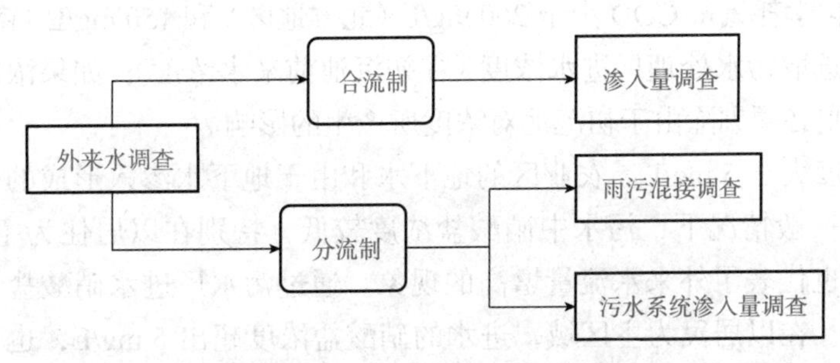

图 10-1　外来水调查模式分类

（1）渗入量调查是以检查管道系统的严密性为目的，重点是检查引起渗漏的结构性缺陷和功能性缺陷，主要针对合流管道或污水管道，通过这项调查要得到渗入水量及渗漏点的位置。

（2）雨污混接调查不以检查管网系统结构性缺陷所造成的渗漏为目的，主要是发现和掌握人为造成排水系统混流的缘由，为消除混接现象提供第一手资料。其主要以雨水系统为主要调查对象，污水系统为辅。通过调查发现错接位置，获取错接后产生的水质和水量。

这两种调查有时为查清楚和解决某问题，需要同时进行，如污水厂入场浓度过淡就是渗入水和雨污混接共同作用的结果，对这两个方面的调查须同时开展。

2. 调查准备

（1）相关信息资料的收集。调查前期的信息收集工作关系到外来水源和外来水流量判断的准确性，是开展调查工作的根本依据。这些信息通常包括以下项目：

1）现有的管网档案资料及管网维护信息；

2）现有的管网流量和外来水量、泵站情况、雨水池排放情况、降雨情况；

3）初步了解汇水区域周边水体、土壤现状等；

4）管网和污水厂运行的基本资料，提供外来水影响的证据，为未来现场调查、测量指明重点；

5）汇水区面积、人口、用水量、污水量及评估数据、确定外来水量；

6）地下水水位高、变化规律等地质和水文地质资料，确定淹没区，判断地下水上升对管道的影响范围，判断地表水可能流入管网的点；

7）调查区的历史图形资料便于定位外来水源，制订维护方法。

（2）调查前的判断与分析。大量外来水入渗一般都能在污水处理厂、雨水处理设施、管道和泵站运行状况中表现出来。

1）污水处理厂状况。对于受到外来水负荷影响的区域，调查分析应当选择长期资料分析（至少 1 年）。对于合流制管网，只需要对非降雨期数据分析，对于分流制管网要分别分析非降雨期天数和降雨期天数。评估选取污水处理厂月平均运行数据，对月异常数据分析很关键。外来水流量大，将导致污水处理厂承担高水力负荷。对以居住为主的区域，下面信息表明有超量外来水情况：

①人均月平均污水量在旱天的流量大于 250 L/（人·天）。我国城市生活污水一般为 100 ～ 150 L/（人·天），平均为 120 L/（人·天）。农村生活污水一般为 50 ～ 80 L/（人·天），平均为 60 L/（人·天）。北方地区取小值，南方地区取大值。进入处理厂水浓度降低也代表外来水流量增加的现象。

②进水浓度化学耗氧量 COD 小于 260 mg/L（北方地区）和 150 mg/L（南方地区）。COD 浓度值应尽可能选取污水处理厂进水浓度（在初沉池前来水浓度），如果浓度值是在初沉池后的水体浓度，则必须剔除由于初沉池对浓度所产生的影响。

③硝酸盐浓度大于 5 mg/L。农业区的地下水和由于地下水渗入形成的外来水，通常硝酸盐含量较高。一般情况下，污水中硝酸盐浓度较低，特别在以居住为主的区域，因此，硝酸盐浓度增加也代表了外来水流量增高的现象。通过污水厂进水硝酸盐月平均和进水最高浓度进行分析。在以居民为主区域，进水的硝酸盐浓度超出 5 mg/L，也是受到外来水流量影响的证据。

上述提到的指标是基于主要以居住为主的城市区域及与之相似的污水情况。但有些汇水区域的污水受到工业影响较大，那么这些判断就不一定成立，需要对该区域工业排水量的影响进行专门调查分析。

2）雨水处理设施状况。合流制系统中的雨水溢流池和蓄水管廊，同样有明显的迹象表明上游汇水区域外来水流量增加。如经常性、持续性超负荷运行和较长时间排水。设施运行指标和设计的运行指标出现偏差，也可能是由于某一部分区域外来水流量增加造成的；在一个区域内多个处理设施处理负荷很明显不均匀，也是受外来水流量影响的证据。当然，也有可能是运行中其他原因造成的，如管道错接乱接、污水量计算错误、汇水区域面积计算错误或设施运行中误操作等。

据德国 DWA 的数据，在合流制系统中，下面的运营指标也代表受到外来水流量增加的影响：每年运营天数 > 30 d/a；调蓄池溢流时间 > 150 h/a；溢流池溢流时间 > 300 h；雨后调蓄池排水时间 > 24 h。

3）管道和泵站的运行状况。外来水径流量增加，可以通过以下方式调查：通过对管网运营机构问卷调查，了解外来水来源；监测分流制系统中的污水管的蓄滞和溢流情况；监测污水管网的非法排放；监测地下水渗流情况，通过摄像监测周边清水进水情况。

泵站受到外来水流量增加的影响证据：在合流或分流制管网中，非降雨期污水泵连续工作；水泵在夏季月份和冬季月份的非降雨期运行时间明显不同；在分流制系统中的排污泵运行状况，在非降雨期和降雨期出现明显的不同。

4）地下水水位状况。地下水水位的高低直接影响渗入量的大小，通过测量调查区域内地下水的分布和水位变化，调查地下水水位与地下水渗水量之间的关系。地下水水位会由于降雨、涨潮、汲取地下水等原因发生一定时期或特定季节的变化，所以需要连续测量不少于一年。测量方法有人工定期测量和利用水位计自动记录两种方法，考虑到调查降雨等短期影响，后一种方法更加适用。

测量地下水水位，可以利用已有井口、地下水水位观测井等设施，也可以利用已有检查井进行测量。

3. 外来水水量测量

外来水水量是地下水渗水量和雨水渗水量之和。地下水渗入量是指渗入管道设施的地下水量；雨水渗入量是指在分流制系统中，雨水由排水设施及检查井井盖等开放部位流入管道或雨水管道错接至污水管道等导致雨水流入管道设施内的雨水水量。降雨时，雨水渗入地下，再通过管道设施缝隙处流入管道的间接水量也称作雨水渗水量。折合成管道单位设施量的渗水量称作渗入强度。渗入强度的单位是 L/（km · mm · d），即每千米管段长每毫米管径每天渗入多少升，或是 m^3/（km · d），即每千米每天多少立方米。

（1）管段渗入强度现场实测方法。

1）容器量测法：将待测管段两端封堵与系统隔离，管段下游筑挡水堰，在挡水堰中埋设引水管至管口下方，用潜水泵抽空下游检查井，将标定了容积的容器置于引水管的下方接纳出水。容器量测法的特点是精度高、测定时间短，适用于夜间可临时封堵的管道，不适用于口径大、长度长的管段的测量。

2）标尺水位定量法：将支管接入口和管段两端封堵，并在管段两端且中间必要处的管

底垂直安装水位标尺，用以测量相应位置的水深。其特点是需要的时间较长，可用于测定很长的大口径管道，且精度高。

3）抽水计量法：用标尺测量检查井中的水深并记录开始时间 t_1，经过足够长的时间后，用潜水泵快速抽水并记录水位降到试验时开始水深的时间 t_2，通过安装水泵出水管上的水表读出累计流量，该累计流量即对应该时段管段的渗入量。其特点是对小口径管段试验误差较大，且试验时间较长，适用于大口径或长管段的试验。

（2）封闭区域排水系统总渗入量的测量方法。

1）年污水量法：通过计算污水处理厂所涉及排水区污水排放量或部分排水区的年污水排放量、在综合考虑需水量和损失量情况下，与污水量的差值确定。

2）夜间最小流量法：夜间最小流量法能够确定合流制排水系统或近似合流制的分流制排水系统中瞬时（夜间的）外来水最小量。各污水厂每月一次连续 24 h 测定污水厂的进水流量，其夜间最小流量扣除居民夜间用水量［0.3 ～ 0.5 L/（s · 千人）］及可能存在的工业用水量，可得出服务区域内的地下水渗入量。该方法适合评价排水系统水力边界清楚、服务面积较小的区域。

3）用水量折算法：根据系统服务范围内污水处理厂（泵站）的污水总量与原生污水量的差额，估算进入管道系统的外来水量。该方法适合评价排水系统服务面积比较大、以居住和商业用地为主的区域。

4. 来源位置确定

针对渗水量较多的管段或区域，需要查明来源地和汇入点，通过调查测定存在缺陷的准确位置、情况及各部位的渗水量，编制调查报告，为整改提供依据。同时，也可预估修理后所达到的预期结果。调查测定的主要项目如下：

（1）直接检查，在合流制管网或分流制的污水管网中，通过排空管道直接目视或利用视频检测（如 CCTV、QV），检查管道和检查井裂口、接口错位及渗水等缺陷。实施检查时，应选择非降雨期时进行。

（2）严密性试验。当地下水水位处于低于管道底部的情景时，采用直接目视或 CCTV 的方式都无法发现无明显结构性缺陷所引发的渗漏，此渗漏多发生在管道的管节接口或与井壁接口处，所以需要采用专用闭气试验设备逐一查找。

（3）雨污混接调查。除管道或检查井等设施结构引起的渗漏而形成外来水外，在分流制地区，雨水管和污水管的错接也是导致水量的增加。

知识拓展

2019 年 4 月，住房和城乡建设部、生态环境部、发展改革委联合下发《城镇污水处理提质增效三年行动方案（2019—2021 年）》（建城〔2019〕52 号），明确要求：经过 3 年努力，地级及以上城市建成区基本无生活污水直排口，基本消除城中村、老旧城区和城乡接合部生活污水收集处理设施空白区，基本消除黑臭水体，城市生活污水集中收集效能显著提高。自此全国范围内开展了污水处理提质增效的项目。

污水系统需要提质增效的原因是进入污水处理厂的水量远超过区域内供水水量，进水水质低于污水处理厂的设计进水浓度，污水处理厂异常运行。之所以出现这些问

题，是由于污水系统中输送了大量的非污水进入污水处理厂，这些水就是外来水。大量外来水进入污水系统，导致污水系统长期高水位运行，污水处理厂超负荷运转，特别是部分城市在雨天时，污水冒溢、污水处理厂溢流污染问题严重，影响区域内水环境质量。

污水收集系统收集了不应该收集的外来水，为了确保污水系统正常运行，就需要查明这些外水的来源和通道，进而采取措施进行整改，挤掉多余的外水，同时，将高质量的污水收集进污水系统，实现污水系统的正常运转。

10.2 雨污混接调查

10.2.1 雨污混接的基本概念

雨污混接是指在城镇分流制排水系统中，雨水和生产生活所排放的污水，通过不同的方式混接到一起进行输送和排放，造成混流现象。其表现一般可分为污水进入雨水管网，进而排入自然水体；雨水进入污水管网，与污水一起进入污水处理厂。

1. 雨污混接时对雨水系统的影响

雨污混接所产生的不利影响对雨水系统是最大的，通常会造成以下影响：

（1）雨水系统混杂进污水，通过雨水管网的不严密处或排水口，污染水体或土体，直接导致河水黑臭，影响水环境质量。对于设置有截流设施的排水口，会增加溢流频次；

（2）雨水系统被污水占据有限空间，荷载额外增加，当在雨天时，极易产生内涝和冒溢，造成环境的污染，影响市民的正常生活，严重时会对人们的生命财产造成危害；

（3）污水携带的生活或工业垃圾进入雨水管道，容易形成淤积，减弱了雨水的过水能力，增加了疏通养护的工作量；

（4）由于污水比雨水更具有腐蚀性，污水长期进入雨水系统会大大地缩短雨水管道的寿命，雨水管道一般都具有口径大的特点，所以造成的损失也会更大。

2. 雨污混接对污水系统的影响

对于污水系统而言，雨污混接的影响要小一些，它主要在雨天时会造成以下影响：

（1）污水系统的污水量的增加和浓度的降低，使污水处理厂短期超负荷运行，处理技术流程失效，同时增加运行费用；

（2）污水系统过量雨水进入，通过检查井等设施所造成的冒溢会大大影响周边环境，污染城市道路、园林等公共设施，严重时会造成公共卫生灾害。

10.2.2 雨污混接的成因和形式

在分流制的排水系统内，雨污混接的现象是不应该存在的，但目前国内大部分城市已运行的排水管网系统多存在雨污混接现象。雨污混接产生的原因有市政污水管网系统不够完善，部分污水管道口径偏小，无法容纳大量污水；老住宅区化粪池和街坊内部下水道，

没有达到分流制的排水要求；市政管道铺设与新区建设先后配合不协调；对分流制认识不清；偷排偷放等。

1. 混接点

混接点是指物理结构上的错接，其所造成的危害最大，是本节讨论的重点。混接形式示意如图 10-2 所示。它主要存在的形式和成因可分为以下三大类：

（1）市政管网系统本身的错误连接。市政公用的污水管由于规划、标高及堵塞等原因，将其直接接入雨水管。

（2）集体排水户内、外部的错误连接。按照分流制要求建设的居民小区、企事业单位等集体排水单元，其内部的雨污水管网在运行不畅时，排水相对独立的管网系统被擅自改建，形成错误连接。同时，很多城市在分流制区域范围内依然存在一些如老旧小区、城中村等未进行分流制改造的集体排水户，即排水户内部是合流系统，按照规定，应该接到城市污水系统，但在现实中很难做到。

（3）未经排水许可的私接。单一排水户一般是指路边餐饮店、洗车铺和门面小杂货店等，这些排水户绝大多数未通过市政部门审批，私自将污水管就近接入城市雨水管或雨水口。这种情形在我国城市普遍多见，是形成黑臭水体的重大污染源。

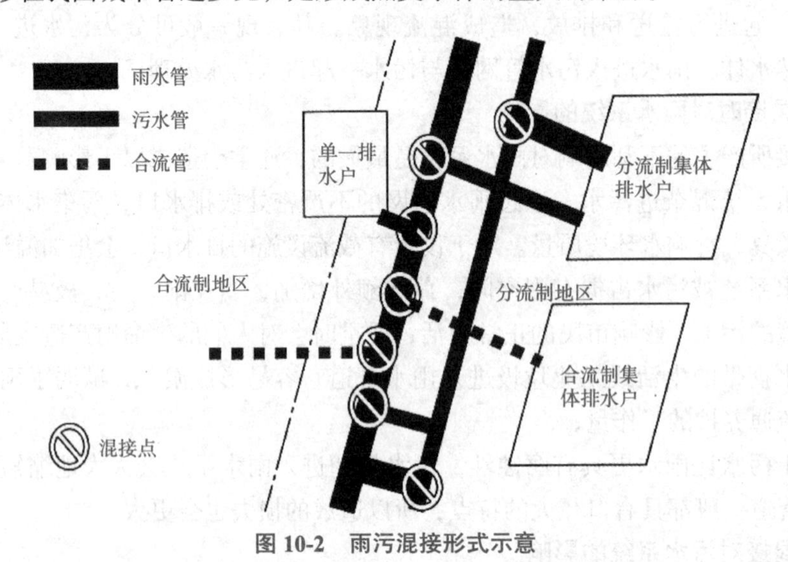

图 10-2　雨污混接形式示意

2. 混接源

管道结构的实际连接现状是雨污分流的，但收集到的水不是与管道实际属性相符的，一般将该收集点称为混接源，属于外来水调查的内容。这些混接源如下：

（1）人为造成的无序排放。本应收集雨水的收纳口，如阳台雨水收集口、路边雨水口，未按照要求随意排入污水。有些雨水检查井和雨水口被任意倾倒入垃圾。市政洒水车冲洗路面形成的径流直排入雨水口。

（2）集体排水户的违规排放。集体排水户的内部混接导致排入市政管道的水流与管道实际属性不符。已实施分流制的集体排水户，其出墙雨污管道与市政雨污管道连接是完全正确的，但进入市政管道的是混流水。比较常见的是集体排水户的出墙雨水总管流入接户井大量的污水。

（3）管道自身的影响。管道虽没有错接，但结构性损坏导致地下水渗入污水管网，造成实际上的清污混流。

（4）自然雨水和水体的影响，雨水通过污水检查井井盖缝隙流入及自然水体的倒灌等影响。

知识拓展

为切实加大水污染防治力度，保障国家水安全，2015 年国务院发布《水污染防治行动计划》（简称“水十条”）以来，在全国范围内开展了轰轰烈烈的水环境整治工作，消除黑臭水体，提高水环境质量成为各地政府广泛关注的方向。“黑臭在水体，根源在岸上，关键在排口，核心在管网”。水体黑臭的形成有多方面的原因，河道自身的流动性差及大量的污染物排放进入水体，都会导致水中的污染物超出水体自身的净化能力，大量有机物在水体中发生厌氧反应，进而导致水体发黑变臭。

黑臭水体的成因核心在管网，大量的污染水通过排水管道排放进入水体。这些污染物主要来自以下方向：合流制管道的溢流污染和分流制管道中混接错接导致的污水接入问题。要想彻底消除水体的黑臭问题，就需要从源头上查明雨水系统中的污染物来源，对于分流制排水系统而言，就是查明各种污水进入雨水管道的通道，通过开展雨污混接调查，查明各类混接点和混接源，进而采取措施进行问题整治。

10.2.3 典型案例

2017 年，中央第四环境保护督察组向安徽省进行督察反馈时指出，巢湖流域水环境保护形势严峻。作为受人类干扰强烈的我国五大淡水湖之一的巢湖，近年来虽投入数百亿元资金进行治理，但水体富营养化状态仍未完全遏制。南淝河和十五里河贡献了大部分的入湖污染物，两者穿过合肥城区。人类生产生活不断积聚的污染已远远超出了河流自身的承载能力。南淝河和十五里河治理难度大，其中一个重要原因在于这两条河流穿过合肥城区，流域建设规模急剧加大、人口快速增长，加之排水管网系统的功能丧失，城市生产生活的污水未能有效收纳，大量通过雨水管渠进入南淝河和十五里河，最终排入巢湖。要想实现巢湖水质的长治久安，阻断城市的污染水源是首先要解决的问题。

2017 年年底，合肥市委、市政府在分析巢湖水质没有显著改善原因的基础上，痛定思痛，深刻认识到治理水体必须先治岸上的必要性，重点解决十五里河流域的污染物排河问题。十五里河发源于大蜀山东南麓，自西北流向东南，流域面积为 111.25 km²，全长约为 22.64 km。河道弯曲，属于雨源性河流，洪枯水位变化大。由于沿河有 100 多个排水口生产生活污水排放，又没有足够的水源补给，水体污染严重，两岸河流生态环境较差。多年来对十五里河的治理收效甚微，究其原因，城市污水以各种形式流入河道，是河道黑臭久治不愈的主因。要想十五里河永久变清，整个流域的排水系统整治是唯一选择，最终实现清污水各行其道。整治工作的第一步就是要查清现有排水管渠的运行状况，排查出所有雨污混接点、源，为下一步整改提供翔实的依据。

10.2.4 雨污混接调查

雨污混接调查的主要目的是查明调查地区雨污管道相互连通的状况、混接点准确位置等信息，主要调查的方法有人工开井调查、仪器探查、水质检测、烟雾检测、染色试验、泵站运行配合等方法，也可以根据现场的实际情况，采用其他技术方法进行混接点确认工作。

雨污混接调查的范围一般选择较为独立的且边界较为清晰的排水收集区作为调查的最小单元，通常可以是：一个独立的雨水排水系统；某泵站服务区；单个或多个排水口的收集区；自然河流的流域。

1. 调查模式

（1）按照点→面→线→点的工作顺序，如图 10-3 所示。

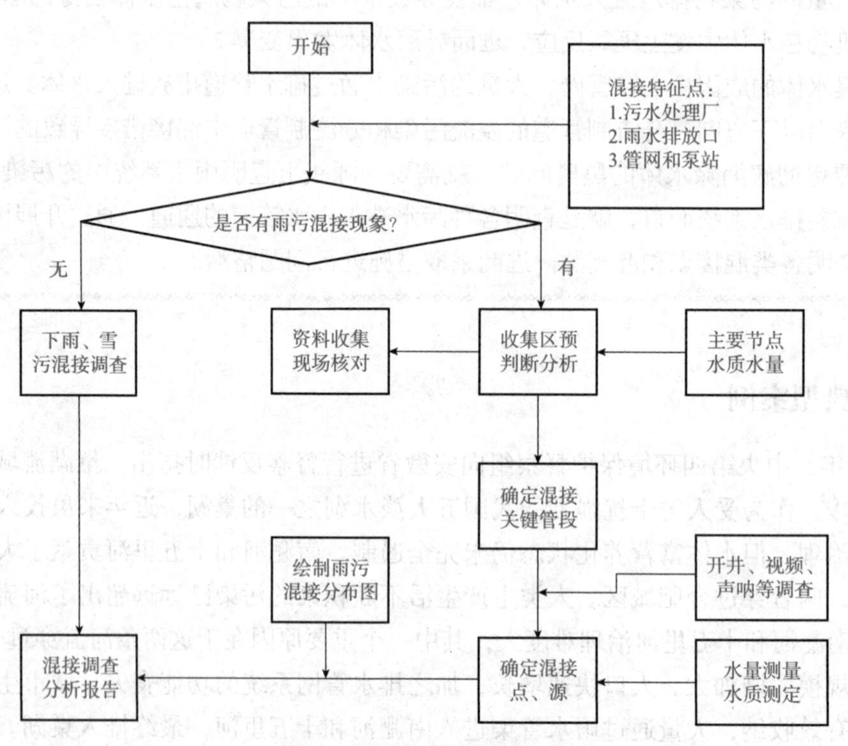

图 10-3 雨污混接调查模式

（2）结合排水管道普查性检测同时进行，结构性和功能性检测基本上要检查到每寸管道，其工作顺序可按照检测工作推进，在发现管道缺陷的同时，找到每个混接点或混接源。

2. 调查内容

对于已决定开展雨污混接调查的收集区域，调查一般要包括以下几个方面内容：

（1）雨污水管道定性。通过收集的相关管网资料与现场管道状况相结合，确认实地管道性质与设计规划是否相符合。

（2）混接点和混接源定位。通过管道 CCTV 检测、声呐、人工摸排等方法确定雨污混接井或管道的位置。在雨污混接调查过程中，各种检查方法的适用情况参照表 10-1。

表 10-1 各种检测方法适用范围表

适用情况	调查方法
人工摸排	检查井内水位较低，可见井内明显的连接情况及排水情况
CCTV、潜望镜内窥检测	管道内水位较低或管道降水、流通清洗后的管内连接检查
声呐检测	管道无降水条件下的管内连接情况检查

混接点位置探查的对象为调查范围内的雨污水管道及附属设施。强排系统，调查至泵站的前一个井；自排系统，调查至进河道的前一个井。

（3）混接点或混接源定量。采用流量测定、COD 浓度测定等方法对混接点的混接程度进行测定，即进行水量和水质的测定。其中，对于流量较小的混接点，可采用量杯的容器法进行流量的测定；对于流量较大的混接点，可采用速度—面积流量仪或浮标法进行流量的测定。流量和水质的测定以每日用水高峰期及平峰期的两个时间点测得的数据平均值作为检测数据的依据。流量高峰时段测定，可选择在 10：00—12：00 或 16：00—20：00 区间。

（4）排放口调查。为治理黑臭水体，一般作为雨污混接的调查内容之一，在进行排水管网雨污混接调查的同时，一并调查，并在调查报告中单独说明。

（5）混接程度评估及成果汇总。总结调查过程中发现的混接点信息，做出最终混接调查成果报告，并对整改提出建设性意见。

在雨污混接调查时，有时将排水管道结构性缺陷调查也纳入顺带调查的内容，虽然不存在错误的连接，但有时结构性的缺陷所造成的雨污混流的影响也不可忽视。

3. 调查准备

（1）收集资料。雨污混接调查前，应尽可能地收集原有管网的相关资料，一般收集的资料包含以下内容：

1）排水系统规划资料。主要有排水制度、划分排水区域、排水管渠的布局、主要泵站的位置和污水处理厂的位置及规模。

2）已有的排水管线图或排水系统 GIS。图纸需要包括所有排水设施的空间位置及属性等要素，同时，包括与之相关的地物和地形要素。

3）排水管道竣工资料。新建管道往往未能及时更新，需要利用竣工图来予以补绘。补绘后还须到实地予以核实。

4）已有的管道检测资料。主要包括管道的 CCTV 和声呐检测资料。

5）调查区域的排水户及居民用水量。获取不少于最近一年的每月用水数据，最好能查阅与调查时间相同月份的每天供水数据。供水区域边界和调查区域边界不一致时，需要根据实际情况调查和测定予以修正。公共事业用水量也要根据当地实际情况，调研出相应数据。

6）泵站运行数据。污水泵站近一年连续记录的流量数据。雨水泵站的开泵运行记录及相对应的雨量数据。

7）调查区域排水户的接管信息。有些城市的排水管理部门规定，凡接入市政排水管道的集体排水户，在正式开通前，必须进行雨污混接调查，该调查结果也是需要收集的内容。

8）其他相关资料。如地下水文、工业区范围及特征、自然水体污染情况和气象等。

（2）现场踏勘。对于已确定开展雨污混接调查的区域，以各自独立排水系统为调查单元，从该区域的最下游开始，携带排水管线图，选择主要管道沿线，巡查主要排水设施，如排水口、泵站和重要检查井等，对管道的大致分布及属性进行核对，同时，对调查区域地形地貌有直观的了解，便于后期技术设计书的编写。通过现场踏勘，获取下列内容：

1）察看并记录调查区域的地物、地貌、交通和排水管道分布情况，有针对性地选择现场工作时段。

2）通过打开部分检查井，查看并记录排水管道的水位、淤泥、水流等情况，有利于检查方法的选择，同时，也为调查工作的经费预算、工期等提供参考。

3）核对已有管线资料中的管线连接关系、排水流向、管道属性和空间位置等要素。现实管线的走向、规格和管道属性等要素与所收集到的资料要一致，发现不一致时，需要及时采取简便方法修改原有的资料和图件。

4. 混接预判

（1）污水混接。当雨水管网中出现以下现象时可初步判定存在污水混接。

1）区域河道水体存在黑臭现象；

2）旱天时雨水排水口有污水流出；

3）旱天时雨水口或雨水井有明显的臭气上返；

4）冬季时雨水箅子有明显的结霜显现；

5）雨水泵站集水井有污水流入；

6）旱天时雨水泵站集水井水位超过地下水水位高度或造成排放；

7）雨水泵站在旱天运行时相邻污水管道水位也会下降。

（2）雨水混接。当污水管网中出现以下现象时可初步判定存在雨水混接。

1）雨天时污水井水位比旱天水位明显升高或产生冒溢现象；

2）雨天时污水管道流量明显增大；

3）雨天时污水泵站集水井水位较高；

4）雨天时污水管道内 COD_{Cr} 浓度下游低于上游 30%；

5）雨天时泵站或污水厂进水水质浓度明显降低。

5. 混接筛查

通过混接区域筛查，可逐步缩小混接区域的范围，从而减少后续的现场调查工作量。雨水管道中的污水混接筛查，原则上采用溯源调查法查找混接点或混接源，从雨水排放口开始向上游溯源，遵循先干管后支管的原则。污水管道中的雨水混接筛查，原则上采用溯源调查法查找混接点或混接源，进入污水处理厂或者污水提升泵站的干管开始，向上游溯源调查，遵循先干管后支管的原则。

（1）雨水管网中污水混接筛查的规定。雨水管网中污水混接筛查时应符合下列规定：

1）对预判存在污水混接的雨水管道，必要时可在旱天进行水质、流量检测；

2）每个水质检测点取样频率不应小于 4 h 一次，并应连续检测 24 h 以上。

雨水管网中污水混接筛查的技术路线如图 10-4 所示。

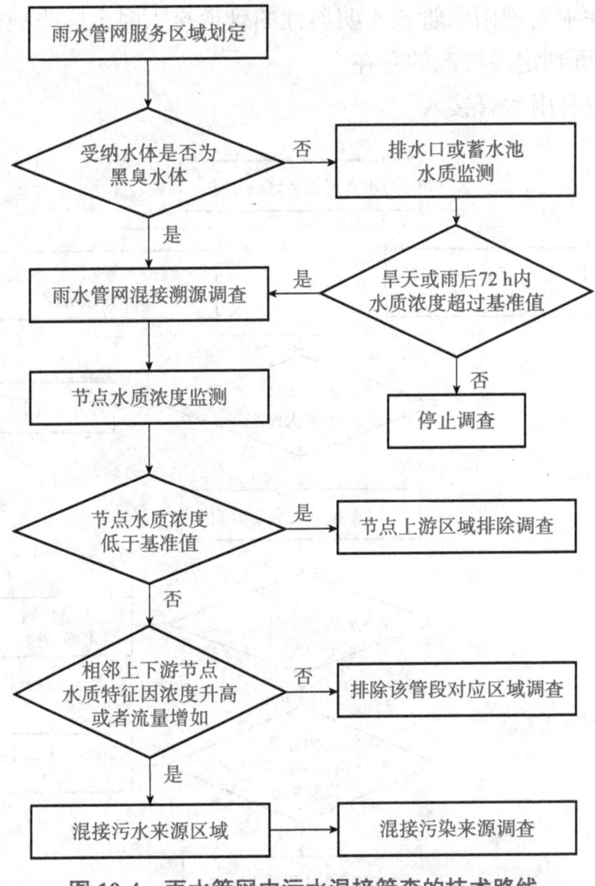

图 10-4　雨水管网中污水混接筛查的技术路线

（2）污水管网中雨水混接筛查的规定。污水管网中雨水混接筛查时应符合下列规定：

1）对预判存在雨水混接的污水管道，应在雨天进行水质、水量检测；

2）每个水质检测点取样频率不应小于 4 h 一次，并应连续检测 24 h 以上。

污水管网中雨水混接筛查的技术路线如图 10-5 所示。

6. 混接点和混接源判定

（1）现场开井目视。现场开井目视是雨污混接位置判定的主要方法。调查人员赴实地将项目范围内所有雨污水检查井（雨水口）逐个开启，当检查井中的管口显露时，利用镜子、强光手电筒灯等工具目测或钩探确定管道的连接关系，断定雨污管道连接是否成立。当发现下列现象之一时，可判定为混接点：

1）雨水检查井或雨水口有污水管或合流管接入；

2）污水检查井中有雨水管接入。

填写检查井（雨水口）调查表，内容通常包括编号、连接井编号、管道形状、管径、管道属性、连接方式、水体观感等信息，同时，对确认的混接点或混接源要有明确的结论，现场采集图像（图 10-6），并绘制示意（图 10-7）。有下列情形之一的可判别该检查井为混接点：

雨水检查井或雨水口中有污水管或合流管接入：

1）当雨水检查井中发现雨水管或不明属性的管道接入时，应当观察该管道在旱天时是否出流及水质情况，可判定混接源的存在。

2）污水检查井中有雨水管接入。

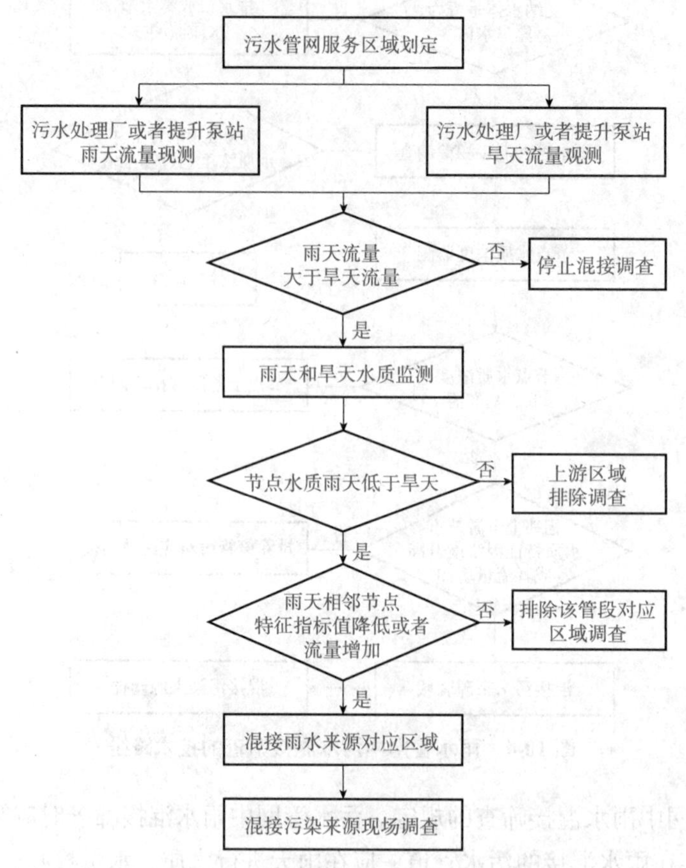

图 10-5　污水管网中雨水混接筛查的技术路线

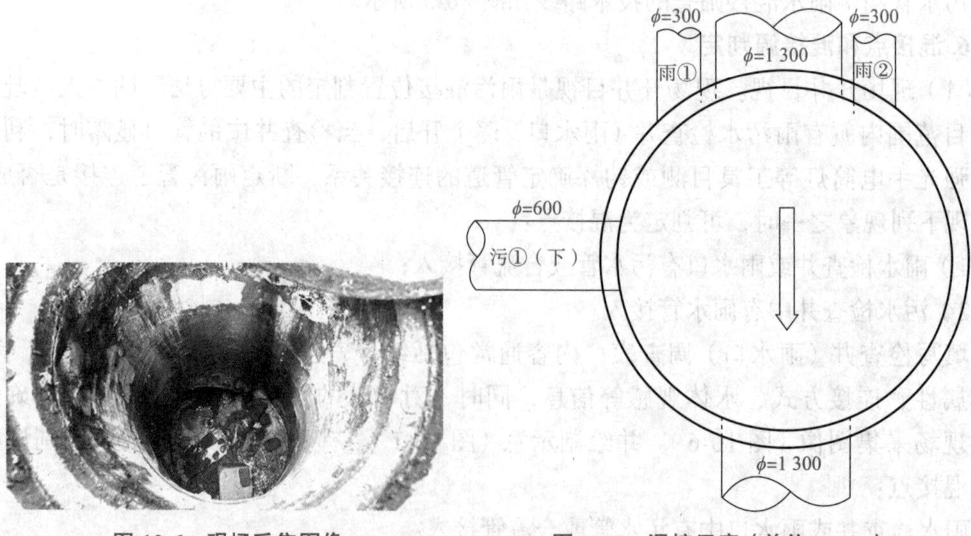

图 10-6　现场采集图像

图 10-7　混接示意（单位：mm）

（2）仪器探查。当出现井内水位较高、检查井被构筑物及绿化带压盖、井盖被道路铺装材料覆盖、管道暗接（无检查井）等情形，管道连接点位置的确认需要利用特种仪器予以探查。仪器探查包括潜望镜快速探查、CCTV 内窥探查、声呐探查三种方式。

（3）水质测定。水质测定是在雨水检查井中的接入管口提取水样，测定有关水质特征因子，从而判定该管口是否为混接源。这些特征因子包括化学需氧量、动植物油、重铬酸盐需氧量（COD_{Cr}）、氨氮（NH_4^+-N）、总氮、磷酸盐、钾、甜味剂、阴离子表面活性剂等。

（4）染色试验。在管道内水体流动的情况下，可通过在管道内投入高锰酸钾等染色剂，根据水的流向来判断管道的连接方式，染色检查一般需要满足下列条件：

1）管道内有一定水量，且水体流动；

2）染色剂必须投放在上游检查井；

3）必须采用无毒、无害的彩色染色剂，一般采用高锰酸钾。

（5）烟雾试验。在管道内非满流的情况下，也可以采用烟雾的方式来确定管道的连接现状。使用该方法时，应满足下列规定：

1）管道内无水或有少量水时（充满度小于 0.65）；

2）封堵无须检查方向的管道；

3）使用无毒无害彩色烟雾发生剂和专用鼓风机。

（6）泵站配合。开泵后，非此泵站服务系统的管道内水流明显加速或产生逆流，再通过进一步巡查和开井检查，确定管道的连接现状。

调查人员在选择排水管网雨污混接点和混接源位置的确认方法时，需要根据现场管网的实际情况，灵活运用各种探查方法，以最经济的代价来准确判断混接点的位置。

7. 流量测定

在确定混接点和混接源位置后，需要对流入流量进行测定。其目的是判断雨污混接的存在和评判混接程度。通过测定流量，比较流量数值的差异，可确定混接区域范围或混接点位置。在已确认混接点处检测出接入口处的流量，依据相关标准，可评判混接程度。

流量测定方法有五大类，即水位测量法、流速测量法、水位流速测量法、染料稀释法、容积法。其中，水位流速测量法和容积法是雨污混接调查工作中最常用的方法。

在测定流量之前，应进行现场勘察，了解水流状况、管道内污泥淤积程度、管道所处路面的交通情况与测量设备安装条件等。利用管网图确定安装点位与具体安装位置。测量位置应选择管道的直线处，确保管道上游无弯曲、无支线管道及排水设施流入水；选择下游无逆流影响的位置；在流量测量过程中，需要保持管道内排水流动无阻碍，尤其要谨慎对待降雨天发生水量迅速增加的情况；选择适合的流量测量方法或仪器。

混接点流量测定时段要包括用水高峰期，一般根据当地的生活特点，选择在 10：00—12：00 或 16：00—20：00 区间。当连续采集 24 h 以上时，应取流量高峰期与平峰期的流量值之和加权计算得到流量的加权平均值，每小时的混接流量计算公式如下：

$$\text{混接流量}=\frac{\text{高峰期流量}\times\text{小时数}+\text{平峰期}\times\text{小时期}}{\text{总小时数}} \tag{10-5}$$

8. 水质检测

水质检测通常是伴随着流量测定而进行的，其目的也是判断雨污混接的存在和评判混

接程度，同时掌握混接源的特征。通过测定水质，比较相应特征因子数值的差异，来确定混接区域范围或混接点位置。在已确认混接点处检测出接入口处的水质，依据相关标准，得出混接程度的结论。

取样位置应当被标注到排水管线图上，做好每日采样计划。现场取样需要的装备包括温度计与电导仪、排水管线图、水质调查表、防水书签和水笔、照相机与摄影机、喷漆、卷尺、手电筒、手表（有秒针）、带防水标签的玻璃采样瓶、带防水标签的塑料采样瓶、冰箱（留在车辆中）、抓斗式采样器（带长杆）、在浅水中使用的手动式真空泵。采到的样品应在 0.5 h 以内被冷藏。

现场记录的内容主要包括混接点（源）编号、照片编号、日期、位置、天气、气、降雨、排放口水量估计（L/s）、排水系统服务区域内是否有工业或商业活动、气味、颜色、浊度、漂浮物、沉淀物、植物生长情况、构筑物损坏情况等。若现场使用仪器检测，根据检测项目，还需要记录电导率、温度、氟化物、硬度、表面活性剂、荧光剂、钾、氨氢、pH 值等。

9. 混接分布图的绘制

混接点位置分布图包括 1：500 或 1：1 000 大比例尺的雨污混接点分布图，以及 1：2 000 比例尺及其以上的雨污混接点分布总图。

雨污混接分布图应满足下列规定：

（1）底图可利用已有的排水 GIS 绘制雨污混接点分布图，以数字地形图作为混节点分布图的底图时，应将底图图形元素的颜色全部设定为浅灰色。

（2）图形要素包含道路名称、泵站、管道、管线材质、管径、标高或埋深、流向、混节点编号、混节点位置与标注等。

（3）以系统或调查区域为单位的雨污混接点分布总图要素包含系统范围、泵站位置、街道线、街道名称、主干管、管径、流向、交叉点、变径点、主要混节点等。混节点分布图的图层、图例和符号可查阅相关规定。

（4）以系统或调查区域为单位的雨污混接点分布总图要素包含系统范围、泵站位置、街道线、街道名称、主干管、管径、流向、交叉点、变径点、主要混接点（2、3 级）。

10.3 雨污混接评估

混接状况评估可分为单个混节点和区域混接评估两类，混接程度可分为重度混接（3 级）、中度混接（2 级）和轻度混接（1 级）三个级别。评估时，宜按照调查范围进行评估，调查范围内有两个及两个以上的排水区域时，应按单个排水区域进行评估。总体评估宜以封闭的排水区域作为最小评估单位，也可以委托单位划定的范围作为整体评估单位。单一管线的调查可不进行总体评估。

10.3.1 评估指标与方法

混接状况评估在摸清混接点（源）位置，获得必要节点的水质和水量数据的基础上，依

据相应的规范要求，对某区域或某点进行混接程度的评估，得出管渠实际运行状况的结论。混接状况评估常用指标为混接点密度、混接水量比。

1. 评估指标

（1）混接点密度。混接点密度是指在某调查区域内。雨污管道错接的点数占所有被调查节点数的百分比。它的大小直接反映了其调查范围内管渠物理结构错误连接的规模。混接点密度越高，说明区域内的雨污混接状况越严重。混接点密度（M）计算公式如下：

$$M=\frac{n}{N}\times 100\% \tag{10-6}$$

式中 M——混接点密度；

n——被调查雨水管道中污水混接点和混接源数或被调查污水管道中雨水混接点和混接源数；

N——节点总数，是指两通（含两通）以上的明接和暗接点数。

（2）混接水量比。混接水量比是指流入水量和受纳水量之间的比例关系，可用下列公式表达：

$$C=\frac{q}{Q}\times 100\% \tag{10-7}$$

式中 C——混接水量比；

q——流入水流量；

Q——受纳水流量。

在雨水系统中，雨水流量越大，污水的影响就越小；在污水系统中，由于雨污管道的错接，在雨天时，雨水和地下水等外来水也会涌入污水系统，造成混接水量一定程度的增大。

2. 评估方法

混接程度评价可分为区域混接程度评价和单个混接点（源）混接程度评价。

（1）区域混接程度评价对象是排水收集区域，而非单个点，当调查范围内有两个及两个以上的排水系统时，一般以单个排水系统进行评估。区域总体评价须以一封闭的排水区域作为最小评估单位，也可按划定的范围作为整体评估单位。单一管线的调查可不进行总体评估。总体评估结论主要依据排水管道物理结构混接密度，混接流量数据作为辅助参考。区域混流程度分级评估可按表 10-2 确定。

表 10-2 区域混接程度分级评估表

混接程度 \ 分级评价	混接点密度（M）	混接水量比（C）
重度混接（3 级）	＞10%	＞50%
中度混接（2 级）	5%～10%	30%～50%
重度混接（1 级）	＜0～5%	＜0～30%

（2）单个混接点（源）混接程度可依据接入管管径、流入水量，污水流入水质以任一指

标高值的原则确定等级。单个混接点混接程度分级标准见表 10-3。

表 10-3 单个混接点混接程度分级标准表

分级评价 / 混接程度	接入管管径 /mm	流入水量 /($m^3 \cdot d^{-1}$)	污水流入水质 (COD_{Cr} 数值)	污水流入水质 (NH_3-H 数值) / ($mg \cdot L^{-1}$)
重度（3 级）	≥ 600	>600	>200	>30
中度（2 级）	≥ 300 且 <600	>200 且≤ 600	>100 且≤ 200	>6 且≤ 30
轻度（1 级）	<300	<200	≤ 100	≤ 6

10.3.2 评估报告编制

雨污混接调查结束后应收集整理好调查过程中原始记录材料，编制雨污混接评估报告。雨污混接报告是对混接调查结果进行处理和分析的过程，是调查过程和调查结果的总结。混接评估报告首先要与调查的目的相适应，调查的结果和后续的方案是否解决了主管部门关心的问题，是否达到了项目开展的最初目的。评估报告应包括下列内容：

（1）项目概况：工程名称、范围、规模、地理位置、工作内容和意义、设备和人员投入、完成情况等；

（2）技术路线及调查方法：技术路线、技术设备及手段；

（3）混接现状：原排水设计、现排水现状、分区块的混接发布、混接类型统计、调查汇总；

（4）评估结论：主要包括区域混接状况分级、单个混接点混接状况等；

（5）质量保证措施：各工序质量控制情况；

（6）附图：混接点分布总图（自由比例尺）、混接点分布位置详图（比例一般为 1 : 500）；

（7）应说明的问题及整改建议。

混接评估报告中包含完成混接调查任务所需要的质量保证措施等方面的内容，是为确保混接调查数据的真实性和有效性。同时根据评估报告，按混接程度的轻重缓急分步骤提出整改建议。

课后习题

一、填空题

1. 外来水调查的模式包括渗入量调查和________。

2. 外来水水量是地下水渗水量和________之和。

3. 城市市政排水管网的雨污混接具体表现：市政污水管道直接接入市政雨水管道，市政雨水管道直接接入市政污水管道、________、集体排水户的雨水出户总管接入市政污水管道、________、合流制集体排水户的出户总管接入市政雨水管道、________、沿街单一

排水户的直接错误接入等。

4. 雨污混接调查范围一般选择较为独立的且边界较为清晰的________作为调查的最小单元。

二、判断题

1. 混接程度评价分为区域混接程度评价和整体混接程度评价。（　　）
2. 现场开井目视是雨污混接位置判定的主要方法。（　　）
3. 水位流速测量法和容积法是雨污混接调查工作中最常用的方法。（　　）
4. 水质检测通常是伴随着流量测定而进行的，它们的结果可互做验证。（　　）
5. 混接程度分为重度混接（3 级）、中度混接（2 级）和轻度混接（1 级）三个级别。（　　）

三、简答题

1. 混接点与混接源的区别是什么？分别有哪些确定方法？
2. 已知某区域的供水总量和排水总量，当两个数据有差异时，试分析差异存在哪几种情况及这些差异形成的原因。
3. 外来水是无法完全杜绝的，简述减少外来水所付出经济价值的评价方法。
4. 简述出现哪些现象基本可以预判该范围内存在雨污混接现象。
5. 雨污混接调查通常有哪两种模式？这些模式的特点是什么？

参考文献

［1］ 朱军 . 排水管道检测与评估［ M ］. 北京：中国建筑工业出版社，2018.

［2］ 杜红，代毅，刘旭辉，等 . 基于人工智能的城镇排水管网检测与评估［ M ］. 北京：中国建筑工业出版社，2022.

［3］ 中华人民共和国住房和城乡建设部 . CJJ 181—2012 城镇排水管道检测与评估技术规程［ S ］. 北京：中国建筑工业出版社，2012.

［4］ 中华人民共和国住房和城乡建设部 . CJJ 68—2016 城镇排水管渠与泵站运行、维护及安全技术规程［ S ］. 北京：中国建筑工业出版社，2017.

［5］ 中国标准化协会，广东省非开挖技术协会 . T/CAS 587—2022，T/GDSTT 02—2022 城镇排水管道检测与非开挖修复安全文明施工规范［ S ］. 北京：中国建筑工业出版社，2022.

［6］ 中华人民共和国住房和城乡建设部 . GB 50268—2008 给水排水管道工程施工及验收规范［ S ］. 北京：中国建筑工业出版社，2009.

［7］ 孙勇，赖东杰. CCTV 检测技术在扬州市老旧小区雨污水分流改造工程中的应用［ J ］. 城市勘测，2022（4）：186—189.

［8］ 张云霞，吴嵩，李翅，等 . 声呐检测系统在排水管道淤积调查中的应用［ J ］. 测绘与空间地理信息，2020，43（8）：216—218.

［9］ 宣鑫鹏，周栋林，向黎明，等 . 广州市某片区排水管道检测评估与修复［ J ］. 给水排水，2022，58（S1）：418—424.

［10］ 吕耀志，李子明，郭帅 . 基于三维视觉的排水检查井检测评估研究［ J ］. 环境工程，2023，41（S2）：844—847.

［11］ 周磊，范娟娟，鞠建荣 . 一种基于排水管道检测视频的三维重建及定量评估方法研究［ J ］. 城市勘测，2020（4）：132—134.

［12］ 王和平，安关峰，谢广永 .《城镇排水管道检测与评估技术规程》（CJJ 181-2012）解读［ J ］. 给水排水，2014，50（2）：124—127.

［13］ 吕兵，刘玉贤，叶绍泽，等 . 基于卷积神经网的 CCTV 视频中排水管道缺陷的智能检测［ J ］. 测绘通报，2019（11）：103—108.

［14］ 钊童辉，宋凯 . CCTV 检测在排水管道检测中的应用与研究［ J ］. 城市勘测，2023（S1）：67—71.

［15］ 王文宾 . 城市排水管网运行状况检测与评估分析［ J ］. 山西建筑，2023，49（22）：136—140.

[16] 张鹏飞，韩宝刚，檀继猛，等 . CCTV 检测技术在新建小区排水管网验收中的应用［J］. 北京测绘，2023，37（9）：1314—1319.
[17] 廖嘉杰，黄胜，马保松，等 . 排水管道缺陷图像的智能识别分类技术综述［J］. 给水排水，2023，59（7）：148—156.
[18] 刘起鹏 . 城市排水管道检测技术的应用与发展［J］. 城市建筑，2019，16（3）：148—149.
[19] 孙乐乐，景江峰 . 管道潜望镜检测技术在排水管道检测中的应用［J］. 山西建筑，2019，45（2）：106—108.
[20] 郝红舟，刘昭 . 城市排水管网健康评估技术与应用［J］. 测绘通报，2013（S2）：137+143.
[21] 杨文进，雷培树，李树苑 . 地下水渗入排水管道的危害性和渗入量分析及防渗建议［J］. 给水排水，2007（11）：113—115.